规模化肉鸡
高效生产原理与技术

GUIMOHUA ROUJI
GAOXIAO SHENGCHAN YUANLI YU JISHU

苏玉虹　田玉民　黄　涛　主编

中国农业出版社

图书在版编目（CIP）数据

规模化肉鸡高效生产原理与技术 / 苏玉虹，田玉民，
黄涛主编. — 北京：中国农业出版社，2012.2
ISBN 978-7-109-16505-2

Ⅰ. ①规… Ⅱ. ①苏… ②田… ③黄… Ⅲ. ①肉用鸡
－饲养管理 Ⅳ. ①S831.4

中国版本图书馆CIP数据核字(2012)第007501号

中国农业出版社出版
（北京市朝阳区农展馆北路2号）
（邮政编码 100125）
责任编辑　邱利伟　张　荣

北京通州皇家印刷厂印刷　　新华书店北京发行所发行
2012年8月第1版　2012年8月北京第1次印刷

开本：787mm×1092mm 1/16　印张：14.25
字数：300千字
定价：38.00 元
（凡本版图书出现印刷、装订错误，请向出版社发行部调换）

本书编委会

主　编　苏玉虹　田玉民　黄　涛

副主编　王立权　薛　剑

编　委（按姓名笔画排序）

王　军　王文娟　王立权　田玉民　何丽涛
吴　颖　李万军　苏玉虹　黄　涛　薛　剑

内容简介

　　本书是依据现代肉鸡养殖生产技术最新研究进展，结合编者的研究成果和在指导养殖生产实践中所积累的经验编写而成。全书系统介绍了肉鸡的遗传与品种、营养饲料、养殖场的建设规划与鸡舍设计、养殖机械设备、饲养管理与孵化、疫病监控、鸡场经济核算及食品安全可追溯系统等原理与技术。

　　本书内容丰富，可操作性强，既可为从事养殖生产一线的技术和管理人员使用，又可作为高校畜牧、兽医专业的教师和学生的参考资料。

前　言

　　近年来，我国肉鸡产业发展迅速，尤其是以大中型龙头企业为核心建设了大量规模化养殖小区，农村养殖合作社也快速形成和完善，这些变化带动了产业的迅速发展，推动了农村经济的稳步提高。随着产业的发展，对肉鸡的生产和管理也提出了更高的要求，肉鸡的生产技术应该更加先进、合理和规范，应有效保障产品的质量和食品安全，严格控制生产成本等。为满足肉鸡产业的技术需求，加速产业化发展进程，我们将2008年以来在肉鸡养殖技术方面的科技攻关和技术指导方面所积累的经验编辑成书，为从事生产一线的技术人员和企业管理人员提供最新技术服务。具体编写分工如下：

　　第一章由苏玉虹编写。该章介绍了肉鸡遗传的基本规律和主要生产性能的遗传特点，肉鸡专用品系的选育及繁育体系，现代良种肉鸡及育种新技术，为养殖企业根据市场需求开发优质的肉鸡产品提供技术支撑。

　　第二章由田玉民编写。该部分分析了各方面因素对肉鸡营养需要的影响，探讨了确定最经济饲粮营养水平的途径，提出了控制饲粮成本的基本方法；介绍了饲料原料和配合饲料产品的选用原则及主要原料的使用要求和技巧，高效、绿色饲料添加剂的作用及应用技术，计算机辅助设计饲料配方技术；分析了饲料加工对肉鸡生长的影响，并提出了饲料加工要求；为设计科学而经济的饲粮配方以及合理的饲料加工方式提供指南。

第三章由王立权编写。该部分介绍了鸡场建设与规划、鸡舍建筑设计的基本要求，并以年产50万只肉鸡场为例介绍了设计的基本方法，给出了某公司肉鸡养殖基地的建设规范，为养殖小区建设和北方鸡舍设计提供参考。

第四章由黄涛编写。该章介绍了鸡场常用的设备及其选配方法，自主研发的部分专利产品的技术特点，为鸡场合理选配配套设备提供指南。

第五章由薛剑编写。该章介绍了孵化技术，肉种鸡、肉鸡饲养管理技术，给出了某公司商品肉鸡饲养管理规范，为饲养小区的规范化管理和成本控制提供参考。

第六章由苏玉虹编写。该章介绍了鸡场疫病监控的新技术与新方法，为大中型养殖企业的疫病监控技术提供了解决方案。

第七章由苏玉虹编写。该章介绍了畜产品可追溯系统的基本要求和实现方案，为大中型养殖企业打造产品品牌提供决策支持。

第八章由王文娟编写。该章介绍了鸡场成本核算和经济决策的基本方法，为中小型养殖场或养殖小区在经济管理和决策方面提供解决方案。

在编写过程中，尽管全体作者付出了巨大努力，但由于水平有限，难免有不足之处，望读者批评指正。

编　者

目 录
CONTENTS

第一章

肉鸡的遗传与品种

第一节　家禽的遗传基础和遗传规律

一、家禽的遗传基础

遗传学家们很早就认识到，各种生物的遗传物质必须能稳定地储存生物体细胞结构、功能、发育和繁殖的各种信息，以适应生物体复杂多样性的要求，保证物种的稳定性；必须能精确地复制，使子代细胞具有和亲代细胞相同的遗传信息，以确保物种的世代连续性；必须能提供足够的变异，以适应不断进化的需要。遗传学研究证明，任何生物都以核酸（DNA和RNA）作为遗传物质基础。而作为真核细胞高等动物的家禽，其遗传物质是脱氧核糖核酸，即DNA。

家禽的遗传物质DNA主要存在于细胞核中。DNA分子并不是裸露存在的，而是与组蛋白和非组蛋白结合后形成染色体/染色质结构。所以遗传物质DNA的载体（存在形式）是染色体和染色质，染色体和染色质的本质一致，染色质是遗传物质在细胞分裂间期的存在形式，容易被碱性物质染色；染色体是真核细胞在有丝分裂或减数分裂过程中，由染色质聚缩而成的棒状或粒状结构。染色体上编码一个特定功能产物（如蛋白质或RNA分子等）的一段核苷酸序列叫做基因。基因在染色体上呈线性排列。家禽细胞核内的染色体都是成对存在的，全部染色体分为常染色体和性染色体两类。家鸡有39对染色体，其中38对常染色体，1对性染色体。常染色体在各种性状遗传中起主要作用，性染色体主要是决定后代的性别和伴性性状。成对的常染色体形状和大小一致。公鸡的一对性染色体大小相同，写作ZZ，其大小与4号常染色体大小相当；母鸡的一对大小不同，写作ZW，Z与雄性的相同，W很小。Z染色体上携带的基因称为伴性基因；W染色体呈异固缩状态。38对常染色体中有8对细胞学上较明显的巨型染色体和30对微型染色体。30对鸡的微型染色体包含大约1/3的基因组DNA。最近的研究表明，微型染色体是基因富集区，其包含的基因至少为巨型染色体的两倍。

鸡基因组单倍体包含1.2×10^{9}个碱基对。鸡的遗传连锁图谱产生于20世纪早期，它包括了2172个遗传位点，总长度接近4000cm。2003年，美国国家人类基因组研究院在

1

华盛顿大学基因组测序中心启动了鸡基因组测序计划。2004年7月完成了第一次的鸡基因组序列测序和组装；2006年进行了组装更新。据预测，家鸡基因组约有2万~2.3万个基因，包括控制体型大小、羽毛颜色、羽毛分布、羽毛生长、羽毛长度、羽毛结构、皮肤颜色、皮肤结构、肌肉、骨骼、血型、代谢、免疫等类基因。

二、家禽的遗传规律

家禽可遗传的性状都是由遗传物质——基因所决定。一对同源染色体的同一位点上相对应的一对基因可能相同，也可能不同，这对基因称为等位基因。不同的等位基因决定着不同的相对性状。

具有一对相对性状的纯合亲本杂交时，其F_1代表现出的性状为显性性状，不表现出来的性状为隐性性状；决定显性性状的基因称为显性基因，决定隐性性状的基因则为隐性基因。一般显性基因用大写的英文字母表示，隐性基因用小写的英文字母表示。如鸡的皮肤颜色，白色和黄色这一对相对性状由一对常染色体等位基因所控制。白色基因为W，黄色基因为w，W对w为显性。成对的等位基因表示性状或个体的遗传组成方式，称基因型，如WW、Ww和ww；其中WW和ww为纯合型，Ww为杂合型。而性状本身是基因型的外部表现，称为表型。隐性性状要表现出来，其个体的基因型必须是隐性纯合型。当亲本产生配子时，体细胞染色体经过减数分裂，染色体由体细胞的2n演变为配子的n条染色体，成对基因亦随之减少一半，如上述肤色基因在配子中为W或w。

基因在上下代传递过程中存在规律，即分离律、自由组合定律和连锁互换定律。

（一）分离律

等位基因在减数分裂时会分离，平均分配到配子中去，这就是基因的分离律。如基因型为杂合Ww的F_1个体，减数分裂时产生W配子和w配子，配子的数量W:w=1:1，精卵相同。F_1代个体间杂交，精子同卵子结合受精过程随机，所以，雄配子W同雌配子W、w结合的机会与雄配子w同雌配子W、w结合的机会相等。因此，Ww型F_1群体自繁的结果是其F_2代有3种基因型个体，其数量比为WW:Ww:ww=1:2:1。

（二）自由组合定律

如果控制2对性状的2对等位基因，分别位于不同的同源染色体上。在减数分裂形成配子时，每对同源染色体上的等位基因发生分离，而位于非同源染色体上的基因之间可以自由组合，这就是自由组合定律。当具有2对不同性状的家禽杂交时，只要决定2对性状遗传的基因（如R和P）分别位于2对非同源染色体上，它们的遗传即符合自由组合定律。在减数分裂过程中，这2对染色体有$2^2=4$种可能的组合方式，因而产生4种配子，并且雌雄配子的数目相等。由于各种雌雄配子之间的结合是随机的，因此，2对独立基因F_2代表现型的比例是9:3:3:1。

（三）连锁互换定律

每条染色体都是由一条DNA链形成，具有大量的基因。位于同一对同源染色体上的基因称为一个基因连锁群。位于同一染色体上的基因，将不可能进行独立分配，它们必然随着这条染色体作为一个共同单位而传递，从而表现出连锁遗传现象。1910年美国生物学与遗传学家摩尔根，用果蝇做实验材料，揭示了这一重要的遗传现象。即：存在于同一条染色体上的非等位基因，在形成配子的减数分裂过程中，如果没有发生交叉互换，就会出现完全连锁遗传的现象，形成2种亲本类型的配子。如果在减数分裂过程中发生了DNA片段的互换，基因也随之发生了互换，由此形成4种不同的配子，其中两种配子是亲本型，两种是重组型（图1.1）。相邻两基因间发生断裂与交换的机会与基因间距离有关，基因间距离越大，基因交换的机会也越大，产生重组型配子的数量也不同。由于只有部分性母细胞发生了互换，因此亲本型配子多于重型配子。

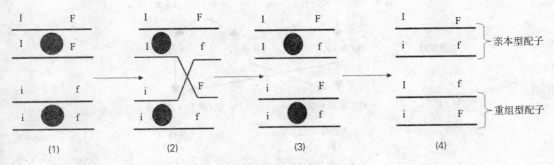

图1.1 基因交换过程示意图

（欧阳叙向，2001）

（四）遗传定律的应用与意义

不同染色体上基因间的自由组合以及同一染色体上连锁基因间的交换，是形成不同基因重新组合从而出现新的性状组合类型的两个重要原因，是自然界或在人工条件下生物变异的重要来源，不仅是生物进化的基础，也为家禽育种提供了理论依据和原始材料。例如，根据基因连锁图谱上已知的交换频率，可以预测杂交后代中所需要的新性状组合类型出现的频率，从而为确定选育群体的大小提供依据。还可以凭借基因连锁造成的某些性状间的相关性，根据一个性状来推断另一个性状，特别是当知道了早期性状和后期性状之间的基因连锁关系后，就可以提前选择所需要的类型，大大提高选择效率。

（五）性别决定与伴性遗传

1. 性别决定理论

性别是由性染色体的差异决定的。家禽（如鸡、鸭、鹅、火鸡等）和全部鸟类等的性染色体属于ZW类型，即：雄性为ZZ，雌性为ZW。所以雄性只产生一种含Z染色体的精子，而雌性可产生数目相等的Z、W两种类型卵子。精卵受精后，可形成数量相等的雄性和雌性禽类（图1.2）。

2. 性别的分化

性别分化是指在性别决定的基础上，受精卵进行雄性或雌性性状分化发育的过程。这个过程和环境密切相关。当环境条件适合正常性分化的要求，就会按照遗传基础所规定的方向分化为正常的雄体或雌体；如果不适合正常性分化要求，性分化就会受到影响，从而偏离遗传基础所决定的性分化方向，形成不正常的雄体或雌体。例如，产过蛋的母鸡由于母鸡卵巢受结核杆菌侵袭，或发生囊肿而退化，诱发留有痕迹的精巢发育并且分泌出雄性激素，从而表现出公鸡的啼鸣，与正常公鸡相似，但母鸡的性染色体组成并没有变化，仍然是ZW型。总之，一般情况下，性染色体组成决定了性别的发育方向。但是，激素、营养、温度、光照等环境条件也能影响性别发育，引起性别转变。即：性别的表现取决于基因型和环境条件的相互作用。

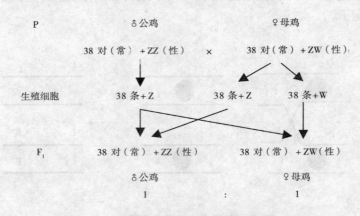

图1.2　禽类的性别决定机制

3．伴性遗传

家禽的性染色体Z是性别决定的主要遗传基础，同时也有某些性状的控制基因，这些基因伴随着性染色体而传递，称为伴性遗传。由于雌雄家禽所带有的性染色体不同，因此，伴性遗传与常染色体遗传有很大不同，表现在：性状分离比与常染色体基因控制的性状分离比不同；正反交结果不同，表现为交叉遗传，例如芦花鸡毛色的伴性遗传现象。如果用芦花母鸡与非芦花公鸡正交，得到的F_1中，公鸡都是芦花，而母鸡都是非芦花。让F_1自群繁殖，产生的F_2中，公鸡中一半是芦花，一半是非芦花，母鸡也是如此（图1.3）。其原理是：芦花基因（B）对非芦花基因（b）为显性，B和b这对等位基因位于Z染色体上，常用Z^B和Z^b来表示，在W染色体上不携带它的等位基因。因此，芦花母鸡的基因型是Z^BW，非芦花公鸡的基因型为Z^bZ^b。两者交配，F_1公鸡的羽毛全是芦花，基因型是Z^BZ^b，母鸡的羽毛全是非芦花，基因型是Z^bW。F_2中，母鸡一半是芦花，基因型是Z^BW，一半是非芦花，基因型是Z^bW；公鸡的一半也是芦花，基因型是Z^BZ^b，另一半是非芦花，基因型是Z^bZ^b。如果以非芦花母鸡（Z^bW）与芦花公鸡（Z^BZ^B）杂交（反交），结果完全不同。F_1公鸡和母鸡的羽毛全是芦花。F_1公母鸡交配，F_2的公鸡全是芦花，母鸡则一半是芦花，一半是非芦花，结果如图1.4所示。

鸡的Z染色体较大，包含的基因较多，因此伴性遗传原理在养鸡业中被广泛应用。已有17个基因位点被精确定位于Z染色体上，其中有3对伴性性状（慢羽与快羽、芦花羽与非芦花羽、银色羽与金色羽）常在育种中被用来进行初生雏鸡的自别雌雄。例如：用芦花母鸡和非芦花（洛岛红）公鸡杂交，在F_1雏鸡中，绒羽为芦花羽毛（黑色绒毛，头顶上有不规则的白色斑点）的为公鸡，全身黑色绒毛或背部有条斑的为母鸡。褐壳蛋鸡商品代目前几乎全都利用伴性基因——金银色羽基因（s/S）来自别雌雄，即绒羽为银色羽的为公鸡，反之为母鸡。

褐壳蛋鸡父母代也可以利用快慢羽基因（k/K）来自别雌雄，即公鸡皆慢羽，母鸡皆快羽。而白壳蛋鸡目前可用于自别雌雄的基因只有快慢羽基因。

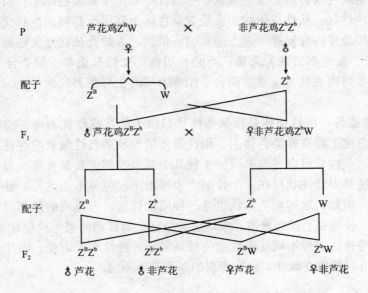

图1.3 芦花母鸡与非芦花公鸡杂交（正交）

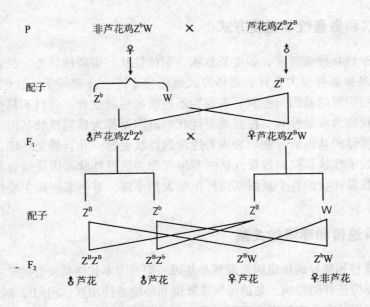

图1.4 非芦花母鸡与芦花公鸡杂交（反交）

4．从性性状和限性性状的遗传

（1）从性遗传。也称性影响遗传，不是由Z及W染色体上基因所控制的性状，而是由于内分泌及其他关系使某些性状只出现于雌、雄一方；或在一方为显性，另一方为隐性的现象。决定从性遗传的基因称为从性基因，一般位于常染色体上；由从性基因控制的性状称为从性性状。从性遗传的实质是常染色体上基因所控制的性状受到不同性别遗传背景和生理环境（内分泌等因素）的影响。例如，人的秃顶就是从性遗传的典型。基因型BB在男性、女性都表现为秃顶；而bb在男性、女性都正常；但杂合子Bb在男性表现为秃顶，在女性则表现为正常。杂合子Bb的B基因在男性表现为显性，在女性则表现为隐性。

（2）限性遗传。限性遗传是指某些性状只限于雄性或雌性表现，控制这些性状的基因或在常染色体上或在性染色体上。限性遗传的性状多与性激素的存在与否有关，如产蛋性状等。这些性状可以是单基因或少数几个基因控制的质量性状，也可以是多基因的数量性状。虽然限性性状仅在一个性别中表现出来，但并不是说另一性别不带有控制该性状的基因。例如，鸡的羽毛形状也是一种限性性状。公母鸡的颈部、背部和尾部的羽毛差异较大，公鸡羽毛长而弯曲，末端呈尖角状，而母鸡的羽毛较短且末端圆平。

限性遗传与伴性遗传不同，限性遗传只局限于一种性别上表现；而伴性遗传既可以发生在雄性也可以发生在雌性，只是表现的频率有所不同。

第二节　肉鸡生产性能的遗传特点

一、质量性状和数量性状遗传方式

肉鸡的生产性状种类繁多，如生长性状、胴体性状、肉质性状等。决定肉鸡各种性状的基因数量多少也有很大差异，遗传方式也相应不同。在遗传学上，把那些仅由1对或少数几对作用明显的基因所控制、表现为不连续的性状变异、并且不易受环境条件影响而改变的性状称为质量性状；控制质量性状的基因便称为质量性状基因。把由数量众多而作用不很明显的基因所控制、表现为连续的性状变异、并且易受环境条件影响而改变的性状称为数量性状；控制数量性状的基因便称为数量性状基因或微效基因。目前研究发现，控制数量性状的各个基因其遗传作用大小不同，有些基因起主要作用，成为主效基因。

二、肉鸡性状遗传和环境的关系

各种性状遗传和变异的决定因素虽然是基因，但基因不是性状发育的唯一因素，性状的发育还受到环境条件的影响，是遗传物质基础和环境条件相互作用的结果。如果每代的生活环境条件都保持在一定范围内不变，就有利于其特有性状稳定或典型地遗传下去。如果所处的生活环境改变尚未超出遗传物质基础原来就具有的适应能力范围，性状就能够继续按照原有的方式表现，而不引起遗传性改变。在肉鸡生产中，一般饲养条件和气候变化等对家禽性状的影响基本属于这种情况。如果环境改变超出与遗传基础的适应范围,为维持生存,就必须在某种程度上改变原来的遗传基础,以适应新的生活环境,引起遗传性的改变。因此,驯化培育肉鸡往往使用改变生活环境条件的手段,以促进其遗传基础改变,为选育新的品系或品种提供某种可能性。如果控制性状的遗传基础根本不能适应改变了的生活环境,性状就不能发育,甚至引起个体死亡。例如,高温、闷热、寒冻等天气变化,疾病的侵袭,某种营养物质过度缺乏或中毒等,都可以造成死亡。

可见,遗传与环境是互相联系、互相影响的。在肉鸡生产中,只有在适宜的条件下,优良品种才能充分发挥遗传潜力,获得较高的经济效益;反之,则可能不及普通品种。

三、肉鸡的质量性状遗传特点

肉鸡的质量性状可分为颜色性状、形态性状、生理性状和生化标记性状四大类,本部分重点叙述颜色性状、形态性状和生理性状及其遗传特点。

(一)肉鸡的颜色性状遗传

颜色性状主要包括羽毛颜色和皮肤颜色。

1. 羽毛颜色(羽色)

羽色是品种/品系的一个主要特征。培育一个新品种,如果羽色不一致,不固定,就常认为是不纯的表现。虽然表面看,肉鸡的羽色种类繁多;但通过生物化学和组织学的分析,羽色仅分为二种,一种是有色,一种是无色(白色)。有色因色泽深浅的不同,表现为从淡黄直至深黑多种颜色,其区别在于所含黑色素颗粒的数量、大小、形状和排列的不同。酶化学研究表明,黑色是色素原氧化反应的最终产物,而黄、红、蓝等则为色素原氧化反应过程的中间产物。研究发现,各种羽色性状均为1对或几对基因所控制,它们的遗传方式如下。

(1)白羽。白羽可分为显性白羽和隐性白羽。控制白羽性状的等位基因有5对,其显性基因分别是:抑制色素形成基因(I),色素原基因(C),氧化酶基因(O),色素表现基因(P)和非白化基因(A);相应的隐性基因分别是:i(无抑制色素形成作用)、c(无色素原)、o(无氧化酶)、p(制止色素表现)和a(引起白化)。由这5对等位基因互作效应的不同,可将白羽分为5种,其中1种是显性白羽,4种是隐性白羽。

在鸡的各个品种中,除白来航为显性白羽外,其他品种都是隐性白羽。近年来,为了适应肉用仔鸡生产的需要,将白来航的抑制色素形成基因—显性基因I引入了隐性白羽的白科尼什和白洛克,培育出显性白羽品系。目前,国际上肉用仔鸡的种鸡亲本绝大部分,尤其是父系,都是显性白羽。携带有纯合显性白羽基因(即I I)的鸡与其他有色羽鸡交配时,后代除了少数在头、颈或身体其他部位的羽毛上出现杂色小斑块外,外观上基本是白鸡。显性基因I是一种显性上位作用,可完全抑制黑羽,但不能完全抑制黄羽和红羽。

隐性白羽品种与有色羽品种鸡杂交,后代均为有色羽。但隐性白羽的品种或品变种在隐性性质上并不完全相同,具体情况如表1-1所示。

表1-1　各种白羽的基因型

种　类	基因型	原　理
显性白羽	IICCOOPPAA	II作用，如白来航鸡，对黄、红色是不完全显性
隐性白羽	iiccOOPPAA	无色素原基因cc起作用，如白色温多特鸡、白色明诺卡鸡
隐性白羽	iiCCooPPAA	无氧化酶基因oo起作用，如白羽丝毛鸡
隐性白羽	iiCCOOppAA	隐性上位基因pp制止色素表现，如红色飞花白鸡
隐性白羽	iiCCOOPPaa	隐性白化基因aa起作用，无色素，如白洛克鸡的白化个体

　　（2）黑羽。鸡的黑羽品种和品变种也很多，如黑狼山鸡、澳洲黑鸡、黑奥品顿鸡、黑来航鸡和黑明诺卡鸡等。黑羽对显性白羽为隐性，而对隐性白羽则为显性。黑羽的出现，除需要色素原基因（C）和氧化酶基因（O）共同作用以形成黑色素之外，还需有黑色素扩散基因E存在，使黑色素扩散到全身。因此，全身黑羽的基因型可以表示为CCOOEE。当黑色素限制基因ee存在时，则黑色素不能扩散到全身，只是在颈羽、主翼羽和副翼羽、尾羽以及公鸡的鞍羽等处出现，并且这些部位的黑羽常镶白边或淡色边，其他部位的羽毛呈一致的白色或除黑色以外的单一色泽，形成哥伦比亚色或浅花，如杏花鸡和浅花苏赛斯鸡，其基因型为CCOOee。据研究，黑色素扩散基因广泛存在，所以非黑色的品种或品变种可以产生黑色的后代。

　　（3）黄羽。常指浅黄色羽。主要存在于浅黄来航、浅黄洛克、浅黄温多特、浅黄奥品顿、浅黄九斤鸡和三黄鸡等品种或品变种中。黄羽是优质肉鸡重要的特征，是由Bu和Bu′两个基因座位决定，当Bu和Bu′同时存在时才能表现为黄羽。我国地方品种中的黄羽鸡径长期的选择，已经基本纯合，其基因型均为BuBuBu′Bu′。但近年来，为了提高地方品种的产蛋量和生长速度等性能，在优质肉鸡育种中普遍引入了含有其他羽色基因的外种鸡血缘，因而给黄羽性状的稳定带来困难，不少鸡场生产的商品肉鸡白羽率高达10%以上，还混杂其他消费者不喜欢的羽色，影响了肉鸡的经济效益。黄羽是一个由显性基因控制的性状，它对隐性白羽为显性，对显性白羽为隐性；Bu和Bu′纯合时对色素原基因C或黑色基因E产生显性上位效应。所以要使黄羽稳定遗传，必须保证父母代中的一方是显性纯合，即为BuBuBu′Bu′基因型。要做到这一点，必须每代剔除隐性纯合个体(表型为白羽)，使隐性基因频率逐代降低，这种方法简单易行但进展慢。另一种方法是测交，剔除含bubu′的个体，保留BuBuBu′Bu′，这种方法较复杂，工作量大但效果好，见效快。

　　红羽、银色羽、金色羽、横斑羽、蓝色羽等也是由于基因相互作用的结果。

2. 肤色

　　皮肤颜色受两种不同来源的色素影响。一种是黑色素，存在于皮肤的表皮层和真皮层；另一种是叶黄素，直接来源于饲料，贮存于皮肤（表皮层和真皮层）、脂肪、血液及卵黄中。未产蛋的鸡，这些部位的叶黄素贮存量很高。产蛋时，叶黄素逐日输送至卵黄，故产蛋母鸡虽摄入较多富含叶黄素的饲料，其皮肤黄色仍然逐日减退，产蛋时间越长，退色的程度越明显。

　　（1）体肤的颜色。肉鸡的体肤主要为白色（或肉色）和黄色，但也有黑色和蓝色（石板色）等。我国的九斤黄鸡、三黄鸡是黄肤，狼山鸡是白肤；美洲许多品种鸡是黄肤，英国品种多为白肤。皮下脂肪是否含叶黄素及含量多少，可影响体肤颜色。表皮和真皮的颜色不同时，体肤的颜色表现也不同。

根据研究发现，白色和黄色由一对常染色体基因所控制。白色基因为W，黄色基因为w，W对w为显性。W基因的作用是限制叶黄素在皮肤的存在。我国著名的丝毛鸡和一些地方鸡种，不仅皮肤为黑色，甚至内脏、骨骼也是黑色。原因是有黑色素的色素细胞分布到全身结缔组织包括骨骼骨膜细胞，故表现为黑色或石板色。用白来航和芦花洛克分别与白丝毛鸡进行杂交，所得后代皮肤均不是黑色，这是因为白来航的抑制色素形成基因I和芦花洛克的横斑基因B不仅抑制和冲淡羽毛的黑色素，还也具有抑制和冲淡白丝毛鸡的色素细胞黑色素的作用。用棕色来航公鸡配白丝毛鸡母鸡所得的F_1代皮肤都是黄色的；而用白丝毛鸡公鸡配棕色来航母鸡所得的F_1代则公雏是黄皮肤，母雏是黑皮肤，因而能自别雌雄。

（2）喙和胫的颜色。喙和胫的外层为皮肤衍生物，它们的色泽有白、黄、青、红、黑、蓝、灰色等，这些色泽主要取决于喙和胫的表皮层和真皮层是否含有黑色素和黄色素。研究发现，淡色胫（白色或黄色）对青色胫为显性，因为淡色胫具有抑制黑色素形成的基因Id，Id能冲淡胫部色素而出现黄色或白色胫；且Id为伴性基因，也可用于自别雌雄。

（二）肉鸡的形态性状遗传

肉鸡的形态性状可分为冠形、羽形和体形。

1. 冠形

冠形常用作品种或品变种的特征，可分为单冠、豆冠、玫瑰冠、胡桃冠等。不同品种和品系，其单冠的冠片的大小、形状，冠齿的多少和冠尾的长短等差异很大。例如，白来航的单冠冠片特别大，母鸡多数为倒冠；白洛克单冠冠片中等大，母鸡不是倒冠。一般来说，蛋用种鸡冠片较大，而肉用种鸡冠片中等或小。不同品种的单冠都是同一的基因型，是由双隐性纯合基因rrpp决定；但冠片的大小和冠齿的多少可能还受一些修饰基因影响。

豆冠是科尼什和婆罗门品种所特有。豆冠基因型为rrP_，即纯合体为rrPP，杂合体为rrPp。玫瑰冠在洛岛红、汉堡、玫瑰冠来航等品种或品变种中存在，其基因型为R_pp，即纯合体为RRpp，杂合体为Rrpp。胡桃冠比上述各种冠都小。引进我国的白科尼什公鸡中发现有胡桃冠。胡桃冠同时受基因P_和R_控制，对单冠显性，其基因型为P_R_，即PPRR、PpRR、PPRr和PpRr的基因型均可出现胡桃冠。

通过试验可知，如果让豆冠纯合体和玫瑰冠纯合体杂交，F_1是胡桃冠；F_2中，胡桃冠、豆冠、玫瑰冠、单冠的比例为9:3:3:1。

2. 羽形

羽形可分正常羽和变态羽两类。变态羽有多种，有的可作为品种特征，有的则为遗传缺陷。

丝毛鸡的羽小枝、羽纤枝都缺乏羽小钩、故羽毛开散，呈丝毛状，成为品种的特征。丝毛是由常染色体上一对隐性基因hh所决定，常羽对丝毛为完全显性。

卷羽有两种类型，一种是终生不变的，一种是青年时卷羽，换为成年羽后则恢复正常。卷羽基因F为不完全显性，在单个存在时，导致羽毛作特殊的卷曲，容易脱落；如果是纯合体（FF），则卷羽严重，有时几乎使整个身体没有羽毛。而青年时卷羽的鸡换羽后恢复正常的个体，是因为携带有一个隐性基因mf，它对F能起抑制作用。

3. 体型

体型分为正常和畸形两类。畸形是由缺陷或致死基因引起的。

矮小型的鸡也称为侏儒鸡，在多数品种中都已发现，是一种遗传有缺陷的鸡，表现为整个体型较正常鸡小。但是，有的矮小型鸡经济利用效果却较好，在生产上有一定价值。研究发现，矮小基因可分成两类，一类是存在于常染色体上的矮小基因，现已肯定的有两种：一种是隐性半致死基因td，它可导致甲状腺机能减退，使机体的代谢率降低，从而导致体型矮小；另一种是隐性基因adw，它也可使鸡的体型矮小，其遗传方式不详。

另一类是存在于性染色体上的矮小基因，现已肯定的也有两种：一种是显性伴性矮小基因ZZ，见于各品种的矮小型鸡，或称为本丹鸡。如以这种矮小型鸡和正常体型鸡交配，例如以日本本丹鸡和婆罗门鸡交配，则F_1不论公母体型均减小；F_2中，所有公鸡的体型均小，母鸡则一半体型小、一半体型正常。另一种是隐性伴性矮小基因dw。

dw基因对蛋重有影响，矮小型鸡蛋重约比正常鸡小10%；但对雏鸡出壳体重无影响，即蛋重相同的种蛋，无论含Dw还是dw基因，雏鸡出壳体重无差异。随雏鸡生长，dw基因的作用逐渐显现，带有此基因的母鸡成熟时体重比其带有Dw基因的正常体型同胞姐妹小30%，对于公鸡的影响达40%。dw基因对鸡体型的影响在身体各部位不一致，对长骨的长度，特别是蹠骨减短较多，因此矮小鸡显得腿短矮。但矮小鸡有很多优点，其对营养需要较正常鸡低，饲料消耗较正常鸡少，可节省饲料20%～30%，但要求饲料粗蛋白含量较高；矮小鸡抗病力也较高，特别是具有较强的抗马立克病能力，产蛋期死亡率较低；矮小鸡性情温驯，饲养管理相对容易；由于体型较小，单位面积饲养量可提高20%。目前，肉鸡育种对利用矮小基因dw给以很大的重视，常利用dw基因培育矮小型品系作母本。根据遗传规律，隐性伴性矮小基因不会在后代表现，所以应用这种母鸡和正常的公鸡配种对后代仔鸡生长速度基本无影响。D型矮小洛克（中国农业科学院畜牧研究所）是利用矮小型品系的成功一例。他们培养出矮小的纯系公母鸡，能纯繁传代，作为肉鸡配套系中的母系使用，可以用于两系母本；或在三系杂交时作祖代、父母代母本；或在四系杂交时祖代作母系父本，父母代作母本。

爬行鸡也称为匍匐鸡，是由于半致死基因Cp的作用。CpCp纯合子在孵化第四天左右即死亡，杂合子呈短翅矮脚状态，走路时好像匍匐爬行一样。其他畸形，如无距和多距，已知无距对正常距为隐性，有的鸡多距，由多距基因M所控制。

（三）肉鸡的生理性状遗传

在生理性状方面，主要介绍长羽速度、就巢性和血型。

1. 长羽速度

长羽速度主要是指翼羽和尾羽长出的早迟快慢，与经济效益有很大关系。鸡有快羽和慢羽两种类型。快长羽的鸡，出壳时翼羽已开始冒出雏型以代替绒毛，其中，主翼羽比覆主翼羽长，副翼羽也长了出来，到3日龄时开始长出尾羽。慢长羽的鸡在出壳24h内常只能见到覆主翼羽，即使有主翼羽也长得很慢，副翼羽则未长出，要在12日龄后才长出少量尾羽。

对肉鸡来说，快羽鸡抗寒能力强，维持体温所需要的营养较少，故雏鸡生长较快，饲料报酬较高。长羽速度与早期生长速度呈正相关，但与成年鸡体重无关。同时，快长羽的肉鸡可避免运输上市时身体无毛部位被碰伤而造成毛鸡残次品，有利于保持屠体正常外观。长羽速度在品种间和品种内都差异很大。来航鸡以快羽闻名，我国地方品种大多数是慢羽品种。经正反交试验得知，长羽速度为一对伴性等位基因所控制。慢羽对快羽为显性，慢羽基因为K，快羽基因为k。用快长羽公鸡与慢长羽母鸡交配，所得F_1公雏为慢长羽，母雏为快长羽，出壳后即可自别雌雄。国际上，肉用仔鸡以白色羽为主，故利用快慢羽自别雌雄至为重要。根据快慢羽遗传机理，科尼什和洛克等品种部先后培育出了快羽品系。

2. 就巢性

就巢性也称为抱性，由脑下垂体前叶分泌的催乳素增多而造成。地中海品种如来航鸡等无抱性、产白壳蛋；而白洛克、洛岛红和澳洲黑等则表现出不同程度的抱性、产褐壳蛋。就巢性具有高度的遗传性，由两个显性基因（用A、C表示）所控制。缺A或C，都不表现就巢性；A与C互补，则表现就巢性。纯合的就巢基因型为AACC；此外，AACc、AaCC和AaCc都是杂合的抱性基因型。非就巢基因型为AAcc、Aacc、aaCC、aaCc和aacc，其中aacc为双隐性，是纯合的不就巢基因型。如将白洛克鸡中两个不就巢或就巢性很弱的品系杂交，则F_1有时会出现就巢，甚至比亲本的就巢性还强。

3. 血型

鸡的血型系统分A、B、C、D、E、H、I、J、K、L、P、R、Hi、Th共14种，含90多个抗原因子；其中B血型研究最多。血型抗原是一种质量性状，按照孟德尔方式遗传，常呈共显性遗传（个别例外）。由于支配血型抗原的基因间存在连锁，且血型基因具有多效性，几个血型系统或同一血型系统的多个抗原因子往往同时对一个或几个表型性状起作用（表1-2）。

表1-2　肉鸡血型和生产性能间的关系

血型系统	抗原因子数	连锁关系或别名	与性状的联系
A	9+	与E、J连锁，或称F	产蛋力
B	35	或称G	产蛋力，受精率，增重，孵化率，成活力，抗病力，组织适合性
C	5	与P、J连锁，或称N	受精率，冠型，组织适合性
D	5	与H连锁	产蛋力
E	10+	与A连锁，或称M	增重
H	3	与D连锁	
I	2～5		
J	3	与A、C连锁	
K	4		
L	2		产蛋量，受精率
P	3～10	与C连锁	
R	2		抗病力，组织适合性
Hi	2		产蛋力
Th	2	或称Vh	

四、肉鸡的数量性状遗传

肉鸡的数量性状可分为肉用性状、蛋用性状、繁殖力和生活力、饲料转化率四大类，均为重要经济性状。本部分重点叙述肉用性状、繁殖力和生活力以及饲料转化率的遗传特点。

（一）肉用性状遗传

肉鸡应具有优良的肉用性状，包括有高度的产肉力和优良的肉用品质。因此在育种实践中，对肉鸡的体型大小或体重、生长速度、体型结构、屠宰率和屠体品质等，都有特别的要求。

1. 体型大小或体重

体型大小和体重的概念虽有不同，但对产肉力均有直接影响。一般来说，体型大、体重大，则产肉量多；体型小、体重小，则产肉量少。但对不同品种或品系来说，不完全如此。一般要求肉鸡体型和体重大，以便易于达到产肉量多的目的。常见的肉鸡品种如科尼什、洛克等，体型和体重都较大。

体型大小和体重都是多基因控制的数量性状。实际工作中，对于体型大小和体重多是以称重法来测定，主要指标有：①出壳体重。出壳体重主要决定于蛋重，与品种或品系有关，同时受性别、营养和孵化条件等影响。蛋重和出壳体重相关系数达0.68～0.84。同一母鸡所生后代，雄的出壳体重一般比雌的略大。在孵化条件正常时，出壳体重一般占蛋重的65%～70%。②生长期体重。生长期体重与品种、品系、性别、营养和管理条件等密切相关。对于肉用仔鸡来说，6～7周龄体重是一个重要经济性状，这一性状的遗传力比较高，估计为0.42～0.46。③成年体重。作为一个特定性状，每个品种或品系都有其标准成年体重。由于成年体重可以影响后代早期体重，而为节约饲养成本，对成年体重又并不要求过大。目前在品系繁育、品系杂交时，常用体型和体重大的品系作父系，而体型和体重较小的品系作母系；通过杂交后，后代的早期体重大；但由于母鸡的体型、体重不过大，从而节约饲养成本。据估计，鸡成年体重的遗传力为0.5～0.65。

随着体重的增加，肉鸡的腹脂量和腹脂率均在增加。腹脂过量不但使饲料转化率降低，也影响到屠体品质。体重与腹脂量的遗传相关较高，一般为0.5左右，而与腹脂率的相关略低，仅有0.3左右。所以，选择提高体重将增加腹脂量，提高腹脂率。早期体重与腹脂间的遗传相关大于较大周龄体重与腹脂间的遗传相关，而活重与腹脂的相关大于屠体重与腹脂的相关。值得注意的是，4～7周龄增重与腹脂率的遗传相关估计值为-0.30～-0.24，表明选择增重有可能使腹脂率降低。

2. 生长速度

最理想的肉用种鸡是早期生长速度快而成年体重不过大。因此，早期生长速度被列为培育肉用种鸡最重要的经济性状。根据研究要求的不同，经常计算累积生长、绝对生长和相对生长3种生长速度。

生长速度是一个数量性状，受多基因控制，还受品种、品系、性别、饲养管理和外界环境条件等多种因素的影响。肉用鸡如科尼什、洛克等的早期生长速度较快，兼用品种如洛岛红、新汉夏等次之；一般的地方品种黄鸡或麻鸡等则较慢。现代肉鸡繁育体系中，商品代由于具有双杂交优势，其早期生长速度最快，如AA鸡和艾维因鸡。同一品种中，生长速度因品系不同而异。如宝星（称星布罗）种鸡的A、B系均为科尼什型，其中以A系的早期生长速度快；C、D系均为洛克型，其中以C系早期生长速度快。性别对生长速度也有明显影响，一般公鸡的生长速度比母鸡快。如肉用仔鸡6.5～7周龄体重，公鸡比母鸡约高15%～20%。生长速度也有伴性遗传的表现，利用不同品种正反交，其后代的生长速度不同。据估计，早期生长速度的遗传力约为0.4～0.5。

3．体型结构

肉鸡体躯的体长、体宽和体深，构成一定的体型。各种体型的形成，主要受骨骼和所附肌肉的影响，并且羽毛的附着情况也大大影响外观体型。有的侧看呈方形、长方形、梯形等；有的从前或背看显得比较宽大丰满，出现所谓"宽胸"、"圆胸"或"球胸"，有的则比较狭窄瘦小等。一般来说，肉鸡的体型重大，体躯宽长，胸部丰满，腹深而广，体型呈长方形或梯形，胸角较宽，头较宽大，喙较宽直，颈较粗长，脚较粗短，动作迟缓笨重。

肉鸡体型常用指标为体斜长、龙骨长、骨盆宽、胫长和胫围等。在一定的品种或品系中，这些体尺指标的数值常维持于一定范围内。虽然常以屠宰后分割包装的形式销售肉用仔鸡，所以仔鸡的外观体型已不十分讲究。但因体型与产肉性能有关，所以对肉用仔鸡的生产仍相当重要。其中特别是对胸型的研究更为重视，因其直接与产肉性能，特别是净肉率有关。产肉性能高的现代肉用仔鸡多是宽胸型，如果肉用仔鸡只有"圆胸"结构，其产肉量就会更大。

体尺指标受多基因控制，遗传力都很高。例如，体斜长遗传力为0.55～0.65，龙骨长为0.37～0.59，骨盆宽为0.42～0.52，胫长为0.43～0.54，胫围为0.72～0.90。体尺不同的两个品种或品系杂交时，F_1的体尺往往介于两亲本之间。例如，以科尼什和来航鸡交配，其F_1体型和胫长似科尼什，但体型大小介于两者之间；F_2 55只鸡中，有3只似科尼什，41只为中间型，11只似来航。

4．屠宰率

屠宰率的高低与家禽产肉性能有重要关系。屠宰率以屠体重（包括半净膛、全净膛）占活重的百分率来表示。据研究，屠宰率的遗传力为0.2～0.6。

5．屠体品质

屠体品质是肉鸡另一重要经济性状，应具有肉嫩而鲜、脂少而匀、皮薄而脆、骨细而软等特点。肉质的优劣、鲜嫩与否，在不同品种中差异很大。在同一品种中，由于饲料成分、屠宰日龄等的不同，肉质肉味的差异也很大。对肉鸡食用品质主要从营养、风味、卫生和价格的角度评价肉鸡食用品质，常采用仪器分析和感官鉴定相结合的方法，包括分析屠体化学成分、研究屠体脂肪分布情况、测定肌肉纤维的粗细和拉力等。

我国一些地区对鸡肉品质的评价多以肉质风味为重点，例如认为地方品种黄鸡或麻鸡等肉质风味较好，而认为引进品种肉用仔鸡肉质风味较差，因此，在生产和市场上，有"优质肉鸡"与"快大肉鸡"之分。

（二）繁殖力和生活力的遗传

繁殖力和生活力都是肉鸡重要的经济性伏。

1. 繁殖力

繁殖力是肉鸡繁殖后代的能力。公鸡繁殖力主要决定于其精液质量，要求在交配时射出的精液中含有大量富于活力的精子。母鸡除了要有高的产蛋量或产蛋率外，种蛋应有高的受精率和孵化率。肉种鸡繁殖力的高低，主要是通过种蛋合格率、受精率、孵化率和健雏率等指标进行评定。

受精率是一个复杂的性状，遗传力很低，大约只有0.05。它不仅受遗传因素的影响，也受公母鸡双方生殖系统生理机能、双方性行为癖性、饲养管理和外界环境条件的影响；其他一些性状也可能与受精率有关。如玫瑰冠基因型RR和豆冠基因型PP的公鸡配种能力低，受精率较低，配种一次后受精持续期短；而单冠基因型rrpp的公鸡配种则受精率高，配种一次受精的待续时间也较长。受精率的选择，特别是通过个体选择取得遗传进展是比较困难的，只有通过家系选择，尽量消除环境条件的影响，才有可能取得遗传进展。

孵化率也是一个复杂性状，影响孵化率的因素有遗传基因、公母鸡饲养管理和健康状况、种蛋的保存方法和新鲜度以及孵化条件、孵化技术等。有报道认为，有色羽品种的胚胎在孵化末期死亡率较高；有黑色素扩散基因EE的鸡，其孵化率较低。根据遗传分析，孵化率的遗传力约为0.10~0.15。在育种实践上也需采用家系选择，才能收到效果。

2. 生活力

生活力指生物在一定的外界环境条件下的生存能力，是遗传和环境相互作用的结果。除了能否生存之外，生活力还表现在新陈代谢的能力、生长速度、抵抗力和适应性各方面，常用育雏率和存活率表示。

育雏率代表雏鸡的生活力，通常以4周龄（或6周龄）的成活率来表示。育雏率受遗传因素和环境因素的共同影响。有研究指出，快羽不仅羽毛生长快，体重增加迅速，而且生活力高，死亡率低，说明快羽基因也对数量性状产生效应。此外，种鸡的年龄也同育雏率有关。如产蛋高峰期产的蛋不但受精率、孵化率较高，育雏成绩也较好；而产蛋前期、末期所产的蛋，效果相对较差。通过遗传分析，育雏率的遗传力仅为0.05。

存活率也是受遗传和环境因素的共同影响。在遗传因素方面，有致死、半致死等质量基因，也有数量性状方面的多基因等；在环境因素方面，疾病、饲养管理和外界条件等对存活率有很大影响。对存活率的选择，某种意义上说，是对某种或某些抗性基因的选择。已经发现在家禽中有某些抗性基因存在，不同品种、品系对同种疾病的抵抗力不同，可以进行抗性育种。抗病力和免疫力的遗传是相当复杂的，一般认为是多基因的数量遗传，入舍鸡72周龄存活率的遗传力在0.05~0.1之间。在生产或育种上可以每代都从抗病力强、存活率高的种鸡中选择。据报道，存活力还可能与体型或性别有关。

（三）饲料转化率的遗传

现代养禽业中饲料成本约占70%，因此饲料转化率成为重要的经济性状。饲料转化率常用料重比表示。饲料转化率可以遗传，可因品种或品系的不同而异。料重比可以通过选择而降低，饲料转化率可以通过选择而提高。例如，肉用仔鸡的料重比已由20世纪50年代的2.5:1~3.0:1下降到目前的1.9:1~2.0:1左右。

第三节　现代肉鸡专用品系的选育

现代肉鸡繁育体系的中心环节是品系繁育。肉鸡专用品系是在生产利用上有特点的品系，经过杂交试验进行配合力测定之后，可作为繁育体系中配套应用的专门化品系。

一、肉鸡专用品系的基本要求

对于肉鸡专用品系的选育，其基本要求有共同的方面，也有特殊的方面，要根据具体选育目标而定。在选育时，首先要考虑将来是生产快大肉鸡，还是生产优质肉鸡；其次是在繁育体系中作父本品系，还是作母本品系；以及其他特殊要求。肉鸡专用品系的基本要求如下：

1. 体型重大

对于快大肉鸡的父本品系，尽可能要求体型重大。对于优质肉鸡或母本品系，由于须兼顾其优良肉质和繁殖性能问题，对体型重大不能作过高要求。

2. 早期生长速度快

目前，快大型肉鸡饲养6.5～7周龄，上市体重达2kg。优质肉鸡及其杂交种，饲养13～14周龄，体重为1.5～1.8kg。因此，在选育肉鸡专用品系时，其遗传潜力和配合力应达到相应水平。

3. 屠宰率和瘦肉率高

屠宰率和瘦肉率是快大型肉鸡的重要指标。而在我国南方各省、港澳地区，以及东南亚一带，传统消费习惯是强调肉味鲜美，因而要求屠体肌肉幼嫩而实，味道鲜美，具有适宜的屠体肉脂比。因此，在确定选育目标时，需要考虑选育类型和销售地区的要求。

4. 饲料报酬高

目前国际上肉用仔鸡的料肉比平均约为1.9:1～2.0:1，已有1.8:1的报道；优质肉鸡及其杂交种，料肉比为3.0:1～3.2:1。常通过对肉用种禽进行限制饲养，既提高其种用性能，也降低其饲料消耗，并通过直接对饲料转化率的选择而降低肉鸡屠体脂肪；而对商品肉鸡一般都是强化肥育以提高生产效率和饲料转化率。

5. 良好的繁殖性能

无论是父本父系或父本母系均不能过于强调产蛋性能，因为产蛋性能高时则体型会减小，将会导致商品肉鸡早期生长速度的降低。对于典型的、可用于快大肉鸡父本品系的科尼什，要求其平均产蛋率达40%以上，500日龄产蛋量120枚；对于兼用种、用于母本品系的洛克，要求其平均产蛋率达65%以上，500日龄产蛋量200枚。对于优质肉鸡，要求其平均产蛋率达40%～45%以上，500日龄产蛋量130～150枚。对肉鸡繁育体系各系的受精率要求都很高，平均受精率应达93%～95%。

6. 腿脚强健有力

因为肉用品系特别是用作父本品系的，其体型重大，需要强健有力的腿脚才足以支持其体重。此外，如在饲养过程中腿脚易于受损，则会大大影响受精率。

7. 羽色要求

视市场需要及应用伴性遗传原理鉴别雏鸡雌雄需要而定。国际肉鸡市场一般倾向于白羽，因白羽若屠宰时去毛未尽对商品规格影响不大，有色羽则否。而我国南方各省、港澳地区及东南亚一带，活鸡市场传统习惯消费黄鸡，其销售价格比白鸡高50%以上甚至1倍，故一般重视黄羽性状的选育。

8. 疾病抵抗力强

对肉种鸡，通常需要十分注意对抗马立克氏病、淋巴性细胞白血病及抗白痢病等品系的选育。

二、肉鸡专用品系的遗传改进

肉鸡专用品系的各种遗传性状中，体型、早期生长速度、屠宰性能和肉质风味、繁殖性能、饲料转化率等重要经济性状多属于数量遗传性状，应该按照数量性状的遗传方式进行选择和育种，主要以个体选择为主，结合运用有关选择方法，例如繁殖性能需结合家系选择；而羽色、羽速、矮小型等需作质量性状选择。这样，综合运用后，可以收到较好的育种效果。

1. 体型的遗传改进

一般地说，决定体型的各种性状，如蛋重、出壳雏重、生长期体重、成年体重及各种体型结构性状，其遗传力均较高，同时其遗传相关也较高。在选择时，采用个体选择、加大选择压的方法，可以取得相应的遗传进展。

2. 早期生长速度的遗传改进

要改进早期生长速度，首先应对鸡群早期平均生长速度有所了解，然后选择其中表型良好的公母鸡进行个体记录，测定其后代平均生长速度。鸡早期生长速度可以6~7周龄体重作为代表，其遗传力达0.4~0.5。因此，运用个体选择可以收到较好的效果。平均生长速度超过其父母代或原来鸡群的鸡只都可以提高其子代的早期生长速度。为了使子代的生长速度快速提高，通常需加大选择压，即选留生长最为快速的配对繁殖后代。对母本品系的增重要求与父本品系不同，不是增重越快越好，而是要规定体重的上限，把增重最快的一部分淘汰。

3. 屠宰率的遗传改进

屠宰率的遗传力较高。屠宰率和体重及胸宽高度相关。胸宽的肉鸡一般出肉率较高。所以，在体型上，以胸宽、胫粗而长度中等的肉鸡屠宰率高。屠宰率的高低还与体内积聚脂肪的能力有关。对于屠宰率，需进行同胞测验而作间接选择。

除了屠宰率之外，还可测定净肉率或胸腿肌率。优良的肉鸡净肉率达40%~45%，胸腿肌率约在25%左右。

4. 肉质的遗传改进

肉质是肉鸡的重点研究内容，特别是对于父本品系更是如此。如果希望增加瘦肉率和减少腹脂率，进行饲料转化率的选择是一种有效的方法。除了通过饲料转化率的选择以降低腹脂率外，通常还采用同胞测验和后裔测验等方法，对肉质风味等进行选择，包括测定肌肉纤维粗细和拉力、某些氨基酸和脂肪酸的含量、以及进行感官评定等。通常肌肉纤维粗的则肉质较差；生长速度快的则肉嫩、味淡、含水分高。

三、自别雌雄配套系的培育

1. 自别雌雄配套系在养鸡生产中的优点和意义

在肉鸡生产中，自别雌雄有利于公母分养，便于根据公母不同的生长发育速度、营养需求给予不同的饲料和饲养管理条件。

相对于其他性别鉴定方法，自别雌雄的优点是鉴别速度快，准确率高，不需要对鉴别人员进行较多的技术培训，对雏鸡损伤小，交叉感染疾病的可能性小。

2. 自别雌雄的原理

自别雌雄是根据伴性基因的伴性交叉遗传特性而进行。目前成功用于自别雌雄的基因是：快慢羽（K-k），金银羽（S-s）和芦花伴性基因（B-b）；还可以利用的是胫色（Id-id）基因。目前使用最多的是快慢羽（K-k）自别雌雄配套系。慢羽（K）对快羽（k）为完全显性。慢羽的表型为：出壳24h内覆主翼羽≥主翼羽或只长出覆主翼羽而无主翼羽；而快羽表型为：出壳24h内主翼羽＞覆主翼羽。

褐壳蛋鸡商品代目前几乎全都利用伴性基因—金银色羽基因（s/S）来自别雌雄，即绒羽为银色羽的为公鸡，反之为母鸡。褐壳蛋鸡父母代也可以利用快慢羽基因（k/K）来自别雌雄，公鸡皆慢羽，母鸡皆快羽。

芦花基因（Z^B）对非芦花基因（Z^b）为显性，芦花母鸡的基因型是Z^BW，非芦花公鸡的基因型为Z^bZ^b。用芦花母鸡和非芦花（洛岛红）公鸡杂交，在F_1雏鸡中，凡是绒羽为芦花羽毛（黑色绒毛，头顶上有不规则的白色斑点）的为公鸡，而非芦花羽毛（全身黑色绒毛或背部有条斑）的为母鸡。

3. 快慢羽(K-k)自别雌雄配套系的培育步骤

快慢羽（K-k）自别雌雄配套系的培育目的是获得纯合的快羽父系（包括公母鸡）和纯合的慢羽母系（包括公母鸡）。父系及母系除羽毛生长速度外，其他按育种目标选育；快羽公鸡和慢羽母鸡组合，后代据羽毛生长速度判别性别准确率可以达到99%以上。其具体步骤如下：

（1）种群选择与生羽速度观察。根据生产需求，选择生活力强，生长发育好，生产性能优良的种鸡，对其所产初生雏鸡翼羽生长速度进行观察，分出快羽群和慢羽群，分别带上翅号，分群进行生产性能观察。

（2）确定基因型。由于快羽公、母鸡，慢羽母鸡基因型与表现型一致，所以主要测定慢羽公鸡的基因型，测定方法是将每只慢羽公鸡与快羽母鸡交配，观察后代羽毛生长速度（每只公鸡至少观察7只雏鸡），后代全为慢羽，表明公鸡为KK纯合子；后代中有一只快羽，表明公鸡为杂合子，该公鸡应淘汰。

（3）扩群。将纯合慢羽公鸡与慢羽母鸡交配，快羽公鸡与快羽母鸡交配，扩大慢羽和快羽群体。

（4）检查准确性。将快羽公鸡与慢羽母鸡交配，观察后代雏鸡的生羽速度，剖检确定通过羽速判断雌雄的准确性，一般要求准确率达99%以上。

（5）生产性能观察。观察自别雌雄后代的生产性能，如能达到各项要求，说明培育成功。

第四节　现代良种肉鸡繁育体系

随着现代化养鸡业的发展必须要有与之相适应的高产、稳产、整齐、优质、规格化的品种/品系供应，这就需要建立相应的育种体系、制种体系和性能测验体系，也就是建立健全繁育体系。良种繁育体系的建立是现代养鸡业生产的基础。

一、杂交方式

根据参与杂交配套的纯系数目，杂交方式分为两系杂交、三系杂交和四系杂交甚至五系杂交等。其中以三系杂交和四系杂交最为普遍。

（一）二元杂交

二元杂交，又称简单杂交或单杂交，是两个鸡群（品种或品系）杂交，F_1代杂种无论公母，都不作为种用继续繁殖，而是全部用作商品（图1.5）。

二元杂交方式优点是生产比较简单，特别是在选择杂交组合方面比较简单，只需做一次配合力测定，收效迅速，能充分发挥个体杂种优势，对于提高产肉力有显著效果。缺点是在杂交组织工作上较麻烦，因为除了杂交以外尚需考虑两个亲本群的更新补充。通常人们对父本种群的公鸡采取购买的办法解决，而对母本种群的更新补充则需要纯繁解决。为此，该鸡场，除进行杂交以外，还要同时做纯繁工作，以补充杂交用的母本；如果父本也由本场繁殖，还需要有一个父本种群的纯繁群，否则就得经常从外场采购公鸡。此外，这种杂交方式另一大缺点，是未能获得父

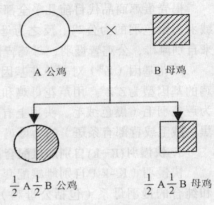

图1.5　肉鸡二元杂交示意图

本或母本杂种优势，尤其不能充分利用母本种群繁殖性能方面的杂种优势。因为在该方式之下，用以繁殖的母鸡都是纯种，杂种母鸡不再繁殖。而就繁殖性能而言，其遗传力一般较低，杂种优势比较明显。因此，不予利用将是一项重大损失。

（二）三元杂交

三元杂交是先用两个种群杂交，所生F_1杂种母鸡再与第三个种群的公鸡杂交，所生二代杂种全部用作商品群（图1.6）。这种杂交方式优点是在杂种优势的利用上大于二元杂交。即在整个杂交体系下，除个体杂种优势利用外，二元杂种母鸡在繁殖性能方面的杂种优势得到利用，二元杂种母鸡对三元杂种的母体效应也不同于纯种；同时三元杂种集合了三个种群的差异和三个种群的互补效应，因而在单个数量性状上的杂种优势可能更大。三元杂交的不足是在组织工作上，要比二元杂交更为复杂，因为它需要有三个种群的纯种来源。

（三）双杂交

双杂交，又称四元杂交，是用四个种群分别两两杂交，然后两种杂种间再次进行

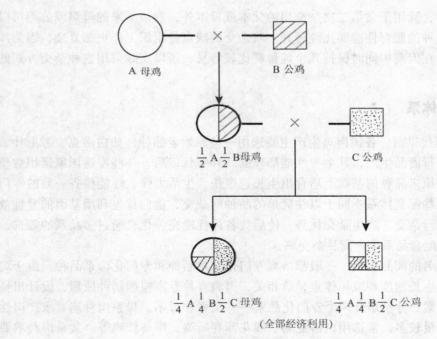

图1.6　肉鸡三元杂交示意图

杂交，产生四元杂种全部供作商品用。这种杂交方式最初用于杂交玉米生产，目前在畜牧业中主要用于鸡的繁育。鸡的双杂交一般都是用于近交系之间。首先通过高度近交建立近交系，用轻度近交保存近交系；同时进行各近交系间的配合力测定，选择适于做父本和适于做母本的单杂交鸡；最后进行各父本与母本间的配合力测定，选择最理想的四系杂交组合。因此选定杂交组合后，需要分两级生产杂交鸡，第一级是生产父本和母本的单杂交种鸡，第二级是生产双杂交商品鸡，具体过程如图1.7。

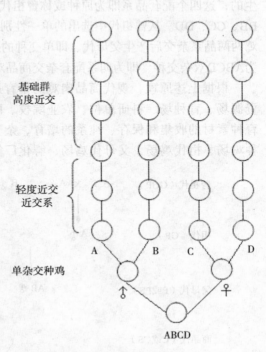

图1.7　双杂交示意图

这种杂交方式的优点是：①遗传基础更广，显性优良基因有更多的互补机会和更多的互作类型，因此可能有较大的杂种优势。②在利用个体杂种优势的同时，既可以利用杂种母鸡的优势，也可以利用杂种公鸡的优势。杂种公鸡的优势主要表现在配种能力强、可以少养多配及使用年限长等方面。③由于大量利用杂种繁殖，纯种就可以少养。纯种饲养成本要高于杂种饲养，特别是对近交系而言。④第一次杂交所产生的杂种，除用于做第二次杂交用的父本或母本外，剩余下来的母鸡或公鸡可以做育肥用，而杂种的肥育性能要比纯种好。双杂交的缺点是组织工作更加复杂，因为涉及四个种群。但在肉鸡中同时保持几个纯种群比较容易，所以实际采用这种杂交方式的较多。

二、肉鸡繁育体系

20世纪50年代以前，各国肉鸡生产主要选用一些原始老品种，如白洛克、考尼什、浅花苏赛斯等进行商品生产，其生产性能都较低。50年代以后，一些发达国家运用数量遗传学原理，在原来品种的基础上培育出生长速度快、生活力强、性能整齐一致的专门化配套体系。这些配套体系不同于以往简单的品种间杂交，他们首先利用基因的显性效应和上位效应进行杂交，产生杂交优势，使后代各种性能完善化；通过多品系的筛选，最后选出优秀的配套品系生产商品杂交鸡。

目前一些著名的商品肉鸡，一般都培育专门化父系品种和专门化母系品种。由于鸡的产蛋量与早期生长速度和成年体重呈负相关，肉鸡育种专家根据制种原理，设计出科学的肉鸡生产方案，分别培育两个专门化品系——父系和母系。母系肉种鸡要求产肉性能较好，且产蛋量较多，常选用白洛克鸡、浅花苏赛斯鸡、洛岛红鸡等。父系肉种鸡要求早期生长速度快，体型大，饲料报酬高，肉质良好，常选用白考尼什鸡、红考尼什鸡、芦花鸡等。这样配套品系杂交后，能够为肉鸡商品生产提供质量好、数量多的雏鸡。

目前的商品肉鸡，多数为四系配套杂交或三系配套杂交，少数为五系配套杂交或二系配套杂交。例如：四系配套商品杂交鸡，是由配套品系经祖代、父母代两次杂交制种而产生的，这四个配套品系即为原种或称曾祖代。曾祖代是纯系，每个品系均可纯繁，即AA、BB、CC、DD。从曾祖代中选出的单一性别鸡就是祖代鸡，即A♂、B♀、C♂、D♀。祖代鸡两两品系杂交后产生父母代、即单交种的AB♂和CD♀。父母代鸡再杂交后产生商品代鸡为ABCD双杂交种，即为四系配套杂交商品鸡（图1.8）。

根据上述原理，现代商品肉鸡的繁育过程分为育种和制种两部分。育种部分由品种资源场、育种场、科研单位、农业院校、配合力测定站等单位共同承担，其主要任务是育种素材的收集和保存、纯系的培育、杂交组合测定、品系配套和扩繁。制种部分由原种鸡场、祖代鸡场、父母代鸡场、孵化厂等单位所承担，其主要任务是进行两次杂交制

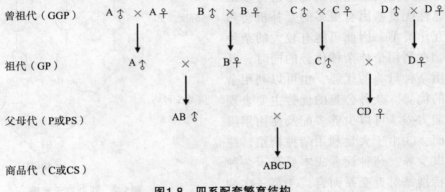

图1.8　四系配套繁育结构

种，为商品鸡场供应大量的高产商品杂交鸡。在上述杂交繁育体系中，将育种工作和杂交扩繁任务划分为相对独立，而又密切配合的育种场和各级种鸡场来完成，从而使各个部门的工作更加专门化。

三、育种体系

1.品种资源场

品种资源场的任务是收集、保存各种肉鸡品种品系，包括从国外引进的和国内的优良地方品种品系，进行繁殖，观察和研究它们的特征、特性及其遗传状况，发掘可能利用的基因，给育种场提供选育和合成新品种、品系的素材。

2.育种场

育种场的任务是利用品种资源场提供适应生产需要的品种或品系，选育或合成具有一定特点的专门化高产品系，进行杂交组合试验，经配合力测定站测验，筛选出杂交优势强大的配套组合供生产上使用。育种场是现代养鸡业繁育体系中的核心，主要的选育措施都在这部分进行，其工作成效决定整个系统的遗传进展和经济效益。

3.配合力测定站

配合力测定站的任务是在相同的环境条件下和一致的饲养基础上，比较各杂交组合的优劣，评定出优缺点，为育种场提出推广和改良的依据。

四、制种体系

制种体系包括原种场和繁殖场。繁殖场可分为一级繁殖场、二级繁殖场及商品鸡场。

1.原种场（曾祖代场）

原种场饲养的鸡群属曾祖代，是制种体系的中心。原种场的任务是饲养育种场提供的配套原种鸡或配套纯系进行纯繁制种，为一级繁殖场提供祖代种鸡。如果是四系配套，则纯繁制种生产单性祖代鸡为A公、B母、C公、D母；如果是三系配套，纯繁制种生产单性祖代鸡为A公、B母和纯繁的C公或C母。如果是二系配套，则纯繁制种生产单性父母代鸡为A公、B母。原种场除纯繁制种外，还需要对原种配套系的各纯系进行选育提高保种工作。否则，优秀的生产性能就不能保持。

如果原种场只根据育种场所提供的专门化品系进行四个纯系（A父、B母、C父、D母）扩繁时，D系原种鸡数的多少应根据一级繁殖场的需要而定，一般按1:20~40配备，即1只曾祖代D系成年母鸡，可提供20~40只祖代D系小母鸡。

2.一级繁殖场（祖代场）

繁殖场或种鸡场进行的是杂交制种。除淘汰生长发育不良或病弱种鸡外，一般都不进行选育工作，也不进行个体记载。从原种场提供的配套祖代单性鸡，如为四系配套，四个系一般按1:5:5:35的比例选留，然后分别进行A公、B母和C公、D母的单杂交，为二级繁殖场提供配套父母代种鸡即AB公和CD母种鸡。种鸡群的大小视二级繁殖场的需要而定，一般D系母鸡数按1:30~50配备，即二级繁殖场每需要30~50只CD小母鸡，就应养1只D系成年母鸡。如为三系配套则进行A公、B母的杂交，生产父母代AB母和C公，供应二级繁殖场。

3.二级繁殖场（父母代场）

饲养父母代种鸡，按繁育要求进行第二次制种，为商品鸡场提供种雏、种蛋。如为四系配套则进行双杂交，即AB公和CD母相杂交，为商品鸡场提供大量的四系杂交肉鸡。父母代种鸡的数量，视商品鸡场的规模而定，一般按1:90～130配备，即1只父母代成年母鸡可以提供90～130只商品小鸡。如为三系配套，则进行AD母与C公的杂交制种而生产商品鸡。如为二系配套，则繁殖场用不着分为一、二级，只需从原种场接受父母代A公、B母，进行杂交制种，生产商品鸡。繁殖生产的商品鸡全部供应商品场饲养，不能再用作种鸡。

4.商品鸡场

商品鸡场接受二级繁殖场所提供的双杂交商品鸡，即ABCD四元合成杂种鸡，进行商品肉鸡的生产，向社会提供丰富的鸡肉。

目前的杂交繁育体系，通常用金字塔形状来形象说明其结构和层次（图1.9）。

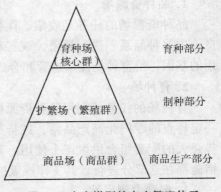

图1.9 金字塔型的杂交繁育体系

第五节 现代良种肉鸡

根据生长速度和肉质品质把肉鸡分成两大类：快大肉鸡和优质肉鸡。前者生长迅速、饲养周期短、饲料转化率高，但肉质较差；后者生长较慢、饲养周期较长，但肉质很好。两种类型的肉鸡都有广阔的市场前景。

一、快大肉鸡

快大肉鸡生长迅递、体重大、肌肉丰满、饲料转化率高。按羽色分成两类：白羽肉鸡和有色羽肉鸡。

白羽肉鸡全身羽毛白色，便于借助机械加工设备加工成洁净的光鸡，体表不会残留有深色的针羽和绒毛，因此，饲养量很大。现代白羽肉鸡父系多为生长速度快，胸肉、腿肉发育好的科尼什鸡；母系多为产蛋量较高，而且肉用性能也好的白洛克鸡。

1.艾维茵肉鸡

艾维茵（Avian）最早是美国艾维茵国际家禽有限公司培育的三系配套白羽肉鸡良种。1986年，由北京大发畜产公司、美国的艾维茵公司和泰国正大集团三方合资，成立了"北京家禽育种有限公司"，专门从事艾维茵肉鸡的选育提高工作。自1987年引进原种后进行选育。1988年开始，向国内、外市场提供祖代和父母代种鸡。

艾维茵肉鸡是由增重快、成活率高的父系和产蛋量高的母系杂交选育而成，其特点是繁殖力高、抗逆性强、死淘率低。该品种的肉仔鸡增重快、饲料转化率高、成活率高、胴体美观、羽根细小、皮肤黄色、肉质细嫩，适于各种方法烹调和加工。艾维茵肉鸡有AV2000和超级2000两种类型，生产性能见表1-3和表1-4。

表1-3　艾维茵父母代种鸡生产性能一览表

类型	产蛋5%周龄（周）	高峰周龄（周）	产蛋高峰期产蛋率（%）	入舍母鸡产蛋数（41周）（枚）	入舍母鸡产种蛋数（41周）（枚）	入舍母鸡产雏（41周）（只）	平均孵化率（41周）（%）	产蛋期成活率（%）
AV2000	25~26	31~32	86	187	176	153	87	88~90
超级2000	25~26	31~32	85	185	175	150	86	88~90

表1-4　艾维茵商品鸡生产性能一览表

类型	5周龄		6周龄		7周龄		8周龄	
	体重（g）	料肉比	体重（g）	料肉比	体重（g）	料肉比	体重（g）	料肉比
AV2000	1670	1.68	2180	1.84	2660	1.98	3150	2.12
超级2000	1970	1.68	2380	1.81	2920	1.96	3770	2.12

2. 爱拔益加

爱拔益加（Arbor Acres）简称为AA[+]肉鸡。由美国爱拔益加育种公司培育而成，属于四系配套杂交，四个品系均为白洛克型，白羽。AA商品肉鸡具有生产性能稳定、增重快、胴体美观、胸脯和腿肉发达、成活率高、饲料报酬高、抗逆性强的优良特点。我国从1981年起，广东、上海、江苏、北京和山东等许多省市先后引进了祖代种鸡，父母代与商品代的饲养已遍布全国，深受生产者和消费者欢迎，成为我国白羽肉鸡市场的重要品种。

AA[+]肉鸡祖代父本分为常规型和多肉型（胸肉率高），均为快羽；生产的父母代雏鸡翻肛鉴别雌雄。祖代母本分为常规型和羽毛鉴别型，常规型父系为快羽，母系为慢羽，生产的父母代雏鸡可用快慢羽鉴别雌雄；羽毛鉴别型父系为慢羽，母系为快羽，生产的父母代雏鸡需翻肛鉴别雌雄，其母本与父本快羽公鸡配套杂交后，商品代雏鸡可以快慢羽鉴别雌雄：即商品代母鸡为快羽，商品代公鸡为慢羽。

3. 罗斯-308

罗斯-308（Ross-308）是英国罗斯育种公司培育成功的优质白羽肉鸡良种。该鸡为四系配套，商品代雏鸡可以羽速自别雌雄。罗斯-308的突出特点是体质健壮、成活率高、增重速度快、出肉率高和饲料转化率高；其父母代种鸡所产合格种蛋多，受精率与孵化率高，能产出最大数量的健雏。商品肉鸡适合全鸡、分割和深加工之需，畅销世界市场。1989年，罗斯-306肉鸡最早被上海所引进，其父母代和商品代的表现很好。20世纪90年代初建立在天津市武清区的华牧家禽育种中心引进了罗斯-308的祖代种鸡。

4. 红波罗红羽肉鸡

红波罗肉鸡原产加拿大，是加拿大谢弗公司（后归于法国哈伯德伊莎公司）培育的快大型红羽肉用鸡种。我国最早在1972年由广东、广西引进商品代鸡。红波罗肉鸡引入我国后，表现出较强的抗逆性，母系产蛋量之高在肉鸡种鸡中少有，而且有较高的受精率、孵化率和成活率。红波罗肉鸡具有三黄特征，即黄喙、黄脚和黄皮肤。冠和肉髯鲜红，胸部肌肉发达。肉用仔鸡生长较快、屠体皮肤光滑、味道较好，深受广大消费者欢迎。

二、优质肉鸡

所谓"优质"主要是指肉鸡的肉质好。多为地方品种，或为地方品种与快大型肉鸡杂交生产的品种。在全国范围内将近有20多个关于优质肉鸡的品牌，其分布的地区主要是在沿海一带。如广东省，优质肉鸡在整个肉鸡行业内占了90%市场份额。现将3个典型的优质肉鸡品种介绍如下。

1. 北京油鸡

北京油鸡是北京地区特有的肉蛋兼用型优良地方品种，距今已有300余年，具有肉质细致，肉味鲜美，蛋质佳良，生活力强和遗传性稳定等特性。北京油鸡体躯中等，呈元宝型，主要为赤褐色和黄色羽色。北京油鸡具有冠羽和胫羽，有的个体还有趾羽。不少个体下颌或颊部有髯须，故称为"三羽"（凤头、毛腿和胡子嘴），这就是北京油鸡的主要外貌特征。

北京油鸡对各种养殖方式都能很好地适应，理想的养殖方式为散养，但生长速度缓慢。屠体皮肤微黄，紧凑丰满，肌间脂肪分布良好、肉质细腻，肉味鲜美。

2. 优质黄羽肉鸡

优质黄羽肉鸡是由地方黄羽土鸡，经过多年的纯化选择，与生长速度快的引进肉鸡品系杂交配套生产的优质肉鸡品种。其品种不仅具有引进品种早期生长速度快的优点，而且保持了地方品种肉质风味好的特点，其产品一般具有肉味鲜美，肉质细嫩滑软，皮薄，肌间脂肪适量，味香诱人的特点；在外观方面，迅速形成了独具特色的广东三黄鸡的模式，先后出现了"新兴黄"、"康达尔"、"江村黄"和"岭南黄"等系列化的配套系鸡种，并很快达到了规模化生产水平。这种组配方式克服了国内地方鸡种产蛋少、生长慢的缺点，保留了黄羽、黄腿和黄皮肤的特征，其父母代的产蛋量得到明显提高，而其商品代的生长期也显著缩短。虽然优质黄羽肉鸡生长速度比快大型肉鸡慢，但售价高，母鸡多以活鸡形式出口港澳和供应餐馆，母鸡价格是公鸡价格的3倍左右，公鸡大多进入普通市民餐桌。

3. 大骨鸡

大骨鸡原名庄河鸡，也叫庄河大骨鸡。其体躯硕大、腿高粗壮、结实有力。主要产于辽宁省庄河市，也分布于吉林、黑龙江、山东等省。2000年被列入国家级畜禽资源保护品种。

大骨鸡是我国肉蛋兼用型地方良种，体大、蛋大、肉味鲜美、营养丰富。体型较大，肌肉丰满，胸深且广，背宽而长，腿高胫粗，墩实有力，以产肉为主，为国内地方大型鸡种之一。初生雏的绒羽多为黄色，少数头部和背部有褐色、灰色、黑色的绒羽带。公鸡高大、雄伟健壮，头颈、背腹部为火红色，尾羽、镰羽上翘，黑色并带有墨绿色光泽。母鸡多呈麻黄色，头颈粗壮，眼大明亮，喙、胫、爪呈黄色，单冠，尾羽短，稍向上为黑色。庄河大骨鸡具有耐粗饲、觅食力强、耐寒、抗病、放牧散养的特点，多采取室内育雏，室外放养育成。

大骨鸡90日龄时公鸡1040g，母鸡881g；100日龄公鸡1478g，母鸡1202g；180日龄公鸡2224g，母鸡1785g；成年鸡平均体重，公鸡2900g，母鸡2300g。大骨鸡肉质低脂高蛋白，各种微量元素含量明显高于快大型肉鸡。

大骨鸡母鸡平均开产日龄213d，平均年产蛋160枚，平均蛋重63g，蛋壳深褐色。公母鸡配种比例1:8~1:10。平均种蛋受精率90%，平均受精蛋孵化率80%。母鸡就巢性较弱，就巢率5%~10%，平均就巢持续期25d。公母鸡利用年限为1~2年。

由于大骨鸡优良的肉质和抗逆性，近些年也开展了大骨鸡的保种和利用工作。以大骨鸡为母本，安卡红鸡或大型苏禽黄鸡为父本进行的杂交试验表明，杂交后代在9周龄体重表现出杂种优势，超过两个亲本平均值；尤其在成活率方面表现出显著的杂交优势；而饲料转化率表现出较好的杂交优势，并且体型外貌基本一致，因此可以考虑作为二元杂交繁育体系，其大骨鸡杂交产品将更大地满足消费者对市场鲜鸡肉质的需求。

第六节　鸡育种中的新技术

随着生产力水平提高，肉鸡的遗传基础得到改进。要在较高的遗传基础上持续不断地改进肉鸡的结构，单靠经典的育种手段和方法，收效越来越小。现代育种技术、方法和制度随着各种生物新技术、新理论，交叉学科和边缘科学成果的丰富而日益得到改进，呈现出一种多元的趋势。

一、DNA标记辅助选择

选择是育种中最重要的环节之一。传统育种选择方法是通过表型性状间接对基因型进行选择，这种选择方法存在周期长、效率低等许多缺点。从遗传的角度讲，最有效的选择方法应是直接依据个体基因型进行选择，DNA标记的出现为这种直接选择提供了可能。

经典的数量遗传学认为：数量性状由微效多基因共同决定，数量性状基因型值是决定该性状的许多基因加性效应的总和。然而近些年的研究发现，一些重要经济性状是由一个或几个主基因起决定性作用，其表型效应呈不连续分布，且较少受环境影响。如具有裸颈基因的家禽有最好的耐热性等。

借助DNA分子标记达到对目标性状基因型选择的方法称为分子标记辅助选择。DNA标记辅助选择育种是利用与重要经济性状连锁的DNA标记或功能基因来改良动物品种的现代分子育种技术。目前在鸡育种中，是基于表型信息和系谱信息进行个体遗传评定的。BLUP（尤其是动物模型BLUP）方法成为利用这些信息进行育种值估计的最佳手段，但在有的情况下这种基于BLUP的选择仍不能取得理想的效果。例如，低遗传力的性状和阈性状，表型信息中所包含的遗传信息很少，除非有大量的各类亲属的信息，否则很难对个体做出准确的遗传评定；对于限性性状而言，一般只能根据其同胞和后裔的成绩来对不能表达性状的个体进行评定。如果仅利用同胞信息，则由于同胞数有限，评定的准确性一般较低，如果利用后裔信息，而且后裔数很多（如在奶牛中的情形），评定的准确性可以很高，但世代间隔延长，每年的遗传进展相对降低。至于胴体性状，一般是通过同胞或后裔测定，由于性状测定的难度和费用都很高，测定的规模受到限制，评定的准确性和世代间隔均受到影响。上述个体遗传评定中遇到的问题，可以通过现代的分子标记辅助选择得到巧妙的解决。如果已知所要评定的性状有某些QTL（即主效基因）存在，可以直接测定它们的基因型，或者虽不能测定它们的基因型，但知道它们与某些标记呈紧密连锁的关系，那么我们就可以测定这些基因或标记的基因型。将这些分子标记信息用到个体的遗传评定中，将提高遗传评定、育种值估计的准确性，加快遗传进展、缩短育种周期、提高生产效率。因此，标记辅助选择的特点如下。

（1）分子标记辅助选择还可应用于对非加性效应基因的选择——已知位点选择。已知位点选择是选择具上位效应和显性效应的基因。只要证明生理或分子效应的位点按孟德尔方式遗传并能在个体识别，就可直接选择这些对生产性能有较大影响的位点或将它们包含在选择指数中，达到直接选择的目的。

（2）MAS可以在品种内、品种间或品系间使用，尤其在选择低遗传力性状、限性性状和生长后期表达性状时，其选择效果取决于标记基因与QTL之间连锁的状况，二者之间连锁不平衡的程度越高，辅助选择的作用就越大。据估计，在家系内，对于要进行后裔测定的留种畜（禽）先使用标记辅助选择预选，再进行后裔测定，可提高选择反应10%～15%；而家系间应用包含多个标记和性状信息的选择指数，可提高选择反应达50%～100%。但目前测定标记基因、取样及检测的成本较高，家畜育种上更多地是使用"已知位点"，选择那些由主效基因影响的生产性状，对于多基因决定的性状，重点是检测和选择大效QTL。

我国的科学家在动物分子育种技术的研究也取得了一大批国际公认的成绩。如鸡的矮小基因、快慢羽基因、白血病抗性基因等方面都已发明了相应的DNA标记或基因标记技术，多数还获得了自主的知识产权。北京市种禽公司和中国农业大学在"高产蛋鸡新配套系的育成及配套技术的研究与应用"项目中使用大量的DNA标记辅助技术。此外，中国农业大学发现鸡细胞外脂肪酸结合蛋白基因（EX-FABP）的突变影响腹脂重、生长激素基因（GH）影响屠体分割重，类胰岛素生长因子基因（IGF-II）影响屠体性状，酪氨酸酶基因（TYR）是影响黑色素沉积量的遗传位点。

（3）分子标记辅助选择虽然有很大优点，但也存在一定的不足，如：有的基因中可能存在多个突变位点，这些突变都可引起该基因的有利效应。我们在对基因的检测时，往往只是针对一个突变位点，当在该位点上没有检测到有利突变时就不予考虑，这就可能会漏掉那些在其他位点上有有利突变的个体。当然，我们如果能发现所有的突变位点并同时检测，就可避免这种情况发生。

对标记辅助选择影响更大的是另外一种情况，即我们确定的候选基因或DNA标记是否真正影响性状或与影响性状的QTL始终处于紧密连锁状态。如果在我们用于连锁分析的群体中，该基因或标记与真正影响性状的QTL处于连锁不平衡状态；而在另一个应用群体中，该基因或标记可能与QTL处于另一种连锁状态，这样就非常容易导致判断的失误。

二、渗透育种

使用常规选育技术进行渗透育种，需要用被渗透的品种对杂种一代进行多次回交，逐代选择，才能剔除不需要的供体品系基因。在动物渗透育种中，如果能找到与被渗透基因连锁的标记，或利用广泛分布于基因组的DNA标记作为标记，就可以加快回交群体中携带有渗入性状的被渗透品种基因组的恢复，从而减少回交的代数。目前进行标记辅助渗透育种，可以利用2种遗传标记方式：一是利用遗传标记对欲渗入基因的群体进行基因型选择；二是利用遗传标记来选择或排除某特定背景的基因型。

　　节粮小型蛋鸡的选育是渗透育种的一个典型例子，它的育成是利用了鸡性染色体上的一个矮性化基因（dw）。dw基因是一个生长激素受体基因的缺陷型，造成长骨变短、生长受阻，但产蛋等繁殖性状基本正常。将dw基因导入肉鸡杂交配套系父母代母本，使父母代母本为矮小型，可节省饲料和提高饲养密度。而矮小型母鸡与普通型公鸡杂交的后代，不论公母都是普通型，可用于正常的商品肉鸡生产，法国伊沙公司的明星鸡就是采用这一制种方法生产的。中国农业大学自1990年起就开始把"明星鸡"中的dw基因引入"农大褐"中型褐壳蛋鸡，选育出有90%以上蛋鸡血统的节粮小型蛋鸡。用这种小型鸡作为父系与普通型褐壳蛋鸡杂交，后代商品母鸡为矮小型褐壳蛋鸡；如与普通白壳蛋鸡杂交，后代商品母鸡为矮小型浅褐壳蛋鸡。实验结果表明，这两种商品鸡比普通型蛋鸡的体重降低20%～25%，可提高饲养密度25%～30%，虽然总蛋重减少1.0～1.2kg，但可节省饲料8～10kg，料蛋比可达2.0:1，所以总的经济效益仍然大大高于普通蛋鸡。

参考文献

包世增. 1993. 家禽育种学[M]. 北京: 中国农业出版社.

陈宽维. 2010. 我国优质鸡产业发展展望[J]. 中国家禽, 32(19): 1–4.

单永利, 黄仁录. 2001. 现代肉鸡生产手册[M]. 北京: 中国农业出版社.

金香淑, 刘革新, 刘臣, 等. 2008. 大骨鸡与安卡红鸡杂交效果的研究[J]. 农业与技术, 28(1): 41–43.

金香淑, 刘基伟, 刘革新, 等. 2005. 地方优质鸡杂交效果的研究[J]. 吉林农业科学, 30(6): 45–46.

李宁. 2003. 动物遗传学（第二版）[M]. 北京: 中国农业出版社.

欧阳叙向. 2001. 家畜遗传育种（第二版）[M]. 北京: 中国农业出版社.

孙宏进, 王根林. 2006. 优质鸡肉质评价体系的研究进展[J]. 中国家禽, 28(8): 38–42.

苏一军, 屠云洁, 张学余, 等. 2010. 大骨鸡的评价保护和利用[J]. 黑龙江畜牧兽医（科技版）, 2上: 55–56.

唐辉, 吴常信, 李同树. 2005. 优质肉鸡繁育体系的效益评估[J]. 畜牧兽医学报, 36(9): 951–955.

王芳芳. 2011. 浅析优质肉鸡品系培育及新产品开发[J]. 北京农业, 3.

王芳芳. 2011. 优质高效肉鸡产业的可持续发展的探讨[J]. 吉林农业, (5): 299.

王建中, 傅筑荫. 2005. 细胞遗传学及其在家禽育种中的应用[J]. 贵州农业科学, (1): 43–44, 97.

张沅. 2006. 家畜育种学[M]. 北京: 中国农业出版社.

赵心怡, 杨威, 张勇, 等. 2006. 鸡基因组计划及在遗传学研究中的应用[J]. 遗传, 28(8): 1002–1008.

Gu Xiaorong, Feng Chungang, Ma Li, et al. 2001. Genome-Wide Association Study of Body Weight in Chicken F2 Resource Population [J]. PLoS ONE, 6(7): e21872.

Muir W.M, Aggrey S.E. 2002. Poultry Genetics, Breeding and Biotechnology[M]. USA Cambridge: CABI Publishing.

United States Department of Agriculture. 2007. National Poultry Improvement Plan and Auxiliary Provisions[M].

第二章

肉鸡的营养与饲料

第一节 肉鸡饲粮的营养

一、饲粮营养水平与生产性能

（一）饲粮营养水平与肉鸡生产性能

1. 品种或品系与饲粮营养水平

商品肉鸡生长潜力不同，营养需要也不同，快大型肉鸡与地方品种或品系的差别最明显。随快大型肉鸡生产潜力的不断提高，饲粮营养水平也在不断提高。遗传改良对肉鸡生产性能的贡献率非常高，生产性能高的品种或品系，采用较高的营养水平能获得更高的生产力。饲养标准中给定的营养供应量是平均值，如果要发挥肉鸡的生产潜力，必须采用品种或品系营养需要推荐值。

2. 饲养管理与营养

饲养管理水平不同，肉鸡生产力水平不同，这已在其他畜禽饲养中得到证实。一般来说，饲养管理水平较高，卫生条件较好，饲粮营养水平相应较高有利于发挥畜禽的生产潜力；反之，卫生条件较差时，高的饲粮营养水平也不能获取预期的生产性能。饲养管理中，要保证每只鸡能自由摄入饮水和饲粮，不造成争抢，则肉鸡整齐度好、饲料转化率高。有关地面平养、网上平养、笼养及目前兴起的发酵床养殖对饲粮营养水平要求是否有差异，目前鲜见报道。虽然在肉鸡养殖生产中仍有许多营养问题没有弄清，但总的来说，凡能提高肉鸡生产性能的技术或措施，均要适当提高饲粮营养水平。

3. 环境调控与营养

环境越适于肉鸡生长发育，越能发挥饲粮的营养作用。优良的饲养环境下适当提高饲粮营养水平可以获得更高的效益。不利环境条件下，往往平均日增重及饲料转化率降低。是提高饲粮营养水平以稳定生产性能，还是适当降低饲粮营养水平更为经济，要依饲粮成本及肉鸡销售价格而定。

低温饲养肉鸡会降低生长速度及增加饲料消耗。育雏期低温会提高腹水症发生率2~3倍。为降低低温对肉鸡生长的影响，可以适当提高饲粮能量水平；如果不提高能量水平，则可适当降低蛋白质水平，以降低饲粮成本。育雏期低温，可以在饲粮中添加L-肉碱以降低腹水症发生率。

鸡舍相对湿度过高或过低均会影响生长，降低饲料转化率。鸡舍湿度与温度共同作用，高温高湿的环境明显不利。

高的鸡舍氨气浓度影响采食量、平均日增重及饲料转化率（表2-1）。鸡舍氨气浓度较高情况下，影响增重的主要原因是采食量降低，建议适当提高饲粮营养水平。有关鸡舍氨气浓度是否与饲粮粗蛋白质水平有关，还欠研究支持。建议在保证饲粮氨基酸平衡及保证必需氨基酸供应基础上，适当降低饲粮粗蛋白质水平，有关降低幅度参考本章后续内容。

表2-1 氨气浓度对肉鸡生产性能的影响

（王忠等，中国畜牧，2008）

项 目	0~3周龄生产性能				3~6周龄生产性能			
氨气浓度（mg/kg）	0	13	26	52	0	20	40	80
平均日增重（g/d）	30.82	30.17	27.93	29.46	68.51a	68.32a	66.36a	60.89b
平均日采食量（g/d）	45.36	44.54	41.44	44.32	130.19a	129.74a	126.57a	120.02b
饲料转化率	1.47b	1.48b	1.48b	1.50a	1.90	1.90	1.91	1.97
死亡率（%）	0.96	0	1.92	0	0	0	0	1.20

注：同栏内同行数据肩标小写字母不同者表示差异显著。

适当增加光照会促进采食，提高日增重，提高腿、翅和胸肉产量，但过长光照时间严重影响肉鸡的健康，猝死综合症、腿病和一般性死亡的发生率提高（表2-2）。延长光照时间引起采食量提高是降低饲料转化率的主要原因。在较长光照时间下适当降低饲粮营养水平，通过较高采食量维持生产性能，这样似乎更经济。

鸡舍环境因素中，人们研究最多、对肉鸡生产性能影响最大的为高温热应激。大量的试验证实了高温应激对肉鸡生产性能的影响。热应激导致肉鸡采食量（ADFI）下降、平均日增重（ADG）及饲料转化率（FCR）降低，抗病力下降，发病率及死亡率上升，体脂肪积累增加，屠宰前热应激导致肉pH的下降及滴水损失增加，产生PSE肉。有研究数据表明，环境温度从22℃升高至32℃，2周后肉鸡采食量降低约30%，热增重降低47%；温度由适中升高至32℃，日增重和采食量分别降低53%和45%。肉鸡养殖生产中，鸡舍高温是发生最普遍、影响时间最长、对肉鸡生产性能负面影响最大的因素之一。据统计，热应激造成全美畜牧业总经济损失约16.9亿~23.6亿美元，其中肉鸡养殖业损失每年约5180.9万美元。可见，热应激给肉鸡生产带来严重的经济损失。一般认为，热应激直接影响肉鸡采食量，提高饲粮营养水平，保证饲粮氨基酸平衡及适量补充微量元素、维生素等，保证足够营养摄入量是目前采用的主要营养措施之一。营养水平提高幅度以弥补采食量降低为宜，一般能量、蛋白质及氨基酸提高20%为宜，微量元素提高20%，维生素提高30%~200%。然而，随饲粮营养水平的提高，饲粮成本增加，肉鸡猝死率增加。

表2-2 光照时间从8～23h时自由采食公鸡的体重、采食量和饲料转化率

（Renden等，Poultry Science，1993）

	光照时间（h）					
	8	12	14	16	20	23
0～21日龄						
采食量（g）	840	905	945	1010	1050	1070
体重（g）	660	696	720	760	790	815
料肉比（g/g）	1.36	1.39	1.41	1.41	1.41	1.40
22～49日龄						
采食量（g）	3865	4045	3840	3930	3850	3905
体重（g）	1765	1835	1775	1780	1760	1750
料肉比（g/g）	2.19	2.21	2.17	2.21	2.19	2.23
0～49日龄						
采食量（g）	4705	4950	4785	4940	4900	4980
体重（g）	2425	2530	2495	2540	2550	2565
料肉比（g/g）	1.99	2.02	1.99	2.01	2.01	2.01
总死亡率（%）	6.7	8.5	11.8	11.4	16.3	17.3
猝死病发生率（%）	1.6	2.6	—	4.0	6.2	—
腿病发生率（%）	0.4	0.3	—	0.8	1.1	—

注：最小二乘分析法。

4. 免疫与营养

肉鸡疾病越来越难以控制，人们开始重视饲料营养对免疫力的影响。已查明饲粮营养水平，饲粮营养平衡状况，某些氨基酸、维生素、矿物质等营养素影响肉鸡的免疫力，但目前研究仍非常有限。

饲粮蛋白质水平及氨基酸平衡状况影响免疫力。饲粮蛋白质水平过高或过低均会影响免疫力，蛋白质水平过低对免疫力的影响要超过蛋白质水平过高，获得最佳生产性能的蛋白质水平高于获得最佳免疫力所需。刘艳芬等（2006）试验表明，0～3周龄肉鸡获得最佳生产性能的蛋白质水平为22.43%，而获得最佳免疫力的蛋白质水平为20.56%～21.56%。氨基酸平衡有助于免疫力提高，不平衡的饲粮影响免疫力。已证实蛋氨酸、缬氨酸、苏氨酸、精氨酸、谷氨酸等一些氨基酸有助于提高免疫力，获得最大免疫力的氨基酸需要量要高于获得最佳生产性能。

饲粮中脂肪种类及数量影响免疫力，多不饱和脂肪酸对体液免疫有较好的促进作用，不饱和键越多，对免疫促进作用越大。猪脂、玉米油、亚麻油和鱼油有助于免疫力，其中鱼油最佳。

维生素影响免疫力已为共识。与免疫有关的维生素包括维生素A、维生素E、维生素C、维生素K、维生素B_1、维生素B_6、维生素B_{12}、叶酸等，其中以维生素A、维生素E、维生素C在生产中应用最多。维生素A直接作用于B细胞，增强体液免疫功能，参与和促进抗体的合成，促进淋巴细胞的转化，刺激白细胞介素和干扰素的分泌，诱导淋巴细胞增殖，促进巨噬细胞处理抗原和辅助性T细胞的成熟，增强机体的细胞免疫功能，获

得最佳免疫力的饲粮维生素A水平是NRC营养推荐量的十几倍，但过高水平的维生素A会降低免疫力甚至中毒。现有试验资料表明，饲粮维生素A以不超过20000IU/kg为宜。维生素E是调节细胞免疫应答的主要因子，具有免疫调节作用，促进抗体形成和淋巴细胞的增殖，能提高鸡的细胞免疫和体液免疫水平，抗氧化，维持膜结构的完整，增强机体抗感染能力及抗病力。维生素E在肉鸡饲粮中的添加量很难确定，从现有研究看，150～200IU/kg较为适当。维生素C具有抗氧化，保护淋巴细胞膜避免脂质过氧化，维持免疫系统完整性，影响免疫细胞的吞噬作用，能增加干扰素的合成，对体液免疫有促进作用，提高机体的免疫力。一般认为，2周龄后肉鸡自身合成的维生素C基本满足其营养需要，不足或过量维生素C对免疫均有不良影响，但获得最佳免疫状态的维生素C需要量要远远高于获得最佳生产性能的需要量。与维生素E一样，很难确定获得最佳免疫状态下的维生素C添加量，生产上一般以100～200IU/kg较为适当。

微量元素Fe、Cu、Mn、Zn、Se等均与免疫有关，缺乏时，免疫器官发生萎缩，体液免疫和细胞免疫降低，其中Zn、Se对免疫的影响研究较多。由于硒毒性一般较大，饲粮中过量添加造成环境污染，不适于免疫强化用。

5. 产品品质与营养

肉鸡产品品质包括胴体指标，鸡肉的物理指标、化学指标、感官指标、食品安全卫生指标等。

饲粮的能量及蛋白质、氨基酸水平及其相互比例、饲粮类型及组成、饲养管理等影响胴体指标。随饲粮能量水平提高，屠宰率、半净膛率、腿肌率降低，而腹脂率、皮下脂肪和肌间脂肪的含量提高；随饲粮蛋白质水平提高，屠宰率、胸肌率、腿肌率增加，腹脂率、皮下脂肪厚降低；采食高能高蛋白饲粮，消化道重量显著降低。肌胃重与饲料物理形态及粉料粒度有关。适当提高饲粮赖氨酸、蛋氨酸水平可增加胸肉率，降低腹脂率及胴体脂肪含量。从生长速度和饲料转化率角度，高能高蛋白饲粮是有益的，从胴体品质看，中等水平能量及较高蛋白质、必需氨基酸饲粮为佳。

随饲粮能量水平提高，鸡肉的色泽品质降低，而蛋白质水平对鸡肉色泽影响不大；提高饲粮能量水平有利于改善嫩度，高蛋白质水平则不利于嫩度；提高饲粮蛋白质水平，有利于鸡肉的持水性。

饲粮组成及营养水平影响鸡肉风味，饲粮营养平衡有助于鸡肉风味。有关营养与饲料对鸡肉风味影响的相关研究甚少。

饲粮营养水平及各营养素间的比例影响肉鸡生产性能及胴体、鸡肉品质。生产性能与胴体及肉质之间并非是协调一致的关系。生产中如何确定适宜的饲粮营养水平，要看不同品质胴体肉鸡的经济效益、市场认可度及销售量。

（二）常见营养饲料相关问题的解决方案

1. 热应激

肉鸡饲粮中添加适宜的维生素A（15000～20000IU/kg）、维生素E（100～500IU/kg）、维生素C（200mg/kg）、维生素B_2（6～8mg/kg）、β-胡萝卜素、烟酸等可起到抗应激作用，日增重提高14%～28%、饲料转化率提高5%～21%，是目前生产中主要措施之一。饲粮添加维生素可降低肉鸡血清糖皮质酮浓度及肝脏和血浆硫代巴比妥酸反应物水平，抗脂质氧化，提高三碘甲腺原氨酸（T3）和四碘甲腺原氨酸（T4）浓度，降低肉鸡热应激反应强度，调节代谢，起到抗应激、改善生产性能作用。

饲粮中添加氯化钾（0.4%）、碳酸氢钠（0.5%）等提高DEB值，可改善肉鸡体内电解质平衡、缓解热应激，也是目前采用的重要辅助措施之一。改善电解质平衡可影响血清促肾上腺皮质激素（ACTH）水平，T3、T4水平及其比值，进而改善生产性能（国内报导平均日增重改善幅度约9%）。不同电解质来源影响抗热应激效果。

饲粮中添加茶多酚（30mg/kg）、柠檬酸（0.5%~1%）、中草药添加剂等对缓解热应激均有一定效果。

热应激肉鸡饲粮添加铬制剂（烟酸铬、吡啶酸铬、酵母铬等，以铬计0.2mg/kg）有改善生产性能作用，国内报导水平比平均日采食量提高8%~17%，平均日增重提高11%~27%，饲料转化率改善6%~22%。铬的作用机制为通过增强免疫功能（影响脾重、全血异嗜性白细胞/淋巴细胞、T淋巴细胞百分率等）、改变代谢途径（影响血清中葡萄糖、甘油三酯、总胆固醇含量，血清CPK、LDH活性）起缓解肉鸡高温热应激的营养作用。由于无机铬毒性较大，饲料添加剂使用有机铬（吡啶酸铬、烟酸铬、酵母铬等）。吡啶酸铬对Wistar大鼠口服LD_{50}>5000mg/kg·BW，作饲料添加剂对动物是安全的。

饲料中添加抗生素杆菌肽锌（50~150g/kg）、镇静剂等对肉鸡也有较好的抗热应激效果。由于食品安全的原因，镇静剂不能作抗热应激饲料添加剂使用，抗生素的使用也受到一定限制。

2. 腿病

肉鸡发生腿病，残次率提高，影响经济效益。据调查，肉鸡腿病发病率约为2%~5%。腿病发生原因很多，包括遗传（品种或品系）、疾病、营养与饲养管理各个方面。从营养与代谢、饲料角度，发生腿病原因可以归结为营养过剩与不平衡、营养缺乏、代谢障碍、饲料毒素与抗营养因子等。从营养与饲料的角度，降低腿病发生率可以采取以下措施：

（1）适宜的饲粮营养水平。前期饲粮营养水平过高，体重增长过快，腿病发生率提高。适当控制饲粮营养水平、提高饲粮粗纤维水平、限饲等可有效降低发生率。

（2）平衡而充足的营养供应。矿物质元素不平衡（如钙、磷不平衡）、微量元素不足（锰、锌、铜、硒等）或不平衡、维生素（包括各种维生素）供应不足或与饲粮营养水平不协调等均会导致腿病。设计饲粮配方时，一定要平衡好饲料中各种营养素，包括常量元素钙与磷、钠钾与氯、钙磷与微量元素及微量元素之间、能量和蛋白质与维生素之间、氨基酸之间、矿物质与维生素之间的平衡。

（3）控制饲粮中有毒有害成分、抗营养因子水平及兽药用量。饲料污染（霉菌毒素）及滥用药物（抗球虫药及其他兽药）、饲料有毒成分（异硫氰酸酯、噁唑烷硫酮）、饲料抗营养因子（植酸、单宁、抗胰蛋白酶、脲酶等）会造成腿病。在原料选择与质量控制、饲料配方设计等方面，在饲料药物添加剂使用等方面，要控制饲粮的安全性，既保证肉鸡健康，又保障食品安全。

（4）饲粮电解质平衡。腿病也与饲粮电解质平衡状况有关，日粮中钠、钾水平的提高会明显降低发病率。试验资料表明，电解质平衡值在400mmol/kg可有效降低腿病发生率。

（5）防止维生素D代谢障碍。维生素D在体内转化成1,25-（OH)$_2$-D$_3$及25-（OH)-D$_3$才能发挥作用。当维生素D在体内转化受到阻碍时，补充维生素D$_3$是无效的，此时应添加1,25-（OH)$_2$-D$_3$，添加量2~10μg/kg。

（6）控制饲料不饱和脂肪酸含量及油脂质量。饲粮中的不饱和脂肪含量过高，会加剧腿病发生。氧化脂肪会破坏饲料中的维生素及增加维生素需要量，应合理添加油脂，并保证油脂的质量。

3. 猝死

猝死多发生于增重速度快的3周龄以上的肉鸡、初产肉种鸡，发病率在0.5%~5%，夏季及冬季发病率高、公鸡高于母鸡（公鸡70%~80%，母鸡20%~30%），其发病机理目前还不十分清楚。与发病有关的因素包括遗传因素、营养与代谢、饲养环境与应激、饲养管理及药物使用等。可以控制猝死发生率的营养与饲料措施包括：

（1）控制饲粮能量、蛋白质营养水平。高能、高蛋白饲粮明显提高猝死发病率。试验表明，低浓度日粮（11.99MJ/kg ME、22%CP）使猝死发生率由高浓度日粮（13.01 MJ/kg ME、24%CP）的3.17%降到1.83%。22日龄以上肉鸡以高水平能量（ME 13.0 MJ/kg以上）才能获得理想的增重和较高的饲料转化率，这与控制猝死及腿病发生率相矛盾。从我国肉鸡生产看，饲粮能量水平是肉鸡饲粮成本的重要制约因素，实际上达不到饲养标准推荐水平，因此过高能量水平不是问题的关键，可能是饲粮蛋白能量比不适宜、氨基酸不平衡问题。

（2）科学搭配饲料，合理设计配方。动物性蛋白质饲料中含牛磺酸，可降低猝死率，相反，添加动物油脂会提高发病率。由于饲料来源、价格等多方面因素影响，单一靠动物性蛋白质饲料及植物油设计配方是不可行的，动、植物性饲料合理搭配是降低猝死率的有效措施。

（3）控制环境，设计抗应激饲粮。应激是猝死的直接诱因之一。控制饲养环境条件，设计抗应激饲粮是降低猝死率的重要手段。

4. 消化不良

肉鸡发生消化不良，俗称"过料"，也有称之为消化吸收障碍综合征、消化吸收不良综合征。消化不良在生产中时常发生，表现为排泄物中有饲料颗粒，甚至明显看到玉米颗粒，生产性能明显下降。有关消化不良的成因尚不清楚，有研究认为是病源微生物所致，并具有传染性，但目前为止尚未成功分离出致病微生物。可造成消化不良的因素很多，包括疾病、饲养管理、营养饲料因素。为防止肉鸡发生消化不良，营养饲料方面可以采取以下措施。

（1）抗应激。应激诱发消化不良，包括热应激、换料应激等。鸡舍高温，饮水量高和低，会引起消化不良。要尽量消除应激因素。使用抗应激饲粮是重要手段之一。

（2）控制饲料中抗营养因子，保证饲料质量。饲料中霉菌毒素等污染、抗胰蛋白酶等抗营养因子、劣质油脂等影响消化吸收，尤其是劣质油脂的危害最大。配制雏鸡料时，应尽量避免使用消化率低的原料，控制油脂的质量。

（3）使用颗粒饲料或膨化颗粒饲料。与粉料相比，颗粒饲料在加工过程中经过调质而使饲料熟化，易于消化吸收，膨化颗粒饲料则更佳。我国大部分小规模养殖用2周的颗粒饲料，以后采用粉状饲料，换料不科学也是造成消化不良的重要因素。

（4）使用微生态制剂、酶制剂。为保证消化道健康，调整消化道微生态平衡，饲粮中可以使用微生态制剂（即活菌制剂），且微生态制剂在生产中的实际使用效果较好。饲粮中添加酶制剂也是提高饲料消化率的较好措施，但肉鸡生产中应用效果不如猪和蛋鸡理想。

（5）合理选用原料。大量使用消化率低的饲料原料，会导致饲粮整体消化率降低，甚至出现严重消化不良现象，需要在原料采购及配方设计上注意。

5. 腹泻

腹泻是肉鸡生产过程中的常见问题，降低与控制腹泻发生率也是饲料配方设计的重点之一，具体可从以下方面着手：

（1）保证饲料质量。饲料腐败（动植物性饲料）、加工质量不良（动物性饲料）等携带微生物、加工过程中饲料污染、含致腹泻性抗营养因子（抗胰蛋白酶等）、油脂氧化酸败等均会导致腹泻。保证饲料原料质量是保证肉鸡消化道健康的基本措施。

（2）添加微生态制剂或益生素。饲粮中添加微生态制剂（活菌制剂），直接调整消化道微生态平衡进而起到抑制腹泻作用；饲料中添加益生素（如果寡糖），刺激有益微生物增殖，间接调整微生态平衡。

（3）添加酸化剂。通过适量添加酸化剂，改善消化道pH环境，抑制有害微生物，进而可保证消化道健康。饲粮中添加的酸化剂，可以使用有机酸添加剂（柠檬酸等），也可使用专门开发的商业化产品。

（4）合理使用抗生素。肉鸡饲养过程中控制疾病而滥用抗生素引起消化道菌群失调，导致腹泻已不罕见。治疗疾病用药应用量适宜，按期停药，出现菌群失调时，采用微生态制剂纠正。

（5）矿物质饲料用量适当。矿物质饲料添加量过高（例如食盐等），饮水量增加，会导致腹泻。尤其是要注意饮水中的矿物质含量（主要是钠、氯）、饲粮中矿物质营养水平。

（6）使用吸附剂。在保证饲粮营养水平前提下，可以适当使用膨润土、沸石粉、腐植酸钠等吸附饲料及消化道中的毒素、有害微生物及水分，保证消化道健康。沸石粉、膨润土的用量一般在1%左右，腐植酸钠添加量为0.5%～1.0%。

（三）改善肉鸡生产性能的营养与饲料措施

1. 提高采食量

采食量直接影响生产性能，一般采食量越高，平均日增重越大。鸡舍温度、鸡的健康状态、饲粮营养水平、饲料的物理性状、饲喂制度等均影响采食量。调控饲料的物理性状是重要措施之一。

饲料的物理性状中，影响采食量的第一因素是粒度，然后是色泽。使用颗粒饲料能提高采食量5%～10%，显著提高平均日增重。如果肉鸡价格较高，经济效益较好，建议饲养全程使用颗粒饲料。如果使用粉状饲料，建议玉米粉碎粒度适当，并对料中的细粉部分制粒，以提高采食速度及采食量。鸡喜欢采食黄色、绿色的饲料，在配方设计及原料采购上要注意饲料的色泽，制粒能克服饲料色泽对采食量的影响。

2．饲粮营养平衡

饲粮营养平衡对提高饲料转化率、促进增重、降低代谢负担保障健康（如蛋白质过高引起痛风等）意义重大。能量决定着采食量，是确定饲粮营养水平的基础，其他营养素的供应量依能量水平而定。

饲粮蛋白质及氨基酸水平按蛋白能量比、氨基酸能量比而确定。根据饲粮氨基酸平衡，提出了理想蛋白质的概念。理想蛋白质（Idea protein，IP）指必需氨基酸之间以及必需氨基酸与非必需氨基酸之间有最佳比例的日粮蛋白质。非必需氨基酸比例过高，会影响生产性能，较为理想的比例为必需氨基酸占总氨基酸的55%～60%。肉鸡必需氨基酸比例及各饲养阶段建议供应量见表2-3。

表2-3 肉鸡可消化必需氨基酸需要量（g/kg）

（Baker，氨基酸与动物营养，2003）

氨基酸	理想蛋白（%）	0～21日龄		21～42日龄		42～56日龄	
		公	母	公	母	公	母
赖氨酸	100	11.1	10.2	9.2	8.6	7.6	7.3
蛋氨酸	36	4.0	3.7	3.3	3.1	2.7	2.6
胱氨酸	36	4.0	3.7	3.3	3.1	2.7	2.6
蛋氨酸+胱氨酸	72	8.0	7.4	6.6	6.2	5.4	5.2
苏氨酸	56（58）	6.2	5.7	5.3	5.0	4.4	4.2
色氨酸	17	1.9	1.7	1.6	1.5	1.3	1.2
缬氨酸	78	8.7	8.0	7.2	6.7	5.9	5.7
异亮氨酸	61	6.8	6.2	5.6	5.2	4.6	4.5
亮氨酸	109	12.1	11.1	10.0	9.4	8.3	8.0
精氨酸	105	11.7	10.7	9.7	9.0	8.0	7.7
组氨酸	35	3.9	3.6	3.2	3.0	2.7	2.6
苯丙氨酸+酪氨酸	105	11.7	10.7	9.7	9.0	8.0	7.7

注：饲粮代谢能水平13.40 MJ/kg。

饲粮中必须处理好矿物质元素之间的平衡。一种矿物质元素过量或缺乏，会影响另一种或几种矿物质元素的吸收与利用，常见的如钙、磷，磷与锌、锰、铁、镁之间的关系。矿物质元素失衡，影响肉鸡生产性能，严重时会造成营养代谢病。

各种维生素之间也同样有协同与颉颃作用。例如，胆碱对维生素A、维生素D、维生素K、泛酸，烟酸对泛酸、维生素B_2对维生素B_1和生物素，维生素B_1对维生素C、维生素B_{12}，维生素A对维生素E、维生素K，维生素K对维生素E等的颉颃作用，维生素A、维生素D之间的颉颃作用等。又如维生素A、维生素E之间，维生素B_1、维生素B_2之间，维生素B_1与烟酸，维生素C与叶酸之间的协同作用。

3．电解质平衡

饲粮电解质平衡通过调节体内酸碱平衡而影响动物的生理代谢和生产性能。动物体内酸碱平衡与氨基酸代谢关系密切，电解质平衡直接或间接影响蛋白质和氨基酸代谢，并对氨基酸之间关系有影响。过量的氯离子提高精氨酸酶的活性，使尿素排出量增加，引起增重明显下降。添加L-赖氨酸盐酸盐后，氯离子增加，可能会改变平衡。肉鸡饲粮较佳电解质平衡值范围在150~300mmol/kg之间。设计饲粮时，食盐补充钠氯以钠不足而氯偏高，应以食盐补充氯，不足的钠用小苏打或硫酸钠（元明粉）补充。

4. 改善生产性能的矿物质元素

高铜饲粮在生长肥育猪饲养中已普遍应用，其效果得到普遍认可，但高铜饲粮对肉鸡的促生长作用研究结论不一，人们认为促生长的剂量范围为125~170mg/kg，远远超出我国《饲料添加剂安全使用规范》规定的35mg/kg用量上限。

饲粮中适宜的锌添加量可提高饲料转化率、促进增重、增强机体免疫力及降低氮的损失。人们提出高锌饲粮（100~240mg/kg）可获得较佳的生产性能和较好的免疫力，但大量的试验研究并不支持，过量的锌不会改善生产性能，反而出现毒害作用。研究所确定的锌添加量在NRC第九版和我国饲养标准之内，即40~120mg/kg之间。

锰在骨骼的生长发育及脂肪和碳水化合物代谢上发挥重要作用，且饲粮适宜的锰水平（100mg/kg）可降低腹脂率。人们提出高锰饲粮可改善肉鸡生产性能（120~200mg/kg），但研究结论不一致。锰的适宜添加范围在NRC第九版和我国饲养标准之内，即60~120mg/kg之间。

超量使用微量元素铜、锌、锰改善肉鸡生产性能效果不确定和不安全，并会造成环境污染。参考NRC第九版和我国饲养标准确定添加量能获得较佳的效果。

5. 添加酶制剂

日粮中添加酶制剂，补充内源酶分泌不足或添加外源酶以提高饲料消化率，对控制腹泻、提高平均日增重及饲料转化率、保障健康（溶菌酶等）有着非常重要的作用。具体应根据生长阶段、饲粮组分及成本等合理选择和添加酶制剂。

6. 良好的饲料加工调制

饲料加工技术及产品加工质量影响肉鸡生产性能。使用颗粒饲料，尤其是膨化颗粒饲料会促进采食、提高日增重。对于粉料，不同的粉碎粒度会影响消化道发育及生产性能。有关饲料的加工工艺研究在后面的章节中还有详细论述。

（四）降低环境污染的营养与饲料措施

养殖业引起的环境污染越来越引起人们注意。近年来，围绕降低粪尿中的营养排放开展一些研究。目前较为成熟的措施包括降低饲料中蛋白质、磷的含量，使用酶制剂及促进消化吸收、提高饲料转化率的饲料添加剂，良好的加工以提高消化率等。

准确估算营养需要，采用可消化氨基酸设计饲粮配方，以及补充合成氨基酸，可将猪饲粮中的粗蛋白质含量降低3~6个百分点，粪氮排放量最高可减少25%。降低肉鸡饲粮中粗蛋白质含量并不像猪饲粮那样理想。研究表明，在补充赖氨酸、蛋氨酸、苏氨酸、色氨酸等必需氨基酸和个别非必需氨基酸条件下，肉鸡饲料的粗蛋白水平很少能够成功地降低2个百分点以上，保守的水平为1~1.5个百分点，使粪便中氮的排泄量降低5~15个百分点。

饲粮中添加植酸酶，可提高饲粮中植酸磷的利用率和有机物消化率，降低磷补充料的用量，进而降低粪便中磷的排放量。植酸酶提高磷的利用率的同时，也提高饲粮能量、蛋白质及氨基酸的利用率。一般而言，玉米－豆粕型饲粮，添加植酸酶500～600 U/kg，饲粮有效磷水平可降低20%～30%。

饲料中添加丝兰属植物提取物，可有效降低粪便中氨的生成，提高有机物的分解率，从而可降低畜禽舍空气中氨的浓度，达到除臭效果。

二、饲粮营养水平与经济效益

（一）饲粮营养水平与经济效益

饲粮营养水平是饲料成本的最敏感因素，降低饲粮营养水平以降低配方成本，尤其是饲料原料价格不断上涨时更有诱惑力。降低饲粮营养水平，会影响增重、饲料转化率及肉鸡胴体组成。实践证明，以获得最佳生产性能为目标所确定饲粮营养水平会降低经济效益。根据饲料原料价格、肉鸡销售价格，确定适宜的营养水平是提高经济效益的重要措施之一。饲粮营养水平与肉鸡经济收益之间的关系见图2.1。

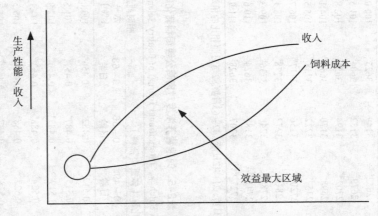

图2.1　饲粮营养/饲料成本与生产性能/收入之间的关系
（顾敏清，中国禽业导刊，2008）

肉鸡在不同饲粮营养水平下的生产性能是确定最经济饲粮营养水平的基础。相关研究较多，Saleh（2004）的试验说明了罗斯308公雏的这种关系（表2-4、表2-5）。

饲料市场的竞争日趋激烈，饲料价格在竞争中扮演着非常重要的角色。饲料企业靠采购成本的降低及科学合理搭配饲料原料实现成本的降低，然而毕竟有限。在有限的空间内，配方成本的降低则要以损失部分营养素为代价。虽然在增重、饲料转化率等方面未表现出明显的差异，但不平衡的营养会引起猝死、脂肪肝、腹水症、腿病等与营养饲料相关的疾病发生率升高，肉鸡免疫力下降，进而使死淘率、残次品率提高，肉鸡胴体品质明显降低，这些均应在饲料产品选购时加以考虑。

表2—4　饲粮营养浓度对肉鸡公雏体重的影响

（Saleh等，International Journal of Poultry Science，2004）

饲粮能量水平（ME kcal/kg）	鸡油（%）	体重（g）					相对能量水平（%）	相对体重				
		21日龄	42日龄	49日龄	56日龄	63日龄		21日龄	42日龄	49日龄	56日龄	63日龄
3023	0	681^d	2119^c	2652^c	3149	3625^b	100.0	100.0	100.0	100.0	100.0	100.0
3069	1	692^{cd}	2128^{bc}	2679^{de}	3132	3604^b	101.5	101.6	100.4	101.0	99.5	99.4
3109	2	718^{ab}	2179^{abc}	2702^{cde}	3194	3651^b	102.8	105.4	102.8	101.9	101.4	100.7
3148	3	713^{bc}	2158^{abc}	2698^{cde}	3170	3664^{ab}	104.1	104.7	101.8	101.7	100.7	101.0
3188	4	726^{ab}	2187^{abc}	2757^{abc}	3222	3738^{ab}	105.5	106.6	103.2	103.9	102.3	103.1
3227	5	708^{bc}	2201^{bcde}	2720^{bcde}	3156	3717^{ab}	106.7	103.9	103.8	102.5	100.2	102.5
3267	6	740^a	2224^a	2816^a	3277	3778^{ab}	108.1	108.7	104.9	106.1	104.1	104.2
3304	7	722^{ab}	2204^a	2780^{ab}	3248	3736^{ab}	109.3	106.0	104.0	104.8	103.1	103.1
3344	8	724^{ab}	2208^a	2741^{bcd}	3185	3624^b	110.6	106.3	104.2	103.3	101.1	99.9
3383	9	729^{ab}	2200^{ab}	2727^{bcd}	3207	3628^b	111.9	107.0	103.8	102.8	101.8	100.1

注：1饲粮的平均代谢能水平（ME kcal/kg）饲喂0～21日龄，21～42日龄，42～63日龄。2与对照相比的相对饲粮能量水平。同列数字右肩字母不同表示差异显著（P<0.05）。

表2—5　饲粮营养浓度对肉鸡公雏饲料转化率的影响

（Saleh等，International Journal of Poultry Science，2004）

饲粮能量水平（ME kcal/kg）	鸡油（%）	饲料转化率（体重：耗料）					相对能量水平（%）	饲料转化率（相对值）				
		0～21日龄	0～42日龄	0～49日龄	0～56日龄	0～63日龄		0～21日龄	0～42日龄	0～49日龄	0～56日龄	0～63日龄
3023	0	0.693^a	0.550^a	0.512^a	0.482^a	0.456^a	100.0	100.0	100.0	100.0	100.0	100.0
3069	1	0.713^b	0.554^{ab}	0.515^{ab}	0.487^a	0.457^a	101.5	102.8	100.7	100.6	101.0	100.2
3109	2	0.727^{bc}	0.557^{ab}	0.519^{abc}	0.487^a	0.460^{ab}	102.8	104.9	101.3	101.4	101.0	100.8
3148	3	0.738^{cd}	0.564^{bc}	0.524^{bc}	0.488^a	0.462^{ab}	104.1	106.4	102.5	102.3	101.2	101.3
3188	4	0.753^{de}	0.571^c	0.527^{cd}	0.488^a	0.463^{abc}	105.5	108.6	103.8	102.9	101.2	101.5
3227	5	0.754^{de}	0.573^{cd}	0.528^{cde}	0.487^a	0.468^{abcd}	106.7	108.8	104.2	103.1	101.0	102.6
3267	6	0.772^{ef}	0.572^{cd}	0.536^{def}	0.501^b	0.468^{abcd}	108.1	111.4	104.0	104.7	103.9	102.6
3304	7	0.762^{ef}	0.582^{de}	0.542^{fe}	0.504^b	0.475^{cd}	109.3	109.9	105.8	105.8	104.5	104.2
3344	8	0.781^f	0.594^f	0.538^{efg}	0.504^b	0.468^{abcd}	110.6	112.7	108.0	105.0	104.5	102.6
3383	9	0.784^f	0.590^{ef}	0.548^g	0.511^b	0.478^d	111.9	113.1	107.2	107.0	106.0	104.8

注：1饲粮的平均代谢能水平（ME kcal/kg）饲喂0～21日龄，21～42日龄，42～63日龄。2与对照相比的相对饲粮能量水平。同列数字右肩字母不同表示差异显著（P<0.05）。

（二）饲料成本控制技术

1．经济适宜的饲粮营养水平

根据饲料原料价格、肉鸡生产性能对饲粮营养水平的敏感性、肉鸡销售价格等，建立数学模型并进行估算，以此确定最经济的营养水平。这种方法依赖于大量的试验及生产数据的收集和整理，小规模的养殖场很难做到。

2．饲料采购与合理使用

饲料原料的采购成本依采购数量加大而降低。为最大限度降低原料采购成本，由小型养殖场组成合作社，统一采购可在很大程度上降低成本，有效控制饲料在运输、保存及加工过程中的损失。

饲料原料间有营养成分及价格上的互补性，多种原料科学配合是降低配方成本的有效手段。饲料原料之间的搭配会影响饲料的饲喂效果，虽然这在肉鸡饲粮上没有直接的证据，在生产实践中，同样营养水平下，不同原料种类或同样原料不同配比，配方使用效果有差别，这也是配方成本与和生产性能不一致的原因之一。为解决这一问题，设计配方时，应尽量保证饲料原料多样化，动、植物性饲料搭配，且控制同一来源饲料原料的组成及配比，例如，饲粮中不应该将玉米、玉米DDG/DDGS、玉米蛋白粉等搭配在一起或总配比占有较大份额。

不同来源或同一来源不同批次的饲料原料，营养成分含量有一定差异。要弄清每种原料的质量及加工工艺质量，分析其营养成分含量，在此基础上准确估算出其营养价值，以便准确把握饲粮营养水平。先进的配方设计技术是现代养殖业及饲料企业的坚强后盾。

3．控制6周龄后的饲粮成本

6周龄后，促生长饲料添加剂、微量元素的作用不像6周龄前那样有效。研究证明，去除该部分组分对肉鸡生产性能及健康状况不会造成影响。将该部分成本添加到能量、蛋白质及氨基酸上对改善生产性能更为有效，也可以不使用该类组分以降低配方成本。

4．减少浪费

生产中饲料浪费现象普遍存在。主要是鸡采食过程中的损失及贮藏不良导致的变质损失。

我国肉鸡饲养普遍使用粉料。饲喂过程中常见饲粮中的玉米落地损失，主要原因是为适应鸡的采食习惯，玉米加工粒度过大或粉碎粒度均一性差，其中过大玉米颗粒鸡不能吞咽，被鸡啄出料筒而落地损失。

配合饲料产品因贮藏时间过长、贮藏条件不佳而引起的饲料质量变异，发霉变质而引起的损失十分常见。质量变异对肉鸡健康及生产性能影响是感官所不易察觉的，应特别注意。

三、绿色饲料生产

畜产品食品安全问题屡屡发生，药物残留引起的健康、社会、经济、贸易等问题备受关注，畜牧业兴起了"绿色革命"。整合现有技术，最大限度提高动物生产性能、增强免疫力是设计绿色饲料配方的关键。

科学使用饲料添加剂，改善肉鸡生产性能。酶制剂、微生态制剂、维生素、酸化剂、抗生素替代品（中草药添加剂、小肽、寡糖、糖萜素等）等广泛应用于绿色饲料。弄清这些添加剂的实际使用效果及配伍关系，设计可行性强的配方。

最大限度增强免疫力。获得最大免疫力所需营养水平往往与获得最佳生产性能不一致，确定各种营养素合理的营养水平，既要保证最佳生产性能，又要兼顾增强免疫力。为增强免疫力，可适当使用饲料添加剂，例如牛磺酸、大蒜素、溶菌酶、中草药添加剂、微生态制剂等。

采用先进的加工技术与科学管理。饲料加工质量影响饲喂效果，尤其是颗粒饲料。优质的加工设备及先进的加工工艺，是绿色饲料加工的基础。与此同时，加强生产过程中的质量管理，避免交叉污染也是绿色饲料生产的关键。

最大限度保证产品贮藏安全。使用安全而有效的产品，保证饲料产品贮藏安全。例如，使用茶多酚作抗氧化剂，不仅抗氧化效果好，且能提高动物的免疫能力，安全性高。

饲料中需要监测与控制的成分越来越多。以往常规检测项目与检测手段已经不适应现代饲料生产，完备的饲料分析检测设备和技术是饲料产品质量的重要保障。

四、肉鸡饲养标准

（一）饲养阶段的划分

1. 商品代肉鸡

肉鸡在生长不同阶段营养需要及对饲粮消化能力不同，生产上采用阶段饲养技术。划分饲养阶段的主要依据是生产性能、生产目标及营养需要、鸡的品种或品系、饲料资源、饲养管理水平、全价饲料的加工方式、当地习惯等。NRC（美国）第九版《家禽营养需要》（1994）将商品肉鸡饲养阶段划分为0～3周龄、4～6周龄、7～8周龄3段；爱拔益加（Arbor Acres，AA）肉鸡为0～3周龄、4～6周龄、6周龄～上市；爱维茵（Avian）0～2周龄、3～6周龄、6周龄～上市；罗斯（Ross）肉鸡则分为0～10日龄、11～28日龄、29日龄～屠宰，或0～10日龄、11～28日龄、29～42日龄、43日龄～屠宰。我国2004年版饲养标准为3段饲养，0～3周龄、4～6周龄、7周龄～上市或0～2周龄、3～6周龄、7周龄～上市。近年来，营养学家提出，4阶段饲养更能发挥肉鸡的生产潜力。

2. 肉用种鸡

NRC（1994）第九版《家禽营养需要》未能确切指出肉用后备母鸡营养需要，只规定了产蛋期营养需要。我国NY/T 33-2004《鸡的饲养标准》则规定的较为详尽。肉用种鸡很容易出现体重过大的现象，生产中通过限制采食量或限制饲粮营养水平控制体重。氨基酸不平衡饲粮虽然能够限制体重，但生产中采用很少。

（二）鸡的饲养标准

在1986年《鸡的饲养标准》（NY/T 33-1986）基础上，农业部修订发布了《鸡的饲养标准》（NY/T 33-2004）。与NRC（1994）第九版《家禽营养需要》相比，饲养阶段的划分有一定差别，更贴近于我国生产实际，具体参考NY/T 33-2004。

第二节 肉鸡配合饲料产品及选择

一、饲料产品分类及其特点

（一）按营养价值分类

按饲料营养价值，将配合饲料产品分为配合饲料（全价配合饲料）、浓缩饲料、添加剂预混料。我国大部分地区，肉鸡饲养的前1～3周使用（全价）配合饲料，以后使用浓缩饲料。大型养殖场场和少数小规模饲养场使用添加剂预混料配制饲粮。

（二）按物理性状分类

粉状饲料。粉状饲料是多种饲料原料的粉状混合物。其特点是生产工艺简单、生产成本较低，但粉尘大、饲喂过程中浪费较大、动物挑食、贮藏运输过程中会自动分级。

颗粒饲料。颗粒饲料是用压模将粉状饲料挤压而成的粒状饲料。具有营养均匀、可避免动物挑食、浪费少、贮藏及运输过程中不会自动分级、易贮藏等优点，但工艺复杂、加工成本高，每吨加工成本一般高出粉料80～120元。肉鸡饲养常用碎粒料，少有膨化颗粒饲料。碎粒料是由颗粒饲料破碎而成的适当粒度的饲料，具有颗粒饲料的优点。膨化颗粒饲料是经调质、增压挤出模孔和骤然降压过程而制得的膨松颗粒饲料，饲喂效果好，但制造工艺复杂，成本高。

一般在肉鸡饲养的前1～3周使用颗粒饲料，而后期采用浓缩饲料加工成粉状饲粮或直接采购粉状（全价）配合饲料。

二、饲料产品的考核指标与选用原则

（一）饲料产品的考核指标与方法

1. 产品的考核指标

（1）感官质量主要反映饲料加工质量，也反映饲料原料质量及组成。主要包括产品的色泽、气味、粒度等。饲料产品色泽、气味正常，粉状饲料产品应粒度适当、均一，碎粒料应粒度均一，粉末少，硬度适当。

（2）产品的生产性能，考核肉鸡生产性能指标及生产性能的稳定性，包括采食量、平均日增重、饲料转化率（或称料重比）、肉鸡的健康状态（包括营养饲料相关的疾病、抗应激性等）。

（3）产品的经济性，考核每增重1kg体重所需的饲料成本。

（4）产品在保质期有无氧化变质、发霉、发酵、结块等情况。

（5）饲料产品应对畜禽产品质量无不良影响，避免因为饲料质量而引起畜禽产品质量变劣。

（6）饲料产品的安全性包括饲喂安全及对畜禽产品卫生安全、环境安全等方面。

（7）饲料产品的竞争性是饲料企业产品质量、价格、售后服务等的综合表现。饲料产品的竞争性强、市场占有率高，说明产品的优越性高。

随着养殖业发展及社会进步，对饲料产品的评价发生了很大变化，由原来只注意产

品实际使用效果逐步转向重视食品安全（表2-6）。这并不意味着放宽了饲料营养水平及加工质量，而是在此基础上，保障饲料安全及满足消费者心理需要显得更加迫切。

表2-6　公众对饲料质量重要性认识的改变

质量方面	饲料质量重要性认识的改变		
	20世纪80年代	20世纪90年代初期	20世纪90年代后期
营养质量	+++	+++	+
技术质量	++	++	++
饲料安全性	++	+++	++++
情绪质量	—	++	++++

引自Alfred Petri，养殖与饲料，2006。

2．产品质量考核方法

饲料产品质量可通过分析检测、饲养试验等方法评价。分析检测是基本手段，但通过各项指标的分析结果评价饲料质量，不能直接反映饲料的实际使用效果。分析检测的主要项目或指标通常包括感官指标、营养成分指标（水分、粗蛋白质、粗纤维、蛋氨酸、赖氨酸等）、饲料卫生指标等。我国相当地区的肉鸡养殖者只注重营养成分指标中的粗蛋白质含量（标示含量及实际检测含量）、饲料中的油脂添加量（通过感官观察），这种推断性评价是不科学的，具较大的局限性，容易被误导。

饲养试验是评价饲料实际使用效果的直接方法。通过饲养试验，比较2种或多种饲料在生产性能等各方面的差异，以考核产品实际使用性能及质量是可靠的方法。

用户调查是评价饲料质量的间接方法之一。通过对其他用户调查，摸清其对产品的评价，指导饲料产品采购。在调查时，一定弄清其饲养的品种或品系、饲养过程中的环境条件及饲养管理水平。

（二）饲料产品的选用原则

1．利益最大化原则

购买饲料产品的目的是获得较高的生产性能，最佳经济效益。应对所采购的商品进行全面了解，必要时通过饲养试验确定全群的经济效益，切忌片面考核饲料的质量指标。饲料企业随产品附加的技术服务也是养殖生产经济利益的一部分。较佳的售后技术服务，是养殖安全的重要保障。

2．食品安全最大化原则

食品安全是世界性的敏感话题。肉鸡产品的食品安全等级制约着养殖生产及加工企业的经济效益，这已成为肉鸡养殖、加工企业的共识。在保证食品安全前提下，尽量降低食品安全的技术成本是我们的努力方向。

3．优质原则

鸡肉品质较差是制约产业发展的重要因素。高品质肉鸡品种或品系投入生产，在一定程度上缓解了这一矛盾，单一采用营养与饲料手段促进生长，不能从根本上解决鸡肉品质问题。根据肉鸡品种或品系的肉质特点，开发相应饲料产品以改善肉质及风味，创立鸡肉品牌，是提高养殖生产经济效益的重要手段。

由于技术、认知等原因，相当一些中小养殖场以饲料产品的感官状态（色泽、气味、粒度等）、饲料粗蛋白质含量等指标选购饲料产品是有一定偏颇的，饲料的感官性状及粗蛋白质含量并不能体现标志着饲料的总体质量与生产性能的高低，要获得较好的养殖生产效益，必须对饲料进行全面考核，尤其是主要经济指标的考核。

第三节　常用饲料及饲料添加剂的选择与使用

一、常用饲料原料的选用

（一）能量饲料

1. 玉米

玉米是最佳的谷实类能量饲料，在饲粮中使用无任何限制。玉米的品种、产地等不同，营养价值有一定差别。与白玉米相比，黄玉米含较多的类胡萝卜素及色素，有利于肉鸡脚、喙、皮肤的着色；粉质玉米粗蛋白质含量低于角质玉米。采购玉米时，应重点考核水分、籽粒的饱满度与整齐度、是否有发霉变质等。玉米霉变会导致肉鸡中毒，诱发多种疾病，霉变玉米不应做饲料用。

2. 糙米及碎米

糙米可部分或完全替代玉米。何瑞国（1999）等的试验表明，用糙米等量替代玉米，可提高平均日增重，提高饲料转化率。由于糙米中胡萝卜素含量低于玉米，且色素含量很低，因此应注意饲粮中维生素A的补充，同时应注意对肉鸡皮肤、喙着色的影响。

3. 小麦

小麦作为肉鸡饲料具有较高的营养价值。其抗营养因子主要是阿拉伯木聚糖（表2-7），降低饲料消化率，并通过改变消化道微生物区系而产生抗营养作用，主要表现为增加消化道食糜黏度、降低平均日增重及饲料转化率。饲粮中添加以木聚糖酶为主的复合酶，小麦可部分或完全替代玉米，其中以50%小麦取代玉米较为合适。小麦型饲粮中，较为适宜的酶制剂添加量为每千克小麦添加840U木聚糖酶280～400U β-葡聚糖酶（宋凯等，2004）。添加复合酶有提高非淀粉多糖（NSP）消化率的作用。施传信等（2009）用体外消化试验确定的较佳的配伍为每千克饲粮中添加木聚糖酶500U、β-葡聚糖酶95U、纤维素酶33U、植酸酶540U、甘露聚糖酶115U。小麦型饲粮还应注意补充维生素A、生物素（参考AA肉鸡、罗斯肉鸡营养需要）。

4. 高粱

高粱的营养价值接近玉米，因其含较多的单宁、鞣酸等，使其饲用价值略低于玉米。有关高粱在肉鸡饲粮中使用对生产性能及胴体品质的影响报道很少。研究表明，高粱对猪肉风味会产生不良影响。从蛋鸡饲粮中添加高粱的实践看，如果注意添加酶制剂及保证氨基酸平衡，饲粮中添加20%以下是没有任何问题的。有报道指出，饲粮中添加聚乙烯吡咯烷酮可克服鞣酸的毒性。

表2-7　β-葡聚糖和阿拉伯木聚糖在谷物中的含量（%，DM）

谷物	β-葡聚糖	阿拉伯木聚糖
小麦	0.6～0.7	5.7～8.2
黑麦	2.3～2.6	8.1～9.9
小黑麦	0.4～0.8	6.2～7.9
大麦	3.9～4.5	6.6～6.9
燕麦	3.8～4.0	5.7～5.8
高粱	—	2.1
玉米	0.1	4.3
大米	—	1.0～1.4

引自李德发等，中国饲料大全，2001。

5．油脂

油脂是肉鸡饲粮的重要组分之一，其主要作用是提高饲粮的能量水平。此外，具有提高饲粮能量利用效率、保证脂溶性维生素吸收、缓解热应激、改善肉鸡生产性能、改善饲料感官性状及加工性状等作用。

饲料中添加的油脂有鸡油、牛脂、鱼油等动物脂肪，大豆油及大豆磷脂油、玉米油、向日葵油、米糠油、棕榈油等植物脂肪。饲粮添加不同油脂，肉鸡生产性能有差异。冯定远等（1997）比较了牛脂、棕榈油、鱼油对肉鸡的使用效果，增重效果为棕榈油＞鱼油＞牛脂，饲料转化率的效果为鱼油＞棕榈油＞牛脂。李娟娟等（2008）的试验表明，性别间各种油脂有一定差异，对公鸡，牛油＞豆油＞花生油＞鱼油，对母鸡：豆油＞牛油＞鱼油＞花生油。饲粮中添加的油脂对胴体脂肪组成及风味有较大影响，且大量添加动物脂肪会增加猝死发生率。后期饲粮中不宜使用鱼油、牛羊脂等，避免鸡肉有鱼、牛羊的腥、膻气味。一般使用动植物混合油脂效果较为理想，其比例为0.5～1（植物油脂）:1（动物油脂）较为适宜。王远孝等（2010）用猪脂、大豆油配比为1:1获得较好的饲料转化率。

饲粮中油脂没有固定的用量，确定油脂用量一般要考虑饲粮能量和蛋白质水平、预期生产性能、饲料适口性、配方组成、季节与鸡舍温度、周龄、油脂价格等因素。据报导，肉鸡对饲粮中添加大豆油的最大耐受量为10%，超过该水平会降低生长速度并导致脱毛。如果饲粮蛋白能量比适当，即使饲粮中脂肪含量达到31%也不会影响生产性能。一般雏鸡料中添加量在0.5%～2%之间，3～6周龄在1%～3%之间，而7周龄以上添加量多在2%～4%。

添加油脂一定要注意质量，包括酸价、过氧化物值等。由于油脂的价格昂贵，容易造成使用劣质油脂而引发出各种问题。当日粮中使用劣质油脂时，首先适口性变差，采食量明显下降，甚至表现为拒食，增重减缓，同时，出现鸡粪变黏，继而出现腹泻的现象。长期饲喂含过氧化油脂的日粮，引起维生素缺乏症，并可能诱发肠炎、脑软化症（尤其是幼雏），并伴有肝、心和肾肿大现象，肝脏还可以出现脂肪肝病变。

（二）蛋白质饲料

1．大豆饼粕及全脂大豆粉

大豆饼粕是最优质的蛋白质饲料之一，配制肉鸡配合饲料时用量不受任何限制。

目前，大豆饼粕有脱皮大豆粕和普通大豆粕、膨化大豆粕3种，膨化大豆粕在配制肉鸡饲粮中使用很少。脱皮大豆粕去掉了大豆种皮，去除了种皮中含有的非淀粉多糖抗营养因子，其饲用效果远好于普通大豆粕。实践证明，在脱皮大豆粕与普通大豆粕价格差不大情况下，使用脱皮大豆粕较经济。研究表明，玉米－大豆粕型饲粮，添加非淀粉多糖酶能提高饲料转化率，改善生产性能。采购大豆粕时应注意加热程度，避免使用生大豆粕。全脂大豆粉是大豆经膨化加工后的产品，有效能水平高、可消化性好，但价格相对较高，一般用于仔猪饲粮。

2. 杂饼杂粕

使用杂饼杂粕配制饲粮是降低成本的重要手段之一。制约该类饲料在肉鸡饲粮中配比的因素主要是能量水平偏低、含有抗营养因子及毒素、消化率低等。

除花生仁饼粕外，多数杂饼杂粕代谢能水平偏低，当其配比量大时会增加油脂类原料配比，使配方成本增加，个别杂粕因能量水平低而不能在肉鸡饲粮中使用。该类原料在饲粮中配比总量受其本身价格、油脂价格及玉米价格的影响。

必需氨基酸含量偏低，消化率低、氨基酸不平衡。在饲粮中大量使用时，会提高蛋氨酸、赖氨酸添加量，苏氨酸、色氨酸可能会成为限制性氨基酸。大量使用杂饼杂粕时应采用可消化氨基酸配制饲粮。根据杂饼杂粕类饲料的氨基酸组成特点，配伍使用是主要技巧之一。例如，用棉籽饼粕+菜籽饼粕、棉籽饼粕+菜籽饼粕+花生仁饼粕、杂饼杂粕+动物性蛋白质饲料等。在搭配使用同时，注意补充氨基酸，同时还应注意限量使用。

相当一些杂饼杂粕含有毒有害成分及抗营养因子。对于其所含的有毒成分，应按《饲料卫生标准》确定其最高用量，在根据实际需要限制其配比。最高用量可用以下公式计算：

$$某原料最高用量 = \frac{饲料卫生标准规定限量}{原料中含量实际含量} \times (1 - 安全系数)$$

公式中的安全系数可根据实际情况确定。例如，《饲料卫生标准》规定，肉鸡配合饲料中游离棉酚最高限量为100mg/kg，假定增加10%的安全系数。如果所购得的棉籽粕中游离棉酚含量为0.12%。折算游离棉酚单位后：游离棉酚=1000000（mg/kg）×0.12%=1200mg/kg，则饲粮棉籽粕的最高配比量为：

$$棉粒粕 = \frac{100}{1200} \times (1 - 10\%) = 7.5\%$$

个别杂粕对鸡肉风味有影响。大量使用菜籽饼粕会因三甲胺在体内蓄积而对鸡肉风味产生不良影响。

3. 玉米加工副产品

玉米蛋白粉能量水平高，蛋白质含量也高，且富含色素，主要是叶黄素和玉米黄质。叶黄素是玉米含量的15～20倍，是较好的着色剂。其氨基酸组成中赖氨酸含量较低，蛋氨酸含量高。在氨基酸平衡条件下，玉米蛋白粉可以作为唯一蛋白质饲料。由于玉米蛋白粉很细，粉料中配比量大会影响采食，一般配比量在2%以下，用于颗粒饲料时则可适当放宽限制。如果使用经造粒后的玉米蛋白粉，则可适当放宽限制。

玉米DDG、玉米DDGS价格比较便宜，能量水平较高，类胡萝卜素含量丰富，含未知促生长因子，但纤维素和木聚糖含量高，饲粮中大量使用时应添加相应的酶制剂。肉鸡饲粮中添加玉米DDGS的试验表明，大量添加（15%以上）会降低平均日增重及饲料转化率，其添加量应限制在10%以下，较保守的添加量在2.5%以下。

4．紫花苜蓿干草粉

优质的紫花苜蓿干草粉是天然维生素、色素及蛋白质的良好来源，在控制饲料中粗纤维水平及添加纤维素酶前提下可适当添加。蒋永清等（2008）建议在肉鸡饲粮中最适添加量为3%，可提高平均日增重及饲料转化率，降低饲料成本。

5．鱼粉

鱼粉作为优质蛋白质饲料，适当使用能够获得较好的生产性能。优质鱼粉价格昂贵，一般用量为0～5%。后期饲粮中大量使用鱼粉，会导致鸡肉有鱼腥味。使用劣质鱼粉会损害肉鸡生产性能，并对鸡肉风味产生不良影响。采购鱼粉时一定要注意鱼粉质量及是否含掺杂物。

6．其他动物性蛋白质饲料

羽毛粉有高温高压水解羽毛粉、膨化羽毛粉及发酵水解羽毛粉，其中以发酵水解羽毛粉消化率最高。饲粮中适量添加羽毛粉，可补充含硫氨基酸的不足，雏鸡料中添加1%～2%的水解羽毛粉可有效防止啄癖。羽毛粉的消化率较低、氨基酸不平衡，使用时应掌握好用量且平衡必需氨基酸。添加量不宜超过5%，最好不超过3%，添加量大会降低增重速度。

肉骨粉是优质的蛋白质饲料，也是很好的磷源饲料。依原料种类和加工工艺，国产肉骨粉质量差异很大，且质量稳定性差。优质的肉骨粉可用至4%～5%，一般的肉骨粉最高用量为3%，添加量越高，腹泻风险越大。肉鸡后期饲粮中添加大量肉骨粉，会因牛羊脂肪而影响鸡肉风味。

血粉有喷雾干燥血粉、发酵血粉、土法生产血粉等，其中喷雾干燥血粉质量稳定，生物安全性高。血粉氨基酸不平衡，且消化利用率较低，适口性差。大量添加会影响生长发育，一般的配比量为1%～2%。使用血粉时，特别应注意产品的卫生指标是否合格，避免造成腹泻。

（三）矿物质饲料

1．食盐

用于补充饲粮中的钠、氯。食盐纯品中含钠39.4%，氯60.6%，钠少而氯多，按照钠的需要补充食盐后，造成氯过多，电解质不平衡。饲粮中食盐含量高，饮水量增加，粪便含水量也增加，炎热的夏季、个别水质地区更加严重。

2．小苏打

纯品中含钠27.4%，用于补充饲粮中钠、调整饲粮电解质平衡及抗热应激。通常用食盐补充钠、氯，由于其含钠少而氯多，造成电解质失衡。设计配方时，可用食盐补充氯，不足的钠用小苏打补充。一般来说，食盐与小苏打的比例为55:45。热应激状态下小苏打添加量为0.3%～0.5%。

3．硫酸钠

俗称元明粉，纯品含钠29.15%，用于补充钠和硫。据报道，雏鸡可利用饲粮中的无机硫。饲粮中添加元明粉可缓解雏鸡食羽和啄癖，添加量一般在0.1%～0.3%。

4. 骨粉

因加工工艺不同，骨粉的质量差别很大。采用简单工艺经高温高压、干燥获得的骨粉，含一定的脂肪、蛋白。如骨源不新鲜，所生产的骨粉的脂肪已氧化酸败，会影响肉鸡健康。其中的蛋白主要是胶原蛋白，鸡很难消化。此外，此种工艺生产的骨粉，卫生指标是主要制约因素。

5. 磷酸氢钙

磷酸氢钙是我国使用的主要磷源饲料原料，一般含磷16.0%、钙21.0%。选购时应注意其有毒有害矿物质含量要符合饲料卫生规范。

二、饲料添加剂的选用

（一）营养性添加剂

1. 氨基酸添加剂

氨基酸添加剂主要用于平衡饲粮的氨基酸营养，其使用原则是缺多少补多少。肉鸡饲粮中赖氨酸、蛋氨酸、蛋氨酸+胱氨酸往往是第一或第二限制性氨基酸。补充赖氨酸、蛋氨酸后，苏氨酸和色氨酸往往上升为限制性氨基酸。色氨酸可以转化为B族维生素烟酸，因此色氨酸的是否缺乏还取决于饲粮中烟酸供应量及鸡的需要量。在成本允许的前提下，应通过多种原料的配伍平衡饲粮氨基酸，尽量降低合成氨基酸添加剂用量，以改善饲喂效果。

商品赖氨酸添加剂有赖氨酸盐酸盐（$NH_2(CH_2)_4CH(NH_2)COOH \cdot HCl$）和赖氨酸硫酸盐（$[NH_2(CH_2)_4CH(NH_2)COOH]_2 \cdot H_2SO_4$），均为发酵生产的产品。商品L-赖氨酸盐酸盐的纯度98.5%，赖氨酸含量为78.0%；商品赖氨酸硫酸盐纯度为65%，赖氨酸含量为51.0%。使用时要弄清商品中的赖氨酸含量，根据其实际所含赖氨酸确定商品添加剂在饲粮中的用量。

商品蛋氨酸添加剂有DL-蛋氨酸（$CH_3S(CH_2)_2CH(NH_2)COOH$）、蛋氨酸羟基类似物（$C_5H_{10}O_3S$）、蛋氨酸羟基类似物钙盐（$C_{10}H_{18}O_6S_2Ca$）、N-羟甲基蛋氨酸钙（$(C_6H_{12}NO_3S)_2Ca$），均为化学合成产品，其中N-羟甲基蛋氨酸钙又称保护性蛋氨酸或瘤胃旁路蛋氨酸，专为反刍动物饲料添加剂。此外，也常使用甜菜碱作为蛋氨酸的替代品使用。一般商品DL-蛋氨酸中蛋氨酸含量为99.0%，蛋氨酸羟基类似物（商品名艾丽美）相当于含蛋氨酸88.0%，蛋氨酸羟基类似物钙盐相当于含蛋氨酸84.0%。一般来说，按照氨基酸有效成分计算，蛋氨酸羟基类似物及其钙盐能够替代等量的蛋氨酸，由于其缺乏氨基，在鸡体内需要非必需氨基酸代谢过程中提供氨基才能转化成蛋氨酸，因此在低蛋白质饲粮中的使用效果不及DL-蛋氨酸。甜菜碱与蛋氨酸、胆碱一样起到甲基供体作用，因此饲粮中能够用甜菜碱替代部分蛋氨酸，生产中常用替代水平为1/3。

商品L-苏氨酸（苏氨酸≥97.5%）、L-色氨酸（色氨酸≥98.0%）均为发酵法生产。由于其添加量较低，加工饲粮过程中一定要注意分散均匀。

2. 维生素类添加剂

为便于加工饲粮，生产中常将饲粮中需要补充的维生素A、维生素D、维生素E、维生素K、维生素B_1、维生素B_2、维生素B_6、维生素B_{12}、烟酸、泛酸、叶酸、生物素制成复合维生素添加剂预混料。由于产蛋鸡与肉鸡在维生素需要上有差异，且用于改善生产性能所需超量添加维生素种类不同，因此购买复合维生素预混料时，一定要注意使用肉鸡或肉用种鸡专用产品。由于不同企业技术人员在设计复合预混料产品中思路和角度不同，所使用的添加量有较大差别，生产中需要强化维生素营养时，往往超量使用一种复合预混料时所得效果与成本投入不对等，建议采用单体维生素预混剂强化。

商品胆碱为氯化胆碱。由于氯化胆碱性质的特殊性，因此不能在复合维生素预混料中添加，需要在加工饲粮时添加。商品氯化胆碱有液体（氯化胆碱含量≥70.0%或≥75.0%，胆碱含量分别为≥52.0%或≥55.0%）、粉剂（氯化胆碱含量≥50.0%或≥60.0%，胆碱含量分别为≥37.0%或≥44.0%）两种形式，应根据生产条件选用。适当超量添加氯化胆碱可节省蛋氨酸或缓解蛋氨酸缺乏，但肉鸡饲养后期严重过量添加，会造成鸡肉鱼腥味。

一般来说，饲粮中无需额外添加维生素C。由于维生素C在增强免疫力、抗应激、改善产品品质等方面的作用，通常以饮水中添加形式额外补充。

L–肉碱又名肉毒碱。饲粮中添加25～50mg/kg L–肉碱可提高肌红蛋白的含量而改善肉色，提高肌肉中肌苷酸和粗脂肪含量改善鸡肉的鲜味；促进脂肪代谢降低腹水综合征。此外，L–肉碱对提高肉鸡增重、饲料转化率，降低腹脂率的研究结果不一致。我国《饲料添加剂安全使用规范》中规定在禽类饲料中的用量为50～60mg/kg（1周龄内雏鸡150～200mg/kg）。

3．微量元素添加剂

商品微量元素添加剂有无机物（硫酸盐、氧化物、氯化物）、有机物（有机酸盐、氨基酸微量元素螯合物）两种形式，其中有机添加剂效果好、安全性高，但价格昂贵，生产中硫酸盐使用量大。由于微量元素毒性较大，使用微量元素预混料时应注意不要超量添加，以免中毒；产品吸潮结块时，其中稳定性差的微量元素被氧化破坏，应禁止使用；使用时应拌料使用，切忌饮水使用。

有关铬（Cr）的营养及肉鸡饲粮中添加的作用研究报道很多。现已证明铬具有调节糖、蛋白质、脂肪代谢，抗应激（国内报导其对肉鸡抗热应激效果为采食量提高8%～17%，平均日增重提高11%～27%，饲料转化率改善6%～22%），增强免疫力，改善胴体品质（降低胴体脂肪含量、降低腹脂率），促进增重及提高饲料转化率作用。由于无机铬的毒性较强，生产中使用有机铬，主要有吡啶甲酸铬（纯度98.0%，含铬12.2%～12.4%）、烟酸铬（纯度98.0%，含铬12.0%）、酵母铬。生产中添加有效剂量范围为0.2～0.5mg/kg（以铬计），我国《饲料添加剂安全使用规范》规定其添加量为0～0.2mg/kg（以铬计）。铬虽然是动物必需矿物质元素，但饲料中均可满足而无需额外补充。铬毒性较强，虽然吡啶酸铬［Wistar大鼠p. o. LD50＞5.0 g/（kg·BW）］作饲料添加剂对动物是安全的，但会造成畜产品中残留，作为饲料添加剂长期使用对人健康影响尚不清楚。

4．其他营养性添加剂

牛磺酸（化学名称2–氨基乙磺酸，分子式$C_2H_7NO_3S$）为一种条件性必需氨基酸。近年来研究表明，肉鸡饲粮中添加牛磺酸，可促进营养物质的消化吸收和利用，增强机体免疫力。牛磺酸促生长效应与含硫氨基酸的互作有关。报道有效添加量为0.1%~0.15%。

甜菜碱（$C_5H_{15}NO_3$）在机体内作为甲基供体，并与甘氨酸、丝氨酸的代谢也有关。肉鸡饲粮中添加，具有促进脂肪代谢、缓解应激、促进增重、抗氧化、改善胴体品质（降低腹脂率、提高胸肌率）、改善肉质及增强风味（提高胸肌肌酸和肌酸酐含量；提高肌间脂肪含量，使肉质细嫩）作用。肉鸡饲粮中添加量范围600~2000mg/kg。

（二）促生长剂

促生长剂包括药物（抗生素及化学合成抗菌剂）、酶制剂、中草药制剂、酸化剂、微生态制剂等。使用抗生素及合成抗菌剂改善动物生产性能效果显著，其在食品中残留引起的"三致"、耐药性传递等问题引起全世界关注，一些国家开始限制饲料中使用抗生素及抗菌药。综合运用现有科技成果，饲粮中不添加抗生素及抗菌药有技术可行性。

1. 中草药及植物提取物添加剂

牛蛭油是多年生草本植物牛蛭中提取的精油，通过破坏细菌细胞壁结构及细胞膜透性起杀菌作用。饲粮中添加牛蛭油，具有预防及治疗猪、鸡大肠杆菌、沙门氏菌所致的下痢，抗球虫，抗氧化，增强机体机能，提高机体免疫力，促进畜禽生长等作用。其毒性低（大鼠LD_{50} 1850mg/kg），无残留，无"三致作用"，不易产生耐药性，是抗生素的理想替代品。按我国《饲料药物添加剂使用规范》规定，用于预防疾病，添加量450g/t，用于促生长，添加量50~500g/t（每1000g中含5-甲基-2-异丙基苯酚和2-甲基-5-异丙基苯酚25g）。

大蒜及大蒜提取物大蒜素、大蒜精油具有较强的抗菌活性，饲粮中添加大蒜及大蒜提取物有促生长、提高饲料转化率、增强免疫力、改善鸡肉风味等作用，是抗生素的替代品之一。肉鸡饲粮中大蒜素添加量为100~200mg/kg。

酸枣仁皂苷[Jujuboside；酸枣仁皂甙A（$C_{58}H_{94}O_{26}$）与酸枣仁皂甙B（$C_{52}H_{84}O_{21}$）的混合物]是从酸枣仁中提取物的活性物质，近年来大量研究证实其为酸枣仁镇静作用活性成分，具有镇静催眠、降压、抗心肌缺血、抗脂质氧化等功能，毒性低[小鼠i.v. LD_{50} 27.5g/（kg·BW）]。2009年，我们通过AA^+肉鸡基础饲粮中添加酸枣仁皂甙饲养试验，证实了其促生长、抗热应激作用：正常饲养温度下改善ADG、提高ADFI，在34℃热应激环境下改善ADG、提高ADFI及FCR，显著提高热应激肉鸡屠宰率、腿肌率，降低了皮下脂肪厚（表2-8、表2-9、表2-10）。添加酸枣仁皂甙折合每吨饲粮成本约人民币10~20元，远低于添加维生素，而生产性能改善程度大大超过维生素。该项成果已申报国家发明专利（受理号：200910219814.3）。

表2-8　酸枣仁皂甙对3周龄肉鸡生产性能的影响

试验组	初始重（g）	末重（g）	平均日增重（g）	采食量（g）	饲料利用率（F:G）
0.5mg/kg	405.27 ± 6.93	753.60 ± 11.19[b]	49.76 ± 2.56[bB]	94.00 ± 3.42[B]	1.89 ± 0.13
1.0mg/kg	401.83 ± 9.91	746.23 ± 17.50[a]	49.20 ± 1.66[aB]	93.50 ± 1.66[B]	1.90 ± 0.06
1.5mg/kg	404.93 ± 18.76	753.03 ± 22.23[b]	49.73 ± 0.50[bB]	92.72 ± 1.11[B]	1.86 ± 0.01
2.0mg/kg	407.23 ± 12.79	729.50 ± 26.03[a]	46.04 ± 2.43[aAB]	91.57 ± 3.47[B]	1.99 ± 0.03
空白对照组	413.80 ± 9.70	717.67 ± 6.85[a]	43.41 ± 0.51[aA]	82.59 ± 2.23[A]	1.90 ± 0.07

注：同一列数字右肩小写字母不同差异显著（$P<0.05$），大写字母不同差异极显著（$P<0.01$）。

表2-9 酸枣仁皂甙对4周龄肉鸡高温应激期间（34℃）生产性能的影响

试验组	初始重（g）	末重（g）	平均日增重（g）	采食量（g）	饲料利用率（F∶G）
0.5mg/kg	753.60±11.19[bC]	1008.87±14.58[b]	36.46±0.79[bBC]	90.61±.37[bAB]	2.48±0.09[aB]
1.0mg/kg	753.03±22.23[bC]	1007.93±28.43[b]	36.41±1.09[bBC]	99.43±1.83[bB]	2.52±0.39[aB]
1.5mg/kg	746.23±17.50[bB]	952.80±16.46[ab]	29.51±0.69[bBD]	89.90±6.63[bAB]	3.05±0.26[bAB]
2.0mg/kg	729.50±26.03[aAB]	909.17±14.48[ab]	25.67±1.86[bA]	81.08±7.76[abA]	3.16±0.14[bA]
空白对照组	717.67±6.85[aA]	879.47±3.35[a]	23.12±1.36[aA]	77.98±2.52[aA]	3.38±0.11[bA]

注：同一列数字右肩小写字母不同差异显著（P<0.05），大写字母不同差异极显著（P<0.01）。

表2-10 应激期间添加酸枣仁皂甙对肉鸡胴体指标的影响

试验组	屠宰率	半净膛率	全净膛率	胸肌率	皮下脂肪厚
0.5mg/kg	96.22±0.39[b]	91.79±0.38[b]	77.45±0.29[b]	20.80±0.93[b]	1.60±0.07[A]
1.0mg/kg	95.53±0.45[ab]	91.10±1.23[ab]	75.74±1.70[ab]	19.10±2.22[ab]	1.72±0.11[AB]
1.5mg/kg	95.16±1.34[ab]	90.94±0.60[ab]	75.07±1.37[ab]	18.38±1.72[ab]	1.73±0.11[AB]
2.0mg/kg	94.44±1.22[ab]	89.26±1.43[a]	74.31±1.75[a]	17.35±0.81[a]	1.90±0.03[A]
空白对照组	93.80±1.28[ab]	89.46±1.43[a]	74.44±1.87[a]	18.16±1.01[a]	1.80±0.03[A]

注：同一列数字右肩小写字母不同差异显著（P<0.05），大写字母不同差异极显著（P<0.01）。

2．酶制剂

酶制剂是公认的安全高效饲料添加剂。目前我国批准使用的酶制剂主要是消化酶，包括淀粉酶、纤维素酶、半纤维素酶、果胶酶等碳水化合物消化酶、蛋白酶、脂肪酶、植酸酶等。饲粮中添加外源性酶的作用是消除抗营养因子、减少消化道疾病、提高养分消化率，进而起到改善生产性能作用。据统计，肉鸡饲粮中添加复合酶制剂，体重提高0.75%～5.33%，饲料转化率提高1.92%～8.3%。由于酶的特殊性，应考虑底物、消化道环境、酶浓度及饲料加工工艺的影响。不同饲料原料所含抗营养因子的种类、数量不同，应根据配方合理选择相应的酶制剂或选择相应的复合酶制剂，并保证酶制剂有适宜的添加量；大部分酶制剂来源于微生物，适宜的环境pH4.0～6.5；饲粮中的重金属、酸碱及氧化还原剂会引起酶失活；65℃制粒可保持酶80%的活性，特殊处理的酶制剂在75℃下制粒能保持较高活性，而85℃以上制粒或膨化会使酶制剂失活。

溶菌酶又称胞壁质酶、N-乙酰胞壁质聚糖水解酶，是一种能水解致病菌中黏多糖的碱性酶，分解细菌细胞壁的肽聚糖而起到杀菌作用，与带负电荷的病毒蛋白直接结合，与DNA、RNA、脱辅基蛋白形成复盐，使病毒失活而发挥抗病毒作用。最适pH6.5，酸性介质中可稳定存在，碱性介质中易失活。肉鸡饲粮中添加溶菌酶，可起增强免疫力、促生长、提高饲料转化率、改善消化道微生态平衡及防病作用。含量为500000 U/g的产品，添加量为150～200g/t。

3．微生态制剂（微生物）

微生态制剂又名活菌制剂，是近些年崛起的新型饲料添加剂。通过饲粮中添加有益微生物，抑制病原微生物，改善消化道微生态环境，起到促生长、提高饲料转化率、预防消化道疾病、降低鸡舍氨气浓度及粪臭味等作用。据统计，肉鸡饲粮中添加复合微生态制剂，可提高增重5%左右。我国批准使用的微生物（《饲料添加剂品种目录（2008）》）有：地衣芽孢杆菌、枯草芽孢杆菌、两歧双歧杆菌、粪肠球菌、屎肠球菌、乳酸肠球菌、嗜酸乳杆菌、干酪乳杆菌、乳酸乳杆菌、植物乳杆菌、乳酸片球菌、戊糖片球菌、产朊假丝酵母、酿酒酵母、沼泽红假单胞菌、保加利亚乳杆菌等。

由于微生态制剂的特殊性，饲粮中添加时一定要注意影响微生态制剂有效性的因素，包括菌体数量、动物种类、添加的抗生素及饲料加工工艺等。保证肉鸡摄入的活菌数量是使用效果的关键之一，一般认为饲粮中最佳活菌含量为$2 \times 10^5 \sim 2 \times 10^6$个/g；微生物与动物消化道有一定特异性，应选择适合于肉鸡使用的微生物种类；注意饲粮中添加的抗生素与微生态制剂的关系，如果并用，两者应有较好的相容性；注意制粒或膨化对活菌的破坏作用。一般复合微生态制剂在饲粮中的添加量为0.05%～0.1%。

4．酸化剂

饲粮中添加酸化剂调节消化道pH，可提高消化酶活性、抑制有害微生物调节消化道微生态平衡、供能等，进而可起到提高饲料转化率、预防疾病等作用，饲粮中添加柠檬酸有抗热应激作用。我国批准使用的有机酸化剂有甲酸、乙酸、丙酸、丁酸、乳酸、富马酸、柠檬酸、苹果酸等。一般来说，复合酸化剂优于单一有机酸。肉鸡饲粮中添加酸化剂用量范围为0.5%～1.0%。

5．多糖和寡糖

大量研究证实，饲粮中适量添加寡糖能促进双歧杆菌等有益微生物增殖，调节微生态平衡，促进营养物质的消化吸收，增强免疫力。我国批准使用的寡糖有：低聚木糖（木寡糖）、低聚壳聚糖、半乳甘露寡糖、果寡糖、甘露寡糖。

肉鸡饲粮中添加寡糖的效果受很多因素的影响，其使用效果具有不确定性。同时，饲料原料中含有不同水平的寡糖，大量添加寡糖饲料添加剂会导致腹泻。因此，一定要在充分研究饲料原料及饲粮组成基础上合理使用寡糖。

（三）其他添加剂

1．腐植酸钠

黑色无定形颗粒，易溶于水，由含腐植酸的优质低钙低镁风化煤加工而成。腐植酸钠羟基、醌基、羧基等活性基团，具较强的吸附、交换、络合、螯合能力。肉鸡饲粮中添加腐植酸钠，具有减少消化道疾病、提高饲料消化率、增强免疫力等作用。饲粮中添加量一般为0.2%～0.5%。

2．茶多酚

茶多酚是茶叶中多酚类物质的总称，包括黄烷醇类、花色苷类、黄酮类、黄酮醇类和酚酸类等，其中以黄烷醇类物质（儿茶素）最为重要。茶多酚具有很强的抗氧化、抑菌、增强免疫力、解毒、调节代谢等作用，其抗氧化能力是二丁基羟基甲苯（BHT）、丁基羟基茴香醚（BHA）的4～6倍，是维生素E的6～7倍，维生素C的5～10倍。肉鸡饲粮中添加茶多酚，可改善鸡屠宰性能和鸡肉品质，增强免疫力。茶多酚的适宜添加量为20～40mg/kg，过量添加会抑制生长。

第四节 饲粮配方的设计

一、饲粮配方设计的原则

（一）营养性

1. 配方营养水平设计合理

饲养标准是设计配方营养水平的基础。在此基础上，参考以往配方营养水平，根据预期动物生产性能、季节及饲养环境条件、饲养管理水平、市场行情、畜产品品质要求等实际适当调整，并处理好采食量和配方营养水平之间的关系。能量是决定动物生产性能的重要因素，应首先考虑满足动物对能量的需要，以其为基础确定其他营养素水平。在满足动物营养需要基础上，应尽量保证营养平衡，包括能量与蛋白质、能量与必需氨基酸、必需氨基酸之间、必需氨基酸与非必需氨基酸、能量与矿物质、矿物质之间、能量与维生素及维生素之间的平衡等。原料多样化，原料之间营养互补是配方营养平衡的最经济手段之一。

2. 原料营养价值符合实际

采用的饲料原料营养价值参数是否与原料实际含量相符，是产品实际营养水平是否达到设计值的关键，应尽量采用饲料原料的实测值。

（二）可行性

1. 配方应符合动物消化生理特点

饲粮或配合饲料容积应与动物消化道容积相适应。饲粮容积过大，动物消化道容积充满后，仍然未摄入足够的营养，造成生长发育受阻或生产性能下降，对于肉鸡而言，这种现象更为明显；适当提高饲粮营养水平，使肉鸡在额定采食量下摄入更多营养，进而获得更高日增重。

注意饲粮的可消化性，有效控制粗纤维含量。粗纤维含量影响饲料总有机物的可消化性，影响采食量，影响生产性能及健康。肉鸡饲粮粗纤维水平应控制在3%~5%。

2. 饲料原料供应稳定，质量可靠

按原料设计配方，避免按照配方采购原料。根据当地饲料原料供应情况选择原料，且应选择货源稳定、质量可靠的原料供应商供货。对每批进厂原料进行检验，营养成分含量及价格发生变动时，及时调整配方。

3. 原料种类、原料配合比例符合加工工艺要求

饲料原料种类应根据加工机组配料仓数目确定，以保证能执行配方。原料种类过多，配料周期长，且难于保证配料质量。原料配比应该符合加工工艺要求，保证能够生产。上配料仓的原料，每批配比量应精确到1kg内，手工加料原料，可精确至0.1kg，按照百分率表示分别为0.0%和0.00%。

（三）安全性和合法性

按配方生产的产品，应具有较高的安全性。饲料产品应对动物饲喂安全，动物排泄物对环境安全、畜产品食品安全等，符合畜牧业、饲料业可持续发展要求。配方设计及产品生产过程中应遵守相关法规，执行国家或行业强制标准、该产品的企业标准。

（四）经济性

配方应具有较好的经济性。养殖企业设计的饲粮配方，应最大限度降低单位畜产品饲料投入成本，提高经济效益；饲料企业商品配方，应在保证客户质量认可前提下，尽量降低配方成本。

（五）市场性

设计饲料配方时应考虑饲粮可能对肉鸡胴体质量及鸡肉品质的影响，应针对肉鸡销售市场需要设计。此外，配方与同类商品饲料相比要有一定的比较优势，包括价格、每千克活体生产成本、胴体及鸡肉品质、鸡产品食品安全性等。

二、饲料配方计算机辅助设计技术

随着计算机的普及，大中型饲料企业及养殖企业已普遍使用计算机辅助设计饲料配方。除动物营养与饲料学知识外，应用计算机辅助设计饲料配方还应具备的条件是计算机软件及操作知识。

（一）设计配方的软件

随计算机技术在我国的普及，实现饲料配方实现计算机辅助设计的途径多样。可来源于购买的商业化软件、产品售后服务软件、网络软件、生物统计软件及数学软件、微软办公软件Microsoft® Office Excel。

微软办公软件Microsoft Office® Excel具强大的计算功能，操作上也要比数学软件容易一些。潘正义（1996）、韩友文（1999）详细描述了应用Microsoft Office® Excel设计饲料配方的方法。

（二）计算机辅助设计技巧

灵敏度分析与影子价格。灵敏度分析与影子价格分别反映饲料原料配比、配方营养水平对配方成本的影响。数值越大，对配方成本的影响越大。具体设计配方时，要研究具体灵敏度分析与影子价格数据，约束营养素含量和饲料原料配比的区间，才容易获得理想的解。

设计结果的微调。根据初拟的约束条件，求解，获得可行解。根据获得可行解的灵敏度分析、影子价格，确定进一步调整的对象，返回修改约束条件，即原料配比限制和营养水平限制，该放宽的放宽，该严格的严格，修改后求解，观察其灵敏度、及影子价格分析结果的变化趋势和变动范围，再进行约束条件的调整、求解。经过这样反复的分析、比较和调整，最终获得理想配方。即获得最佳解的过程是反复试探和调整的过程，仅一次计算就获得的解往往不是最佳的。

配方的圆整。软件设计者思考问题方法的不同，小数位数不同。如果小数位数过多，则不能在生产上实施，必须进行圆整。在圆整过程中，必然涉及小数的舍和入问题。考察饲料原料的价格，对于常规原料，在进行舍弃过程中对于成本有一定影响，但对于配方营养水平和饲喂效果往往影响不大，因此舍、入过程中可降低成本调整。

无解的判定。设计配方中，在数学上无解情况下，也会得到与约束条件距离最小的解。如果是反复调整后得到的，这样的解往往在营养成分含量上与目标偏离不大，往往是允许的，所以，这样的配方虽然在数学上是无解，而在生产上可能恰恰是最佳的。

如果是最初计算无解，则要检查饲料原料有无漏选的，原料配比及营养水平的上、下限额是否矛盾，营养水平的限额是否过高要求等。如果是限制了配方成本，则要看原料价格是否正确、配方成本是否限制过于严格。根据实际情况具体分析，找到问题的根源解决。

（三）应用Microsoft Office® Excel设计饲料配方

Microsoft Office® Excel的安装与功能调试。安装Microsoft Office®。如果是安装过的电脑，新建Microsoft Office® Excel文档。在Microsoft Office® Excel【工具】菜单中找到【加载宏】，如图2.2。选择"规划求解"项，如图2.3，然后按确定。如果是安装了Microsoft Office®全部功能，则在【工具】菜单中就会有【规划求解】菜单项，否则计算机就会提示将Microsoft Office®安装盘放入光驱，完成功能添加。

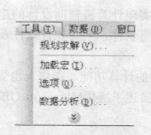

图2.2　加载宏菜单项　　　图2.3　加载宏选项

Microsoft Office® Excel设计饲料配方实例。采用玉米、大豆粕、棉籽粕、鱼粉、大豆油、石粉、磷酸氢钙、食盐、小苏打、1%添加剂预混料、L-赖氨酸盐酸盐、DL-蛋氨酸设计3～6周龄肉鸡饲粮配方。查NY/T 33—2004所获的营养需要量、查饲料原料营养价值表所获的数据列入表，其格式及基本公式见表2-11。表格中第一行为Microsoft Office® Excel中的列标志，第一列为Microsoft Office® Excel中行号。Microsoft Office® Excel用列号+行号定位单元格，如表中的C5单元格为玉米的配合比例。

表格中相应的函数及使用方法。SUM（number1，number2）为求和函数，计算单元格区域中所有数值的和。公式使用方法为点工具栏中【自动求和】工具，按住鼠标左键选择求和单元格，见图2.4，选好后按【Enter】键即可。SUMPRODUCT（）函数是在给定的几组数组中，将数组间对应的元素相乘，并返回乘积之和。应用Microsoft Office® Excel设计饲料配方中，应用SUMPRODUCT（）函数求出饲料配方成本及配方营养水平，即分别将饲料原料成本乘以其配合比例，然后累计求和；将每种饲料原料代谢能分别乘以原料配合比例后累计求和。使用该函数时，按住用鼠标左键拖动相应的单元格区域即可。设计一个单元格的公式后，就可以用公式的自动填充功能将每个需要填写同样公式的单元格填充。使用该功能必须有较好的Microsoft Office® Excel操作经验（注意：使用自动填充公式填充营养素含量计算时，SUMPRODUCT（）函数中的配比要用绝对引用）。

规划求解条件的设定与求解。在【工具】菜单中选【规划求解】菜单项（图2.5）。在出现的对话框中设置规划求解条件，即用Microsoft Office® Excel设计饲料配方的条件。“目标单元格”为线性规划的目标函数，即饲料配方成本的计算公式，本例为B17单元格（见表2-11）。规划的目标是配方成本最低，即选最小值（图2.5）。规划的“可变单元格”为线性规划的决策变量，即饲料原料配比，为C5单元格至C16单元格。“约束”即线性规划方法设计饲料配方的约束条件，按对话框中间的【添加】按钮添加相应的条件。配方设计的条件为配方配比总和为100%，即C17=100；每种原料配比均大于等于零，即单元格C5～C16大于等于零；原料配比应大于等于配比下限，小于等于配比上限，即单元格C5～C16大于等于单元格D5～D16，单元格C5～C16小于等于单元格E5～E16；配方营养水平应大于等于营养水平下限，小于等于配方营养水平上限，即F17～N17单元格大于等于F4～N4单元格，F17～N17单元格小于等于F3～N3单元格。填写好条件后，按【关闭】按钮，保存了规划求解设计饲料配方的条件。

Microsoft Excel - Book1.xls

=SUM(C5:C16)

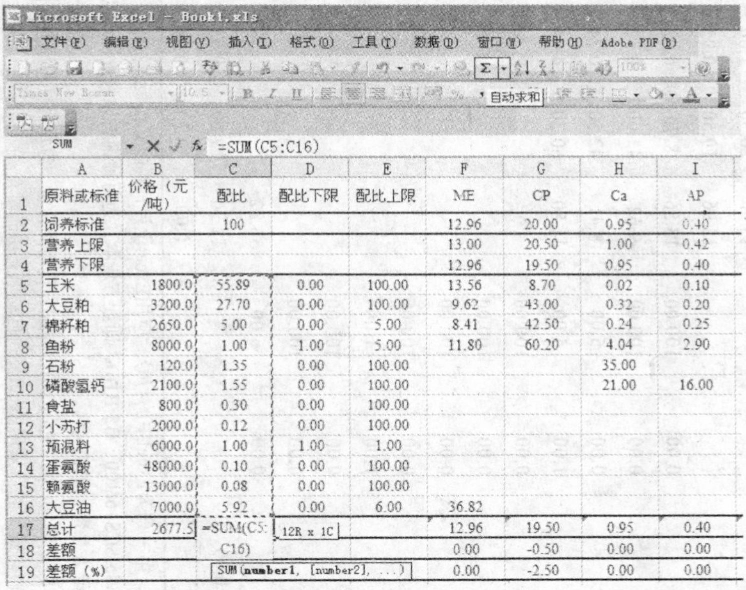

	A	B	C	D	E	F	G	H	I
1	原料或标准	价格（元/吨）	配比	配比下限	配比上限	ME	CP	Ca	AP
2	饲养标准		100			12.96	20.00	0.95	0.40
3	营养上限					13.00	20.50	1.00	0.42
4	营养下限					12.96	19.50	0.95	0.40
5	玉米	1800.0	55.89	0.00	100.00	13.56	8.70	0.02	0.10
6	大豆粕	3200.0	27.70	0.00	100.00	9.62	43.00	0.32	0.20
7	棉籽粕	2650.0	5.00	0.00	5.00	8.41	42.50	0.24	0.25
8	鱼粉	8000.0	1.00	1.00	5.00	11.80	60.20	4.04	2.90
9	石粉	120.0	1.35	0.00	100.00			35.00	
10	磷酸氢钙	2100.0	1.55	0.00	100.00			21.00	16.00
11	食盐	800.0	0.30	0.00	100.00				
12	小苏打	2000.0	0.12	0.00	100.00				
13	预混料	6000.0	1.00	1.00	1.00				
14	蛋氨酸	48000.0	0.10	0.00	100.00				
15	赖氨酸	13000.0	0.08	0.00	100.00				
16	大豆油	7000.0	5.92	0.00	6.00	36.82			
17	总计	2677.5	=SUM(C5:C16)	12R x 1C		12.96	19.50	0.95	0.40
18	差额					0.00	-0.50	0.00	0.00
19	差额（%）		SUM(number1, [number2], ...)			0.00	-2.50	0.00	0.00

图2.4　“自动求和”函数的使用

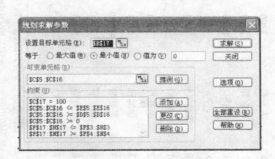

图2.5　规划求解对话框

表2-11 Microsoft Office® Excel设计饲料配方计算表

	A	B	C	D	E	F	G	H	I	J	K	L	M	N
	原料或标准	价格（元/t）	配比	配比下限	配比上限	ME	CP	Ca	AP	Lys	Met	Met+Cys	Na	Cl
1	原料或标准	价格（元/t）	配比	配比下限	配比上限	ME	CP	Ca	AP	Lys	Met	Met+Cys	Na	Cl
2	饲养标准		100.0			12.96	20.00	0.95	0.40	1.00	0.40	0.76	0.15	0.15
3	营养上限					13.00	20.50	1.00	0.42	1.10	0.50	0.80	0.18	0.18
4	营养下限					12.96	19.50	0.95	0.40	1.00	0.40	0.76	0.15	0.15
5	玉米	1800		0.00	100.00	13.56	8.70	0.02	0.10	0.24	0.18	0.38		
6	大豆粕	3200		0.00	100.00	9.62	43.00	0.32	0.20	2.45	0.64	1.30		
7	棉籽粕	2650		0.00	5.00	8.41	42.50	0.24	0.25	1.59	0.45	1.27		
8	鱼粉	8000		1.00	5.00	11.80	60.20	4.04	2.90	4.72	1.64	2.16		
9	石粉	120		0.00	100.00			35.00						
10	磷酸氢钙	2100		0.00	100.00		21.00	21.00	16.00					
11	食盐	800		0.00	100.00								39.40	60.60
12	小苏打	2000		1.00	1.00								27.40	
13	预混料	6000		1.00	1.00									
14	蛋氨酸	48000		0.00	100.00						99.00	99.00		
15	赖氨酸	13000		0.00	100.00					78.80				
16	大豆油	7000		0.00	6.00	36.82								
17	总计	2677.5	0.00			12.96	19.50	0.95	0.40	1.00	0.42	0.76	0.15	0.18
18	差额		0.00			0.00	-0.50	0.00	0.00	0.00	0.02	0.00	0.00	0.03

注：表格中的第一行为Excel中的行标志，第一列为Excel中的行标号。应用Excel设计饲料配方模板通过邮件索取（ymtian001@163.com）。

B17中的公式：=SUMPRODUCT($C$5:$C$16/100，B5:B16)，即配方成本；为每种饲料原料价格乘以其配合比例后累计求和。

C17中的公式：=SUM(C5:C16)，即配方总量，单位为‰。

F17中的公式：=SUMPRODUCT($C$5:$C$16/100，F5:F16)，即配方代谢能含量；为每种饲料原料代谢能含量乘以其配合比例后累计求和。同样，G17～N17分别配方中其他营养素的含量。编辑时先做好F17公式，然后采用Excel公式，即配方中代谢能与饲养标准规定代谢能含量差。

F18为配方中代谢能与饲养标准的差额，公式：=F17-F2，即配方中代谢能含量与饲养标准代谢能含量的差，其他类推。

　　设计饲粮营养水平。根据饲养标准（F2～N2单元格）、饲养经验及设计饲料配方经验，确定饲粮中各营养素最低与最高水平，填写入相应的单元格。应注意：上限与下限不要写反：Ca、Na、Cl的上限不要过高；蛋氨酸（即Met）上限要高一些，因用蛋氨酸补充蛋氨酸+胱氨酸时会引起蛋氨酸水平较高。

　　设计饲料原料的配比限量。对不进行限制配比的原料应将配比下限设置为"0"，配比上限设置为"100"；对需要限制配比上限的原料如棉籽粕，配比下限设置为"0"，配比上限设置为需要限制的最高水平，本例中限制其为"5"；对需要限制配比上、下限，必须保证一定量添加的原料，配比上、下限设置为相应数值，本例要限制鱼粉最低添加量为1%，最高添加量为5%，即在配比下限填写"1"，配比上限填写"5"。对于添加剂预混料，则需要指定用量，配比上下限均填写同样的数值，本例中用量为1%。

　　上述填写完成后，在【工具】菜单中选【规划求解】菜单项（图2.5），按【求解】按钮，即可获得计算结果，弹出规划求解结果对话框（图2.6），选敏感性报告，然后按确定，配方计算结果就自动填充到配比单元格中，即表中的C5～C16单元格。点敏感性报告表，可看到配方设计中灵敏度分析与影子价格分析结果（表2-12）。即单位营养素成本由大到小的顺序为蛋氨酸+胱氨酸、代谢能、赖氨酸、有效磷、钠、钙、粗蛋白质，可根据该结果调整配方营养水平下限。增加鱼粉配比，会引起配方成本提高，提高棉籽粕配比，可降低配方成本，具体设计配方时，应根据该结果对原料限量适当调整以降低配方成本。

图2.6　规划求解结果对话框

表2-12　Microsoft Excel设计饲料配方敏感性报告

可变单元格				约　束			
单元格	名字	终值	递减梯度	单元格	名字	终值	拉格朗日乘数
$C$5	玉米 配比	55.89	0.00	$C$17	总计 配比	100.00	-22.25
$C$6	大豆粕 配比	27.70	0.00	$F$17	总计 ME	12.96	250.55
$C$7	棉籽粕 配比	5.00	-0.48	$G$17	总计 CP	19.50	42.42
$C$8	鱼粉 配比	1.00	19.08	$H$17	总计 Ca	0.95	67.01
$C$9	石粉 配比	1.35	0.00	$I$17	总计 AP	0.40	182.38
$C$10	磷酸氢钙 配比	1.55	0.00	$J$17	总计 Lys	1.00	193.21
$C$11	食盐 配比	0.30	0.00	$K$17	总计 Met	0.42	0.00
$C$12	小苏打 配比	0.12	0.00	$L$17	总计 Met+Cys	0.76	507.33
$C$13	预混料 配比	1.00	0.00	$M$17	总计 Na	0.15	154.21
$C$14	蛋氨酸 配比	0.10	0.00	$N$17	总计 Cl	0.18	0.00
$C$15	赖氨酸 配比	0.08	0.00	$F$17	总计 ME	12.96	0.00
$C$16	大豆油 配比	5.92	0.00	$G$17	总计 CP	19.50	0.00
				$H$17	总计 Ca	0.95	0.00
				$I$17	总计 AP	0.40	0.00
				$J$17	总计 Lys	1.00	0.00
				$K$17	总计 Met	0.42	0.00
				$L$17	总计 Met+Cys	0.76	0.00
				$M$17	总计 Na	0.15	0.00
				$N$17	总计 Cl	0.18	-50.34

第五节　饲料加工技术

一、饲料形态对肉鸡生产性能的影响

饲料的物理性状影响肉鸡生产性能和胴体质量，且不同物理性状饲料的加工成本差别很大。

1. 膨化颗粒饲料

膨化颗粒饲料最大限度破坏了饲料中的热敏性抗营养因子，淀粉熟化度高，饲料原料的部分物理化学结构被破坏，使得膨化颗粒具有普通颗粒饲料所不及的优点。据研究，膨化颗粒饲料比粉状饲料、普通颗粒饲料采食量分别提高6.23%、5.23%，肉鸡平均日增重分别提高9.60%、8.08%；半净膛率、全净膛率、胸肌率、腿肌率、翅重率均有增加。

2. 硬颗粒饲料与粉状饲料

与粉状饲料相比，饲喂颗粒饲料提高采食量和平均日增重及饲料转化率（图2.7）。有试验数据表明，与粉料相比，饲喂颗粒饲料采食量增加9.5%，生长速度提高10%。Amerah（2007）对0～21日龄罗斯308肉鸡分别饲喂粉状饲料及颗粒饲料，增重分别为496g、829g，采食量分别为827g、1262g，饲料转化率（料重比）分别为1.673、1.523，均差异显著。Mirghelenj和Golian（2009）用罗斯308的试验结果列入表2-13、表2-14供参考。

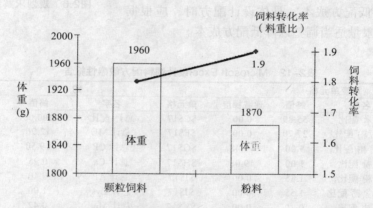

图2.7　饲料物理性状对肉鸡生产性能的影响（Munt等，1995）

饲料形态影响饲料能量利用效率。Amerah（2007）对0～21日龄罗斯308肉鸡的试验中，颗粒饲料的氮校正表观代谢能（AMEn）2820kcal/kg，而粉状饲料为2995kcal/kg，差异显著，而饲料在消化道的通过速度没有差异。颗粒饲料对能量利用的负效应可解释为采食量的增加，摄入能量远超过维持需要所致。

饲料形态影响肉鸡消化道发育及胴体组成。与粉状饲料相比，颗粒饲料显著降低十二指肠、空肠、回肠长度及占胴体重量百分率，降低肌胃占胴体重量百分率；十二指肠和空肠绒毛高度、隐窝深度显著增加。颗粒饲料腹脂率高于粉状饲料，全净膛率低于粉状饲料。

表2-13 饲粮形态对肉鸡各阶段生产性能的影响

（S.A. Mirghelenj 和 A. Golian，Journal of Animal and Veterinary Advances，2009）

饲料形态	育雏期（0~14日龄）			生长期（15~28日龄）			肥育期（29~42日龄）		
	采食量（g）	增重（g）	饲料转化率（g/g）	采食量（g）	增重（g）	饲料转化率（g/g）	采食量（g）	增重（g）	饲料转化率（g/g）
粉状料	518.33b	222.63b	2.34a	1487.45b	714.44b	2.09a	1846.24b	691.40b	2.68a
颗粒料	568.07a	286.28a	2.00b	1573.56a	832.22a	1.89b	2310.99a	1013.43a	2.28b
碎粒-颗粒料	561.30a	300.41a	1.88b	1593.29a	844.44a	1.89b	2308.28a	1070.50a	2.16b
SEM	1.87	2.10	0.19	3.03	4.28	4.40	0.21	6.00	0.24
P值	0.002	0.003	0.006	0.01	0.002	0.016	0.001	0.001	0.004

注：碎粒料-颗粒饲料组0~14日龄饲喂碎粒料，14~42日龄饲喂颗粒饲料；同列数据右肩中不同字母表示差异显著（P<0.05）。

表2-14 饲粮形态对肉鸡全期生产性能的影响

（S.A. Mirghelenj 和 A. Golian，Journal of Animal and Veterinary Advances，2009）

饲料形态	采食量（g）	增重（g）	饲料转化率（g/g）	生产性能指数（%）	成活率（%）	生产指数
粉状料	3833.62b	1623.82b	2.37a	42.98b	94.91a	160.96b
颗粒料	4390.25a	2108.74a	2.08b	48.80a	88.09b	217.72a
碎粒料-颗粒饲料	4418.63a	2198.69a	2.01b	50.86a	90.79b	241.8a
SEM	4.95	4.04	0.14	0.77	0.90	2.06
P值	0.001	0.001	0.003	0.0048	0.008	0.0002

注：同列数据右肩中不同字母表示差异显著（P<0.05）；生产性能指数=（体重÷采食量）×100；生产指数=平均体重×（成活率÷日龄）×（饲料转化率÷10）。

鉴于饲料形态对肉鸡生产性能的影响，在经济最大化原则下，在充分考虑饲料加工成本基础上，合理选择各饲养阶段的饲料形态。

二、粉料粉碎粒度对肉鸡生产性能的影响

饲粮粉碎粒度影响肉鸡生产性能、肉鸡胴体组成及饲料加工成本，进而影响养殖生产经济效益。饲料粉碎粒度越低，粉碎能耗越高，加工成本越高。研究表明，锤片式粉碎机筛片由4.76mm增加到7.94mm，粉碎机能耗降低35%。适当粉碎谷物可改善肉鸡生产性能，粉碎粒度及粒度的一致性影响肉鸡生产性能。粒度一致性越好，肉鸡生产性能越高。与细粒相比，较粗颗粒谷物可改善饲喂粉状饲料肉鸡生产性能、促进消化道发育、增加酶在食糜中的渗透性，提高蛋白质消化率及氮留存率，但会提高采食量，饲料转化率下降（表2-15）。粗粒谷物到达肌胃还可阻止病原菌进入小肠，降低感染球虫病及其他消化道疾病的风险。也有研究表明，由于雏鸡肌胃发育不完善、大颗粒导致挑食是粗粒谷物影响肉鸡雏鸡生产性能的主要原因。研究证实，玉米粉碎粒度增加，胸肉重及胸肉占活重百分率降低，而肌胃重量及肌胃占活重百分率增加；玉米粒度增加对脂肪重无显著影响，但脂肪占活重百分率增加。Nir和Ptichi（2001）谷物的适宜粉碎粒度见表2-16。不同饲料原料，对粉碎粒度的反应可能会有差异。双子叶植物籽实不像谷物

那样敏感，但粗粉碎可能降低大豆、菜籽、蚕豆、豌豆等双子叶植物籽实细胞内容物消化率。

表2-15 粉料粉碎粒度对肉鸡生产性能的影响

（AMERAH等，World's Poultry Science Journal，2007）

谷物种类	日龄（天）	粒度（μm）	增重（g/天）	采食量（g/只）	饲料转化率（g/g）	来源
玉米	1~21	814	582[a]	—	1.43[a]	Reece等，1985
		1343	635[b]	—	1.40[b]	
玉米	1~21	947	521[a]	—	1.49[a]	Douglas等，1990
		1470	488[b]	—	1.55[b]	
高粱	7~21	细粒	364[b]	532[b]	1.46[a]	Nir等，1990
		中粒	376[a]	548[ab]	1.46[a]	
		粗粒	382[a]	561[a]	1.47[a]	
玉米	7~21	897	522[a]	725	1.37[a]	Nir等，1994a
		1102	463[b]	716	1.54[b]	
		2010	473[b]	740	1.60[b]	
玉米、小麦及高粱	1~21	细粒	357[b]	591[b]	1.65[b]	Nir等，1994b
		中粒	427[a]	662[a]	1.55[a]	
		粗粒	401[a]	645[a]	1.60[ab]	
高粱、玉米及小麦	7~42	细粒	1942[a]	—	1.91[a]	Hamilton和Proudfoot，1995
		中粒	1982[b]	—	1.91[a]	
		粗粒	2004[c]	—	1.92[a]	

注：每个文献中，同列数据右肩字母不同表示差异显著（P＜0.05）。

表2-16 肉鸡粉料推荐粉碎粒度

（Nir和Ptichi等，2001）

日龄（天）	平均颗粒直径（μm）
1~7	900~1100
7~21	1100~1300
21~上市	1300~1500

引自：AMERAH等，World's Poultry Science Journal，2007。

三、颗粒饲料加工质量对肉鸡生产性能的影响

颗粒饲料质量影响肉鸡生产性能。颗粒饲料水分含量增加，营养浓度降低，粉化率提高，会降低肉鸡生产性能。Parsons（2006）试验证实，与硬颗粒相比，软颗粒饲料降低采食量（-2.5%）及饲料转化率（-4.9%），使平均日增重降低6.25%。颗粒饲料的加工质量指标包括颗粒直径及长度、硬度、粉化率等。不同颗粒直径及含粉量影响肉鸡生产性能（见表2-17、表2-18、表2-19）。Quentin（2004）的试验结果说明，粉化率降低10%，相当于平均日增重增加1g。在条件允许下，购买工艺优良、加工质量好的颗粒饲料是保证高效生产的手段之一。

表2-17 颗粒直径和饲料形态对15～35日龄肉鸡生产性能的影响

（Quentin，J.Appl.Poult.Res.，2004）

饲料形态	体重（g）		15～35日龄		
	15日龄	35日龄	采食量[g/（日·只）]	平均日增重[g/（日·只）]	饲料转化率（g/g）
粉状饲料	349	1731[c]	2347[b]	1382[c]	1.70[b]
Φ2.5mm颗粒	359	2107[a]	2647[a]	1749[a]	1.51[c]
Φ4.0mm颗粒	342	2027[b]	2608[b]	1686[b]	1.50[c]

注：每列数字右肩字母不同表示差异显著（P＜0.05）。

表2-18 颗粒饲料含粉量对肉鸡生产性能的影响

（Quentin，J.Appl.Poult.Res.，2004）

含粉量（%）	采食量（g/只）	增重（g/只）	饲料转化率（g/g）
0	724[a]	416[a]	1.786[d]
20	693[a]	396[a]	1.761[d]
40	641[b]	350[b]	1.831[d]
60	577[c]	277[c]	2.123[cd]
80	528[d]	223[d]	2.442[bc]
100	455[e]	165[e]	3.083[a]

注：同列数字右肩字母不同表示差异显著（P＜0.05）。

表2-19 饲料形态及颗粒饲料质量对肉鸡生产性能的影响

（Lemme等，Poultry Science，2006）

饲料物理形态及质量	14～28日龄			14～35日龄		
	增重（g）	采食量（g）	饲料转化率（kg/kg）	增重（g）	采食量（g）	饲料转化率（kg/kg）
粉状饲料	1105±26.2[c]	1662±59.7[c]	1.505±0.058[b]	1812±51.3[b]	2851±104.5[c]	1.573±0.053[c]
劣质颗粒饲料	1139±42.8[b]	1744±41.5[b]	1.534±0.062[a]	1822±78.6[b]	2919±92.1[b]	1.604±0.062[b]
优质颗粒饲料	1201±48.6[a]	1848±50.7[a]	1.541±0.065[a]	1934±84.4[a]	3141±105.9[a]	1.626±0.063[a]

注：同列数字右肩字母不同表示差异显著（P＜0.05）。

参考文献

陈旭东，唐茂妍，计成. 2008. 肉鸡肌肉品质的研究现状与趋势[J]. 中国家禽，30(1): 2-6.

冯定远，曾小玲，王征等. 1997. 三种饲用油脂在生长后期肉鸡日粮中应用效果的比较[J]. 中国饲料,1: 19-20.

顾敏清. 2008. 肉鸡饲料成本和经济效益评估[J]. 中国禽业导刊，25(4): 9-10.

韩友文. 1999. 巧用MS-Excel软件快速拟制饲料配方[J]. 饲料博览，11(5): 17-20.

何瑞国，王玉莲，马立保，等. 1999. 早杂籼稻糙米代替玉米日粮对肉鸡增重效果的研究[J]. 中国家禽，21(4): 5-6.

贾汝敏，叶红，叶昌辉. 2007. 炎热季节肉鸡生产使用湿帘降温系统效果评价[J]. 中国家禽，13(29): 19-22.

蒋永清，黄新，沈军达,等. 2008. 苜蓿草粉在肉鸡日粮中适宜用量的研究[J]. 粮食与饲料工业，4: 34-35.

李德发. 2001. 中国饲料大全[M]. 北京: 中国农业出版社，2: 62.

李娟娟，佟建明，董晓芳，等. 2008. 不同饱和度油脂籼肉鸡生长性能和腹脂沉积的影响术[J]. 中国家禽，30(1): 9-11, 17.

刘艳芬，黄银姬，黄晓亮. 2006. 日粮蛋白质水平对0～3周龄肉鸡生产性能和免疫机能的影响[J]. 中国畜牧兽医, 33(3): 11–14.

黎丽瑛译. 2005. 经济收益决定着肉鸡日粮的最佳蛋白质水平[J]. 国外畜牧学—猪与禽, 25(1): 33–35.

吕林，计成，罗绪刚，等. 2004. 锰对肉鸡胴体性能、肉品质及相关酶活性的影响[J]. 中国农业科学, 37(12): 1917–1924.

孟海燕，苏晓鸥，杨开伦. 2008. 不同铬源对肉鸡排泄物和机体组织铬含量的影响[J]. 饲料工业, 29(9): 30–32.

宋凯，单安山，李建平. 2004. 不同配伍酶制剂添加于小麦日粮中对肉鸡生长和血液生化指标的影响[J]. 动物营养学报, 16(4): 25–29.

施传信，江芸，夏新成，等. 2009. 五种单体酶配伍对肉鸡小麦日粮非淀粉多糖消化率的影响[J]. 南京农业大学学报, 32(3): 119–125.

田玉民，何丽涛，贾丽红. 2005. 夏季肉鸡饲料中添加油脂的注意事项[J]. 中国禽业导刊, 22(12): 34–35.

田玉民，袁晓春，何丽涛. 2005. 应用Microsoft Excel自动设计饲料配方[J]. 湖南饲料, (2): 16–20.

王米，孟新宇，赵枝新，等. 2008. 肉鸡日粮中茶多酚添加水平探讨[J]. 中国家禽, 30(15): 45–46.

王远孝，张莉莉，王恬. 2010. 不同油脂配比对黄羽肉鸡生产性能、屠宰性能和器官指数的影响[J]. 粮食与饲料工业, 2: 42–45,52.

王忠，宋弋，汪以真，等. 2008. 氨气对肉鸡生产性能、血液常规指标和腹水症发生率的影响[J]. 中国畜牧杂志, 44(23): 46–49.

郑念军. 1998. 湿帘使用效果观察[J]. 养禽与禽病防治, 7: 20.

张艳云，陆克文. 1998. 饲料添加剂[M]. 北京: 中国农业出版社. 1.

Alfred Petri，黄苏西，任继平. 2006. 欧洲饲料生产质量管理[J]. 养殖与饲料, (4): 50–53.

A.Lemme,P.J.A.Wijtten,J.van Wichen, et al. 2006. Responses of Male Growing Broilers to Increasing Levels of Balanced Protein Offered as Coarse Mash or Pellets of Varying Quality[J]. Poultry Science, 85: 721–730.

A.M.AMERAH,V.RAVINDRAN,R.G.LENTLE,et al. 2007. Feed particle size: Implications on the digestion and performance of poultry[J]. World's Poultry Science Journal, 63: 439–455.

A.M.Amerah,V.Ravindran,R.G.Lentle, et al. 2007. nfluence of Feed Particle Size and Feed Form on the Performance,Energy Utilization,Digestive Tract Development,and Digesta Parameters of Broiler Starters[J]. Poultry Science, 86: 2615–2623.

A.S.Parsons,N.P.Buchanan,K.P.Blemings, et al. 2006. Effect of Corn Particle Size and Pellet Texture on Broiler Performance in the Growing Phase[J]. J.Appl.Poult.Res, 15: 245–255.

Bonnet S, Geraert P A, Lessire M. 1997. Effect of high ambient temperature on feed digestibility in broilers[J]. Poultry Science, 76: 857–863.

E.A. Saleh, S.E. Watkins, A.L. Waldroup，et al. 2004. Effects of Dietary Nutrient Density on Performance and Carcass Quality of Male Broilers Grown for Further Processing[J]. International Journal of Poultry Science, 3(1): 1–10.

G.B.Havenstein, P.R.Ferket,and M.A.Qureshi. 2004. Growth,Livability,and Feed Conversion of 1957 Versus 2001 Broilers When Fed Representative 1957 and 2001 Broiler Diets. Poultry Science [J]. 82: 1500–1508.

M.Quentin,I.Bouvarel, M.Picard. 2004. Short–and Long–Term Effects of Feed Form on Fast–and Slow–Growing Broilers[J]. J.Appl.Poult.Res, 13: 540–548.

N. R. St–Pierre, B. Cobanov, G. Schnitkey. 2003. Economic Losses from Heat Stress by US Livestock Industries[J]. J. Dairy Sci, 86: E52–E77.

S.A. Mirghelenj, A. Golian. 2009. Effects of Feed Form on Development of Digestive Tract, Performance and Carcass Traits of Broiler Chickens[J]. Journal of Animal and Veterinary Advances. 8 (10): 1911–1915.

Teeter, R.G.;Smith, M.O.: Owens, F.N.; Arp, S.C.Chronic heat stress and respiratory alkalosis:occurrence and treatment in broiler chicks[J].Poult–Sci.1985.64(6): 1060–1064.

第三章

肉鸡养殖场的规划与鸡舍的建筑设计

第一节　肉鸡场生产工艺与设计实例

一、肉鸡场规划与设计的一般原则

肉鸡场的规划设计与所采用的生产工艺有直接关系，生产工艺涉及整体、长远利益，其正确与否，对建成后的正常运转、生产管理和经济效益都将产生极大的影响。良好的生产工艺是各个生产环节能否顺利衔接，充分发挥其品种的遗传潜力的保证。因此，在规划设计时应遵循一定的原则：

必需是现代化的、科学的肉鸡养殖企业；

通过环境调控措施，消除肉鸡生产的季节性，实现全年均衡生产；采用工程技术手段，保证做到环境自净，确保安全生产；

建立专业厂、专业车间，实行专业化生产，以便更好地管理和发挥技术专长；

鸡舍设置符合肉鸡生产工艺流程和饲养规模，各阶段鸡的数量、栏位数、设备应按比例配套，尽可能做到充分利用鸡舍和设备；

全场或整舍采用"全进全出"的运转方式，以切断病源微生物的传播途径及有效控制其繁衍条件；

人员分工明确，责任到人，落实定额，与鸡舍分栋配套，以群划分，以人定责，以岗定位。

二、肉鸡场生产工艺

（一）性质和规模

1. 鸡场的性质

肉鸡场的任务是繁殖以产肉为特长的专用鸡种或利用这些鸡直接生产肉鸡。按繁育体系也可分为曾祖代场、祖代场、父母代场和商品代场。我国白羽肉鸡还没有形成一套完整的繁育体系，祖代鸡基本从国外进口，因而在国内仅存在祖代场、父母代场和商品代场。祖代场由少数技术力量雄厚的企业进行饲养和管理，而父母代场和商品代场大都由专门化肉鸡企业进行单独饲养。在筹建肉鸡场时，应根据鸡场的性质按上级主管部门的要求、市场情况、本场的技术条件等进行综合研究分析，务必使本场的产品品种适应于近期和远期的市场需求，切忌盲目从事。

2. 鸡场的规模

鸡场的性质确定以后，就要研究和确定鸡场的规模。以商品肉鸡场为例，首先要根据市场需要量，确定计划每年上市的肉鸡数，再根据肉鸡数计算出需要饲养父母代种母鸡数和种公鸡数。就目前生产水平来说，肉鸡一般在45～50日龄内出栏上市，然后利用7～10d对鸡舍进行彻底清扫、冲洗、消毒和空置，接着开始生产第二批仔鸡。所以，肉鸡舍的利用周期52～60d，每年可以养5～6批肉鸡。如果计划每年上市1万只肉鸡，在鸡舍中只要有1667～2000个鸡位就够了。此外，1只父母代母鸡1年约可提供150只雏鸡。因此每年所需的1万只雏鸡，需要由67只母鸡来供应。而这67只母鸡，在自然交配条件下，需要7只公鸡来配套。这样，就形成了公：母：仔=7：67：10000的数量关系。如采用人工授精技术，需要2～3只公鸡配套，则形成公：母：仔=（2～3）：67：10000的数量关系，因此鸡场规模可按上述数量关系来确定各环节养殖数量，商品鸡场一般在10万只左右独立成场，如养殖规模过大，对鸡场管理和养殖环境带来的压力较大，确需扩大规模应另行建场。

（二）肉鸡饲养阶段的划分

父母代种鸡的饲养阶段分为育雏、育成和成鸡3个阶段。在生产和实际组织安排上，也可将育雏、育成合并在一栋鸡舍中进行，这只是为了减少一次转群，二者在饲养管理上和用料上仍按3个阶段来进行。肉鸡因饲养期只有45～50d，一般都连续进行，不转群，以减少因转群而带来的应激。

（三）主要工艺参数

表3-1　父母代肉种鸡场主要工艺参数

阶段	母鸡体重及耗料量	指标	生产性能（23～66周龄）
1. 雏鸡（0～7周龄）			
（1）7周龄体重（g/只）	749～885		
（2）1～2周不限饲日耗料量（g/只）	26～28		
（3）3～7周日耗料量（g/只）	40增至56		
2. 育成鸡（8～20周龄）			
（1）20周龄体重（g/只）	2135～2271		
（2）8～20周龄日耗料量（g/只）	59增至105	饲养日产蛋数（枚/只）	209
3. 产蛋鸡（21～66周龄）		饲养日平均产蛋率（%）	68.0
（1）25周龄体重（g/只）	2727～2863	入舍鸡产蛋数（枚/只）	199
（2）21～25周龄日耗料量（g/只）	110增至140	入舍鸡平均产蛋率（%）	92
（3）42周龄体重（g/只）	3422～3557	入舍鸡产种蛋数（枚/只）	183
（4）26～42周龄日耗料量（g/只）	161增至180	平均孵化率（%）	86.8
（5）42周龄体重（g/只）	3632～3768	入舍鸡产雏数（只/只）	159
（6）43～66周龄日耗料量（g/只）	170降至136	平均月死亡率和淘汰率（%）	小于1

表3-2　肉鸡场主要工艺参数

项　目	肉鸡生产性能
1~4周龄体重变化（kg/只）	0.150增至1.065
1~4周龄料重比	1.41:1
5~7周龄体重变化（kg/只）	1.455增至2.335
5~7周龄料重比	1.92:1
全期死亡率（%）	2~3

（四）鸡群组成和周转

我国商品肉鸡场所需雏鸡一般来自专门的父母代场和孵化厂，有些大型商品代场有自己的父母代场和孵化厂，父母代种鸡所繁殖的后代，即为商品肉鸡，供生产肉鸡用。父母代种母鸡一般在25~26周龄开产，64周龄即淘汰。按自繁自养模式，肉鸡生产时鸡群组成及周转模式为：

父母代雏鸡（0~42日龄）→父母代育成鸡（43~168日龄）→父母代成年鸡（169~462日龄）→肉用种蛋→肉鸡（4~8周）。

（五）饲养管理方式

肉鸡一般都采用地面平养和网上平养，这是因为生产周期短、生长速度快、避免因上笼而引起应激反应，影响生产；因肉鸡体重比较大，而且不爱活动，因此，对肉鸡一般都采用平面饲养方式。但随着养殖设备工艺水平的提高，肉鸡笼养方式在一些地方也有尝试。

父母代种鸡，大都采用平养和笼养方式，平养公母鸡自由交配，笼养需要进行人工授精。

（六）环境参数

表 3-3　禽舍小气候参数

（李震钟，家畜环境卫生学 附鸡场设计，1992）

鸡舍	温度（℃）	相对湿度（%）	噪声允许强度（dB）	尘埃允许含量（mg/m³）	有害气体允许浓度		
					CO_2（%）	NH_3（mg/m³）	H_2S（mg/m³）
1. 成年禽舍							
笼养	18~20	60~70	90	2~5	0.20	19.5	10
地面平养	12~16	60~70	90	2~5	0.20	19.5	10
2. 雏鸡舍							
1~30日龄：笼养	20~31	60~70	90	2~5	0.20	19.5	10
地面平养（伞下）	24~31	60~70	90	2~5	0.20	19.5	10
31~60日龄：笼养	18~20	60~70	90	2~5	0.20	19.5	10
地面平养	16~18	60~70	90	2~5	0.20	19.5	10
61~70日龄：笼养	16~18	60~70	90	2~5	0.20	19.5	10
地面平养	14~16	60~70	90	2~5	0.20	19.5	10
71~150日龄：笼养	14~16	60~70	90	2~5	0.20	19.5	10
地面平养	14~16	60~70	90	2~5	0.20	19.5	10

（七）鸡舍式样的选择

肉鸡一般采用封闭式鸡舍，在炎热地区或寒冷地区的温暖季节，鸡舍也可考虑采用半开放式或卷帘式。对于种鸡舍，大都采用封闭式或有窗式封闭舍。

三、年出栏50万只肉鸡场设计

1．肉鸡场的规模和性质

拟建的这个肉鸡场性质为商品肉鸡场，规模为全年养殖50万只肉鸡。雏鸡来源于本场饲养父母代种鸡。肉鸡生产应达到全年均衡，实行"全进全出"制，7周龄上市。

2．鸡群的组成

肉鸡的饲养按一段制进行，即0～49日龄完全饲养在同一幢鸡舍内；种鸡的饲养按三段制进行，即0～42日龄为一段，43～168日龄为育成阶段，此后即转入成年鸡舍。总之，鸡场的鸡群共分4类，即肉鸡群、种用雏鸡群、种用育成鸡群和种用成年鸡群。成年鸡饲养至448日龄，一次全部淘汰。

（1）肉鸡群　肉鸡群是肉鸡场的主体鸡群。肉鸡50日龄上市，然后用10d对鸡舍进行彻底清扫、消毒和空置，二者加在一起共计60d，所以鸡舍中的1个鸡位1年可以饲养6批肉鸡。在50d饲养期内，总成活率按92%计算，为获得50万只上市肉鸡共需的雏鸡数量为：500000÷0.92＝543478只，按544000只计算。

（2）父母代成年母鸡群　每只父母代种母鸡一年约可提供150只雏鸡。按此计算，全场母鸡的存栏数应保持为：

544000÷150＝3627只，按3630只计。成年母鸡在全饲养期内的存活率按90%计算，则人舍的鸡数应为：3630÷0.9＝4033只。

在自然交配情况下，公母比例按1:10计，共需成年种公鸡404只。公母鸡共计4437只，如采用笼养人工授精方式，公母比例为1:30，需公鸡135只，公母共计4168只。

（3）育成母鸡群　育成鸡群在42～168日龄期间的成活率按97%计算，转入成年鸡群时的选留率按95%计算，则人舍的育成鸡母鸡数为：4033÷0.97÷0.95＝4377只，按4400只计。公鸡按母鸡数的15%计，共660只。公母合计5060只。

（4）雏鸡群　育雏阶段成活率按93%计算，转入育成群时的选留率按95%计算，则需要的母雏数为：4400÷0.93÷0.95＝4980只。公雏数按母雏数的15%计算，需747只。公母雏合计5727只。

公雏经过育雏和育成2个阶段后，转入成年鸡群时，按成年母鸡数的1/10选留（即成年公母鸡的比例为1：10），其余除留少量作为后备外，全部淘汰。

上述各环节所留鸡的数量，可根据生产中的实际管理情况对成活率和选留率数据进行适当调整，以便节约饲养成本。

3．鸡舍栋数

（1）肉鸡舍　全年入舍的肉鸡数为544000只，每栋鸡舍需要的鸡位数量（每个鸡位可饲养6批）为90667个。据此，拟建10栋鸡舍。每栋鸡舍每年上市6批肉鸡，10栋鸡舍全年可上市60批，即约每星期上市1批，每批约9000多只。

（2）种用成年鸡舍　入舍的4033只种母鸡和404只种公鸡分养在2栋鸡舍内。即每栋鸡舍饲养2017只母鸡和202只公鸡。公母鸡合群，自然交配。两栋鸡舍的进鸡时间错开，以保证生产肉鸡的蛋源供应不受影响。笼养父母代种鸡可在一栋舍内饲养，每栋饲养4033只种母鸡和135只种公鸡。

（3）种用雏鸡舍　将种用雏鸡舍和种用育成鸡舍合建在一起，用于培育0~140日龄的小鸡。每年培育2批，每批2490只母雏、374只公雏。

根据上述鸡群组成和鸡舍情况，全场鸡群和鸡舍周转模式（表3-4）。雏鸡舍和育成鸡舍空置的时间较长，可以穿插饲养肉鸡。

表3-4　鸡群和鸡舍周转模式

项　目	肉鸡	种用雏鸡和育成鸡	种用成年鸡
入舍总鸡数（只）	544000	5727	4437
饲养日龄（d）	0~50	0~168	168~448
饲养天数（d）	50	168	280
鸡舍空置天数（d）	10	132	20
每周期天数（d）	60	300	300
每舍每300d轮回次数（次）		1	1
每舍每365d轮回次数（次）	6		
鸡舍栋数（栋）	10	2	2
每栋鸡舍每次入舍鸡数（只/次）	90667	2864	2220

表3-4中的数据，是在理想的连续循环生产情况下进行设计的，实际生产中，有时由于雏鸡外卖或因市场因素的影响使肉鸡生产和销售出现困难等实际情况，表中数据和实际略有出入，应灵活掌握。

第二节　鸡场场址的选择

具有一定规模的养鸡场，在建场之前，必须对场址进行必要的选择，因为场址直接关系到投产后场区小气候状况、养鸡的经营管理及环境保护状况。场址选择主要应从地形地势、土壤、水源、交通、电力、物质供应及与周围环境的位置关系等自然条件和社会条件进行综合考虑。

一、鸡场场址选择的原则

场址选择应符合国家或地方畜牧生产管理部门对区域规划发展的相关规定；
确保鸡场场区具有良好的小气候条件，便于养鸡场环境卫生调控；
场址选择要有利于各项卫生防疫制度的实施；
场址选择要有利于组织生产，便于机械化操作，提高劳动生产率；
场区面积的确立需保证宽敞够用，且为今后扩大规模留有余地，避免土地使用上的浪费。

二、养鸡场场址选择的基本要求

（一）自然条件

1. 地势地形

（1）地势　养鸡场应地势高燥、平坦及排水良好，要避开低洼潮湿的场地，远离沼泽地。地势要向阳背风，以保持场区小气候温热状况的相对稳定。

①平原地区场址应注意选择在比周围地段地势稍高的地方，以利排水，地面坡度以1%～3%为宜；地下水位要低，距地表2m以上。

②靠近河流、湖泊的地区，场地要选择在较高的地方，应比当地水文资料中最高水位高1～2m，以防涨水时被水淹没。

③在山区建场应选择在稍平缓坡上，坡面向阳，总坡度不超过25%，建筑区坡度应在2.5%以内。坡度过大，不但在施工中需要大量填挖土方，增加工程投资，而且在建成投产后也会给场内运输和管理工作造成不便。山区建场还要注意地质构造情况，避开断层、滑坡、塌方的地段，也要避开坡底、谷地以及风口，以免受山洪和暴风雪的袭击。

（2）地形　指场地形状、范围以及地物（山岭、河流、道路、草地、树林、沟坎、居民点等）的状况。要求养鸡场场地开阔整齐、避免过于狭长和边角过多，面积足够（为今后养鸡场扩建留有余地）。地形整齐有利于养鸡场建筑物合理布局和各种配套设施的配置，提高场地利用率。地形狭长，建筑物布局势必拉大距离，使道路，管线加长，并给场内运输和管理造成不便。地形不规则或边角太多，使建筑物布局凌乱，且边角部分无法利用，造成浪费，并增加防护设施的投资。场地面积应根据饲养规模、集约化程度、饲养管理方式等确定。

2. 水源

养鸡场必须有可靠的水源。养鸡生产过程中需要大量用水，如人、鸡的饮用、饲料的调制及鸡舍、用具的刷洗等；而水质的好坏直接影响人、鸡健康。所以在考察水源时要遵循下列原则：

水量充足，能满足场内人、鸡的饮用和其他生产、生活用水的需要；

水质良好，能达到人、鸡饮用的水质标准；

便于防护，保证水源水质处于良好的状态，不受周围环境的污染；

取用方便，处理投资少。

在考察水源时既要了解水量情况，也要了解水源水质情况。

（1）水源水量　了解水源水量状况以便估算水源水量能否满足养鸡场生产、生活、消防用水要求。在干燥或冻结期也要满足场内全部用水需要。水源水量包括地面水（河流、湖泊）的流量，汛期水位，地下水的初见水位和最高水位，含水层的层次、厚度和流向等。

仅有地下水源的地区建场，应先打一眼井。如果打井时出现如流速慢、泥沙或水质问题，最好是另选场址，这样可减少损失。对养鸡场而言，建立自己的水源，确保供水是十分必要的。

（2）水质情况　需了解水源水的酸碱度、硬度、透明度、有无污染源和有害化学物质等。并应提水样做水质的物理、化学、细菌学、毒理学等方面的化验分析。水质要清洁，不含细菌、寄生虫卵及矿物毒物。在选择地下水时，要调查是否因水质不良而出现过某些地方性疾病。国家农业部在《无公害食品　鸡饮用水水质》（NY5027）、《鸡产品加工用水水质》（NY5028）中明确规定了无公害畜牧生产中的水质要求。水源不符合饮用水卫生标准时，必须经净化消毒处理，达到标准后方能使用。

3．土壤

土壤的物理、化学、生物学特征，对鸡场的环境、生产影响较大。适宜建场的土壤，应透水透气性强，毛细管作用弱，吸湿性和导热性弱，质地均匀，抗压性强。在砂土、黏土和砂壤土这3种类型土壤中，以砂壤土最为理想。

在实际建场过程中，选择最理想的土壤是不容易的，因而不宜过分强调土壤类型，但需要在鸡舍的设计、施工、使用和其他日常管理上，设法弥补土壤缺陷，可能要增加土地整理的投资。

对施工地段工程地质状况的了解，主要是收集工地附近的地质勘察资料，地层的构造状况，如断层、陷落、塌方及地下泥沼地层。对土层土壤的了解也很重要，如土层土壤的承载力，是否是膨胀土或回填土。膨胀土遇水后膨胀，导致基础破坏，不能直接作为建筑物基础的受力层；回填土土质松紧不均，会造成建筑物基础不均匀沉降，使建筑物倾斜或遭破坏。遇到这样的土层，需要做好加固处理，严重的不便处理的或投资过大的则应放弃选用。此外，了解拟建地段附近土质情况，对施工用材也有意义，如砂层可以作为砂浆、垫层的骨料，可以就地取材节省投资。

4．地方性气候

气候因素是指与建筑设计有关和形成鸡场小气候的气象资料。气候状况不仅影响建筑规划、布局和设计，还会影响鸡舍朝向、防寒与遮阳设施的设置，与生产中防寒保暖和防暑降温等日常安排工作都十分密切。因此，养鸡场场址选择时，要收集拟建地区气候、气象资料和常年气象变化、灾害性天气情况等，例如平均气温、气温年较差、气温日较差、土壤冻结深度、降雨量与积雪深度、最大风力、常年主导风向、风向频率、日照情况等。这些资料也可为选址后鸡舍的建筑提供参考。

（二）社会条件的选择

1．城乡建设规划

目前及在今后很长的一段时间内，城乡建设呈现和保持迅猛的发展态势。因此，鸡场选址应考虑城镇和乡村居民点的长远发展，不要在城镇建设发展方向上选址，以免造成频繁的搬迁和重建。在城镇郊区建场，距离大城市20km，小城镇10km。

2．交通运输条件

鸡场场址应尽可能接近饲料产地和加工地，靠近产品销售地，确保其有合理的运输半径，降低运输成本。养鸡场要求交通便利，特别是大型集约化的商品鸡场，其物质需求和产品供销量极大，对外联系密切，应保证交通便捷。交通干线又往往是疫病传播的途径，因此选择场址时既要考虑交通方便，又要使鸡场与交通干线保持适当的距离。按照养鸡场建设标准，要求距离国道、省际公路500m；距离省道、区际公路300m；一般道路100m。鸡场要修建专用道路与主要公路相联系。

3. 供电条件

选择场址时，还应重视供电条件。在养鸡生产中，许多环节如孵化、育雏、机械通风、人工光照等环节都需要绝对保证电力供应。因此，需了解供电源的位置、与养鸡场的距离、最大供电允许量、是否经常停电及有无可能双路供电等。通常建设鸡场要求有二级供电电源。三级以下电源供电时，则需自备发电机，以保证场内供电的稳定可靠。为了减少供电投资，应靠近输电线路，尽量缩短线路的铺设距离。

4. 卫生防疫要求

鸡场场址选择必须遵循社会公共卫生准则，鸡场不能成为周围人居住环境的污染源，同时也要注意不被周围环境所污染。因此，要求鸡场位于居民点下风向处，地势应低于居民点；要避开居民点污水排出口，场址不能选在化工厂、屠宰场、皮革厂等容易造成环境污染的企业下风处或附近。鸡场与居民点应保持适当的卫生间距，一般不少于500m，大型鸡场（10万只以上鸡场）不少于1000m。与其他养鸡场之间也应有一定卫生间距，与中等规模鸡场之间应保持300m以上（尤其是禽场、兔场等小动物鸡场应更远些）卫生间距，大型鸡场之间应不少于1 500m。贮粪场与生产区要有100m的卫生间距。

5. 土地征用需要

场址选择必须符合本地区农牧业生产发展总体规划、土地利用发展规划和城乡建设发展规划的用地要求。必须遵守珍惜和合理利用土地的原则，不得占用基本农田，尽量利用荒地和劣地建场。大型鸡场分期建设时，场址选择应一次完成，分期征地。近期工程应集中布置，征用土地满足本期工程所需面积（表3-5）。确定场地面积应本着节约用地的原则。我国鸡场建筑物一般采取密集型布置方式，建筑系数一般为20%～35%。建筑系数是指养鸡场总建筑面积占场地面积的百分数。远期工程可预留用地，随建随征。征用土地可按场区总平面设计图计算实际占地面积。

表3-5　养鸡场所需场地面积推荐值

鸡场性质	规模	所需面积（m²/只）	备注
蛋鸡场	10万～20万只蛋鸡	0.65～1.0	本场养种鸡，蛋鸡笼养，按蛋鸡计
蛋鸡场	10万～20万只蛋鸡	0.5～0.7	本场不养种鸡，蛋鸡笼养，按蛋鸡计
肉鸡场	年上市100万只肉鸡	0.4～0.5	本场养种鸡，肉鸡笼养，按存栏20万只肉鸡计
肉鸡场	年上市100万只肉鸡	0.7～0.8	本场养种鸡，肉鸡平养，按存栏20万只肉鸡计

6. 协调周边环境

选择和利用树林或自然山丘做建筑背景，外加修整良好的草坪和车道，会给人美化环境的感觉。鸡场的贮粪池应尽可能的远离居民区，并加遮雨棚等防范措施，建立良好的邻里关系，如有可能，利用树木等将其遮挡起来，建设安全防护栏，防止儿童进入。确定贮粪场粪便和污水的贮存能力，防止粪便在雨季发生流失和扩散现象，最好规划出粪便处理厂，以便综合利用。

第三节 鸡场的分区规划与建筑物布局

一、鸡场的分区

规模较大的养鸡场，一般可分为场前区（包括行政和技术办公室、饲料加工及料库、车库、杂品库、更衣消毒和洗澡间、配电房、水塔、职工宿舍、食堂等）、生产区（各种鸡舍）及隔离区（包括病、死鸡隔离、剖检、化验、处理等房舍和设施、粪便污水处理及贮存设施等）。在进行场地规划时，主要考虑人、畜卫生防疫和工作方便，根据场地地势向和当地全年主风向（可向当地气象部门了解），顺序安排以上各区（图3.1）。

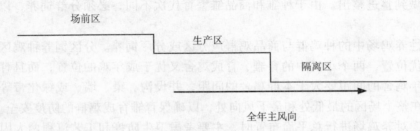

图3.1　鸡场场地各区依地势、风向配置示意图

场前区应占全场上风向和地势较高的地段，生产区设在场前区的下风向和地势较低处，但应高于隔离区，并在其上风向。

1. 场前区

场前区是担负鸡场经营管理对外联系的场区，应设在与外界联系方便的位置。大门前设车辆消毒池，两侧设门卫和消毒更衣室。

很多鸡场都设有自己的饲料加工厂或库房、产品储藏室（如蛋库）等。在保证与本场联系方便的情况下，应在养殖场场前区内设置。

鸡场的供销运输与社会联系十分频繁，极易造成疾病的传播，故场外运输应严格与场内运输分开。负责场外运输的车辆严禁进入生产区，其车棚、车库也应设在场前区。

场前区与生产区应加以隔离。外来人员只能在场前区活动，不得随意进入生产区，故对此应通过规划布局以及采取相应的措施加以保证。

2. 生产区

生产区是鸡场的核心。因此，对生产区的规划、布局应给予全面、细致的研究。大型综合性养殖企业可将各种年龄或各种用途的鸡各自形成一个分场，分场之间有一定的防疫距离，还可用树林形成隔离带，各个分场实行全进全出制。

随着集约化和规模化养鸡水平的不断提高，只养某一种商品性能鸡的养鸡场不断增多。专业性鸡场的鸡群单一，鸡舍功能只有一种，管理比较简单、技术要求比较一致、生产过程也易于实现机械化。在这种情况下，鸡场分区与布局的问题就比较简单，但也要安排出生活区和生产区，只是两区安全距离可大大缩短。

无论是专业性养鸡场还是综合性养鸡场，为保证防疫安全，鸡舍的布局应根据主风向与地势，按下列顺序配置，即：孵化室、幼雏舍、中雏舍、后备鸡舍、成鸡舍。也即孵化室在上风向，成鸡舍在下风向。这样能使幼雏舍得到新鲜的空气，减少发病机会，同时也能避免由成鸡舍排出的污浊空气造成疫病传播。

孵化室与场外联系较多，宜建在靠近场前区的入口处，大型养鸡场最好单设孵化场，宜设在整个养鸡场专用道路的入口处或在其他地方建厂。小型养鸡场也应在孵化室周围设围墙或隔离绿化带。

育雏区（或分场）与成年鸡区应有一定的距离，在有条件时，最好另设分场，专养幼雏，以防交叉感染。综合养鸡场两群雏鸡舍功能相同、设备相同时，可放在同一区域内培育，做到整进整出。由于种雏和商品雏繁育代次不同，必须分群饲养，以保证鸡群的质量。

综合性养鸡场中的种鸡群与商品鸡群应分区或分厂饲养。分区饲养种鸡区应放在防疫上的最优位置，两个小区中的育雏、育成鸡舍又优于成年鸡的位置，而且育雏育、成鸡舍与成年鸡舍的间距要大于本群鸡舍的间距，并设沟、渠、墙、或绿化带等隔离障，商品鸡群在整个场区的最低处和最下风向处，以确保育雏育成鸡群的防疫安全。

总之，对养鸡场进行总平面布置时，主要考虑卫生防疫和工艺流程两大因素。综合性养鸡场或一些老旧养鸡场鸡群组成比较复杂，新老鸡群极易造成交叉感染，因此可以根据现有条件在生产区内进行分区或分片，把日龄接近或商品性能相同的鸡群安排在同一小区内，以便实施整区或整片全进全出。各小区内的饲养管理人员、运输车辆、设备和使用工具要严格控制，防止互串。各个小区之间既要联系方便，又要有防疫隔离的条件。有条件的地方，综合性鸡场内各个小区可以拉大距离，形成各个专业性的分场，便于控制疫病。专业性养鸡场（如原种鸡场、种鸡场、肉鸡场、育雏育成鸡场）由于任务单一，鸡舍类型不多，容易做好卫生防疫工作，总平面布置遇到的问题较少，安排布置也较简单。只要根据卫生防疫和尽可能地提高劳动生产率的要求把分区规划搞好即可。

3. 隔离区

隔离区是养鸡场病鸡、粪便等污物集中之处，是卫生防疫和环境保护工作的重点，该区应设在全场的下风向和地势最低处，且与其他两区的卫生间距宜不小于100m。贮粪场的设置既应考虑鸡粪便于由鸡舍运出，又应便于运到田间施用。病鸡隔离舍应尽可能与外界隔绝，且其四周应有天然的或人工的隔离屏障（如界沟、围墙、栅栏或浓密的乔灌木混合林等），设单独的通路与出入口。病鸡隔离舍及处理病死鸡的尸坑或焚尸炉等设施，应距鸡舍300～500m，且后者的隔离更应严密。

无论对养鸡场内三大区域的安排还是对生产区内各种鸡舍的配置，场地地势与当地主风向恰好一致时较易处理，但这种情况并不多见，往往出现地势高处正是下风向的情况，此时，可以利用与主风向垂直的对角线上的两个"安全角"来安置防疫要求较高的建筑。例如，主风向为西北风而地势南高北低时，场地的东南角和西北角均是安全角。

也可以以风向为主，对因地势造成水流方向的不适宜，可用沟渠改变流水方向，避免污染鸡舍；对于一个地区具有明显的两种风向时，如西南风和西北风，可把相对重要的鸡群安排在场区西侧。

二、生产区建筑物的布局

养鸡场建筑物布局主要是合理设计生产区内各种鸡舍、建筑物及设施的排列方式、朝向和相互之间的间距。布局的合理与否，不仅关系到鸡场生产联系和管理工作、劳动强度和生产效率，也关系到场区和每栋房舍的小气候状况，以及鸡场的卫生防疫效果。

（一）鸡舍的排列

鸡舍群一般横向成排（东西），纵向成列（南北），称为行列式，即呈梳状排列，不能相交。鸡舍群的排列要根据场地形状、鸡舍的数量和每幢鸡舍的长度，酌情布置为单列、双列或多列式。如果场地条件允许，应尽量避免将鸡舍群布置成横向或纵向狭长状，因为狭长形布置势必造成饲料、粪污运输距离加大，饲养管理工作联系不便，道路、管线加长，建场投资增加。如将生产区按方形或近似方形布置，则可避免上述缺点（如图3.2）。

如果鸡舍群按标准的行、列式排列与鸡场地形、地势、当地的气候条件、鸡舍的朝向选择等发生矛盾时，也可以将鸡舍左右错开、上下错开排列，但仍要注意平行的原则，不要造成各个鸡舍相互交错。例如，当鸡舍长轴必须与夏季主风向垂直时，上风行鸡舍与下风行鸡舍应左右错开呈"品"字形排列，这就等于加大了鸡舍间距，有利于鸡舍的通风；若鸡舍长轴与夏季主风方向所成角度较小时，左右列应前后错开，即顺气流方向逐列后错一定距离，也有利于通风。

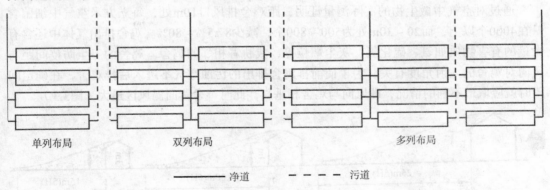

单列布局　　　　　　双列布局　　　　　　　　　多列布局

————— 净道　　　　- - - - 污道

图3.2　鸡舍排列布置图

（二）鸡舍的朝向

鸡舍的朝向应根据当地的地理位置、气候环境等来确定。适宜的朝向要满足鸡舍的日照、温度和通风的要求。

鸡舍建筑一般为长矩形。由于我国处在北纬20°～50°，太阳高度角（太阳光线与地平面间的夹角）冬季小、夏季大，故鸡舍应采取南向（即鸡舍长轴与纬度平行）。这样，冬季南墙及屋顶可被利用最大限度地收集太阳辐射以利防寒保温，而夏季则避免过多地接受太阳辐射热，引起舍内温度增高。如冬冷夏热的地区，冬季正南向墙面上太阳辐射强度最大（约每日2200kJ/m²，是东墙的4倍），夏季恰又是辐射热量最小的，因此正南是最好的朝向；炎热的地区，夏季东西墙面上太阳辐射强度最大（西墙约为每日17MJ/m²），是应该避免的朝向。肉鸡在舍内饲养时间较短，应以保温为主，一般多为封闭舍或有窗式封闭舍，如采用纵向通风系统，可不考虑鸡舍的朝向；对于塑料大棚的鸡舍，在温暖地区或寒冷地区温暖季节一般考虑自然通风，大都采用南北朝向。种鸡舍宜选择南北朝向。

如果同时考虑当地地形、主风向以及其他条件的变化，南向鸡舍允许作一些朝向上的调整，向东或向西偏转15°配置。南方地区从防暑考虑，以偏东向为好。我国北方地区朝向偏转的自由度可稍大些。

（三）鸡舍的间距

两幢相邻建筑物之间的距离称为间距。确定鸡舍间距主要考虑日照、通风、防疫、防火和节约用地。必须根据当地地理位置、气候、场地的地形地势等来确定适宜的间距。

1．日照要求

我国大部分地区的鸡舍朝向一般为应南向或南偏东、偏西一定角度。根据日照决定鸡舍间距（日照间距）时，应使南排鸡舍在冬季不遮挡北排鸡舍的日照，具体计算时一般以保证在冬至日上午9时至下午15时这6个小时内，北排鸡舍南墙有满日照，这就要求南、北两排鸡舍间距不小于南排鸡舍的阴影长度。经测算，当南排鸡舍高为H时，为满足北排鸡舍的上述日照要求，在北京地区，鸡舍间距约需2.5H，黑龙江的齐齐哈尔则需3.7H，江苏地区约需1.5～2H。

2．防疫要求

通过对空气中微生物的实际测量证明，距鸡舍排风口10m处，每立方米空气中细菌含量在4000个以上，而20～30m处为500～800个，减少87.5%～80%。鸡舍排出气体中还含有大量的有害物质如氨、硫化氢、灰尘颗粒等，威胁着相邻的鸡舍。鸡舍的卫生防疫间距与风向对鸡舍的入射角度有关，为了使前排鸡舍排出的污浊空气不进入后排鸡舍，在确定间距时就应取最不利的情况，即风向与鸡舍相垂直，此时鸡舍背面涡风区最大（图3.3）。

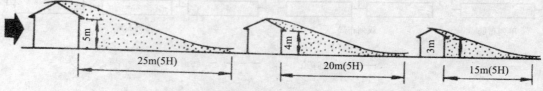

图3.3　风向垂直于纵墙时鸡舍高度与舍后涡风区的关系

因此，开放式鸡舍的卫生防疫间距为3～5H，封闭式鸡舍因相鸡舍多为一侧相向机械排气或进气，短时间的垂直风向对进气影响不大，一般3～5H可满足要求。

3．通风要求

根据鸡舍的通风要求来确定鸡舍间适宜间距（通风间距）时，应注意不同的通风方式。若鸡舍采用自然通风，且鸡舍纵墙垂直于夏季主风向（因夏季鸡舍需要通风以加强散热），根据图3.3气流曲线，气流在受到障碍物阻挡之后会上升，并越过障碍物前进，经过比障碍物高度大4～5倍的距离才能恢复到原来的气流状态。如果两排舍间距太近，则下风向的鸡舍处于相邻上风向鸡舍的涡风区内，这样既不利于下风向鸡的通风，又受到上风向鸡舍排出的污浊空气的污染，不利于卫生防疫。如果风向与鸡舍纵墙有一定的夹角（30°～40°），涡风区缩小。由此可见，鸡舍的间距取3～5H时，既可满足下风向鸡舍的通风需要（通风间距），又可满足卫生防疫的要求。如果鸡舍采用横向机械通风，其间距因防疫需要也不应低于3H，若采用纵向机械通风，鸡舍间距可以适当缩小，1～1.5H即可。

4. 消防要求

鸡舍的防火间距取决于建筑物的材料、结构和使用特点，可参照我国建筑防火规范。鸡舍建筑一般为砖墙、混凝土屋顶或木质屋顶并做吊顶，耐火等级为二级或三级，防火间距为8～10m。

由上述可知，鸡舍间距不小于3～5H时，可以基本满足日照、通风、卫生防疫、助火等要求。

当然，鸡舍间距越大越能满足卫生防疫、通风等要求，但在我国土地资源相对较少的情况下，单纯追求扩大间距是不现实的，特别是在农区或城郊建场，土地价格的昂贵更需要考虑节约用地。因此国家对占地建鸡场有一定的限额标准，鸡舍间距乃至整个养鸡场的建筑设计都需要根据当地土地资源和气候条件的特点用一些技术经济指标来规范。

（四）场内道路与排水

1. 养鸡场的道路

生产区的道路应区分为运送饲料、产品和用于生产联系的净道以及运送粪便污物、病畜、死鸡的污道。净道和污道决不能混用或交叉，以利卫生防疫，场外的道路决不能与生产区的道路直接相通。场前区与隔离区应分别设与场外相通的道路。场内道路应不透水，路面断面的坡度一般为1%～3%，路面材料可根据具体条件一为柏油、混凝土、砖、石或焦渣路面等。道路宽度根据用途和车宽决定，通行载重汽车并与场外相连的道路需3.5～7m，通行小型车、手推车等场内用车辆需1.5～5m。只考虑单向行驶时，可取其较小值，但需考虑回车道、回车半径及转弯半径（图3.4）。生产区的道路一般不行驶载重车，但应考虑火警等情况下车辆进人生产区时对路宽、回车和转弯半径的需要。各种道路两侧，均应留有绿化和排水明沟所需面积。

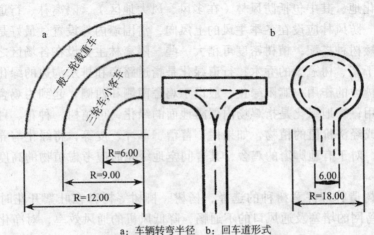

a：车辆转弯半径　b：回车道形式

图3.4　回车都及转弯半径（单位：m）

2．养鸡场的排水

场区排水设施是为排出雨、雪水，保持场地干燥、卫生。为减少投资，一般可在道路一侧或两侧设明沟，沟壁、沟底可砌砖、石，也可将土夯实做成梯形或三角形断面，再结合绿化护坡，以防塌陷。如果鸡场场地本身坡度较大，也可以采取地面自由排水（地下水沟用砖、石砌筑或用水泥管），但不宜与舍内排水系统的管沟通用，以防泥砂淤塞影响舍内排污及加大污水净化处理负荷，并防止雨季污水池满溢，污染周围环境。隔离区要有单独的下水道将污水排至场外的污水处理设施。

（五）鸡场的防疫措施与绿化

1．养鸡场的防疫措施

（1）场界四周应建较高的围墙或坚固的防疫沟，以防止场外人员及其他动物进入场区。为了更有效地切断外界污染途径，必要时可往沟内放水。场界的这种防护设施必须严密，使外来人员、车辆只能从鸡场大门进入场区。

（2）生产区与管理区之间应用较小的围墙隔离，防止外来人员、车辆随意出入生产区。生产区与病畜隔离区之间也应设隔离屏障，如围墙、防疫沟、栅栏或隔离林带。

（3）在鸡场大门（设在管理区）、生产区入口处和各鸡舍入口处，应设相应的消毒设施，如车辆消毒池、脚踏消毒槽、喷雾消毒室、更衣换鞋间、淋浴间等，对进入场区的车辆、人员进行严格消毒。车辆消毒池设在鸡场大门和生产区入口处，深度一般为20cm，长度应能保证大型拖拉机后车轮在消毒液中至少转一周。脚踏消毒槽应设在人行边门，其深度一般为10cm。在生产区和鸡舍入口处，还可设置紫外线和喷雾消毒室，对进入人员衣服表面进行消毒，紫外线消毒时要求安全消毒时间为3～5min。

2．鸡场绿化

养鸡场植树、种草绿化，对改善场区小气候、净化空气和水质、降低噪声等有重要意义。有资料表明，养鸡场绿化可使恶臭强度降低50%，有害气体减少25%，尘埃减少35%～67%，空气中细菌数减少22%～79%，噪声强度降低25%，阔叶林还可大量吸收CO_2并放出O_2；此外，绿化还可在树高10倍的距离内降低风速75%～80%，从而有效地控制了有害气体的扩散，也阻挡了大风对鸡场的吹袭。因此，在进行养鸡场规划时，必须规划出绿化地，其中包括防风林（在多风、风大地区）、隔离林、行道绿化、遮阳绿化、绿地等。防风林应设在冬季主风的上风向，沿围墙内外设置，最好是落叶树和常绿树搭配，高矮树种搭配，植树密度可稍大一些。隔离林主要设在各场区之间及围墙内外，应选择树干高、树冠大的乔木；行道绿化是指道路旁和排水沟边的绿化，起到路面遮阳和排水沟护坡的作用；遮阳绿化一般设于鸡舍南侧和西侧，起到为鸡舍墙、屋顶、门窗遮阳的作用；绿地绿化是指鸡场内裸露地面的绿化，可植树、种花、种草，也可种植有饲用价值或经济价值的植物，如果树、苜蓿、草坪、皮等，将绿化与养鸡场的经济效益结合起来，对于有地脚窗的鸡舍，其舍间空地绿化时应考虑植物的高度，避免影响通风效果。

养鸡场植树造林应注意树种的选择，杨树、柳树等树种在吐絮开花时产生大量的毛，易造成防鸟网的堵塞及通风口的不通畅，降低风机的通风效率，对净化环境和防疫不利。

值得注意的是，国内外一些集约化的养殖场尤其是种禽场为了确保卫生防疫安有效，往往在整个场区内不种一棵树，其目的是不给飞翔的鸟儿有栖息之处，以防病原生物通过鸟粪等杂物在场内传播，继而引起传染病。场区内除道路及建筑物之外全部铺草坪，仍可起到调节场区内小气候、净化环境的作用。

（六）鸡场总平面图实例

附录10.1附图为×××集团有限公司某鸡场总平面图，供设计参考。

第四节　养鸡场的建筑设计

鸡场建筑设计包括鸡舍建筑设计和鸡场总平面图（总图）设计。鸡场工艺设计已经初步确定了鸡舍的种类、样式、构造、幢数和尺寸，也提出了总平面图设计方案，据此即可进行各类鸡舍的单体设计和总平面图的图纸设计了。

一、鸡舍建筑设计

鸡舍建筑设计包括每种鸡舍的平面图、剖面图和立面图设计。设计过程一般也按此顺序分步进行。

（一）鸡舍的平面设计

1. 平养鸡舍平面布置形式

根据鸡的饲养工艺要求、饲养数量、饲养设备的尺寸和位置、饲养管理操作方便等因素，确定每个饲养区的宽度和长度和过道数量，主要应用于种鸡的育雏舍、育成舍和肉鸡舍的平面设计，见图3.5。

图3.5　肉鸡网上平养舍平面图
1. 鸡床　2. 过道　3. 休息室　4. 饲料间

2. 笼养鸡舍平面布置形式

根据鸡的饲养工艺要求、鸡舍类型、饲养数量、笼架的排列方式和尺寸、清粪方式、过道数量和宽度等，确定舍内布局。网床宽度可根据养殖设备应用与否来确定，采用机械喂料，自动给水，机械清粪的鸡舍可适当宽些，而采用手工操作应窄些，但采用自然通风鸡舍宽度不宜超过8m。长度可依据便于生产操作为合适（图3.6）。

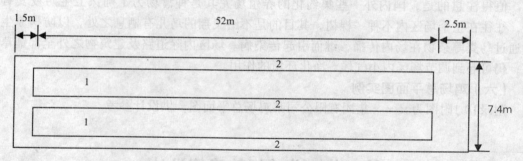

图3.6 5000笼养产蛋种鸡舍的平面图
1. 鸡笼 2. 过道

（二）鸡舍的剖面设计

剖面设计是根据生产工艺需要，确定鸡舍的剖面结构与尺寸等。剖面设计主要包括舍内净高（指地面或走道至屋架下弦底线的高度，相当于屋梁下缘或顶棚高度）、结构高度（如板或梁的厚度）、屋架起脊的高度、粪坑（沟）深度与宽度等以及舍内空间的组合利用状况。笼养鸡舍笼顶至顶棚之间的距离，自然通风时应不少于1.7m，机械通风时不少于0.8m；网上平养时，网面至顶棚距离应在1.7m以上。剖面图上应表示出图形尺寸线、各部分高度及建筑部分标高等（图3.7、图3.8）。

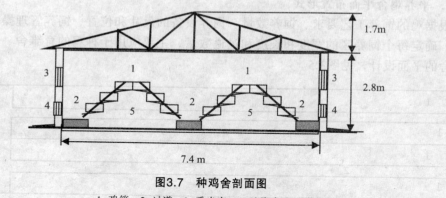

图3.7 种鸡舍剖面图
1. 鸡笼 2. 过道 3. 采光窗 4. 地脚窗 5. 粪沟

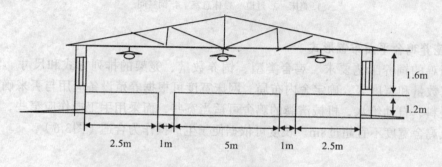

图3.8 肉鸡舍剖面图

（三）鸡舍的立面设计

鸡舍的立面设计主要是鸡舍四壁（正面、背面与两个侧面）的外观平视图，包括鸡舍外形、总高度及门、窗、通风孔、台阶的位置与尺寸（图3.9）。

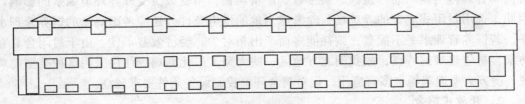

图3.9 种鸡舍立面图

二、鸡舍建筑类型与特点

我国一些畜牧工程专家根据我国的气候特点，以一月份平均气温为主要依据，保证冬季各地区鸡舍内的温度不低于10℃，建议将我国的鸡舍建筑分为5个气候区域（图3.10）。I区（严寒区）和Ⅱ区（寒冷区）为封闭区，采用封闭式鸡舍，Ⅲ区（冬冷夏凉区）和Ⅳ区（冬冷夏热区）为有窗区，采用有窗可封闭式鸡舍，Ⅴ区（炎热区）为开放区，采用开放式鸡舍。

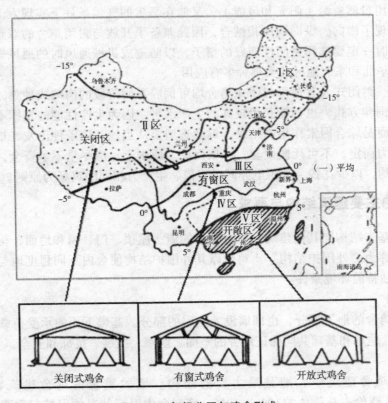

图3.10 气候分区与鸡舍形式

1．封闭式鸡舍

封闭式鸡舍又称无窗鸡舍。鸡舍四壁无窗（可设应急窗），隔绝自然光源，完全采用人工光照和机械通风。这种鸡舍对电的依赖性极强，为耗能型、高投资的鸡舍建筑。若饲养管理得当则产品产量高、质量好、产量均衡，不受或少受外界环境因素的影响。因此，选用封闭式鸡舍的养鸡场，除考虑当地的供电条件外还应考虑鸡场的饲养管理水平，若饲养管理水平不配套，则耗能多而产出相对少，经济效益不佳。由于封闭舍具有防寒容易防热难的特点，故我国北方地区一些大型工厂化养鸡场往往采用这种类型的鸡舍，南方大型肉鸡场也多有应用，但对鸡舍环境控制设备条件要求较高。

2．开放式鸡舍

为利用自然环境因素的节能型鸡舍建筑。鸡舍南北两墙壁上设有窗洞或通风带。鸡舍不供暖，靠太阳能和鸡体散发的热能来维持舍内温度；通风也以自然通风为主，必要时辅以机械通风；采用自然光照。开放式鸡舍具有防热容易保温难和基建投资运行费用少的特点，我国南方地区一些中小型养鸡场或家庭式养鸡专业户往往采用这种类型的鸡舍，但在雏鸡脱温前仍然采用封闭饲养方式。

3．有窗式封闭鸡舍

这种鸡舍在南北两纵墙设窗户，作为进风口，通过开窗机构来调节窗的开启程度。在气候温和的季节里依靠自然通风，不必开动风机；在气候不利的情况下则关闭南北两侧大窗，开启一侧山墙的进风口，并开动另一侧山墙上的风机进行纵向通风。该种鸡舍既能充分利用自然资源（阳光和风能），又能在恶劣的气候条件下实现人工调控，在通风形式上实现了横向、纵向通风相结合，因此兼备了开放与封闭鸡舍的双重功能。这种鸡舍在建筑时一定要选择密闭性能好的窗子，以防造成机械通风时的通风短路现象。我国中部甚至华北和东北地区此类鸡舍多有应用。

开放式、封闭式及有窗可封闭式鸡舍均可饲养不同阶段的肉鸡或种鸡，都可采用平养或笼养的饲养方式，也都能获得较高的生产水平，因为生产性能的发挥不仅取决于鸡舍的形式，而是综合因素作用的结果。鸡舍选型要从当地具体条件出发，根据气候、供电、资金能力而定，不可死搬硬套，一概而论。原则上，应尽量不争资金，不争能源，一切均要节约，以少花钱、少用电办同样规模、生产力相同的鸡场为原则。

三、鸡舍的主要建筑结构与要求

鸡舍的基本结构同其他建筑一样，鸡舍的墙、屋顶、门、窗和地面，构成了鸡舍的"外壳"，称为"外围护结构"。鸡舍以其外围护结构使舍内不同程度地与外界隔绝，形成了舍内独特的环境条件。

1．基础

基础是鸡舍的地下部分，也即墙没入土层的部分。基础下面的承受荷载的那部分土层就是地基。地基和基础共同保证鸡舍的坚固、防潮、抗震、抗冻和安全。

2．墙

传统的鸡舍建筑中，墙是最主要的结构。墙的重量占鸡舍建筑物总重量的40%～65%，造价占总造价的30%～40%。墙对舍内温湿状况的保持起重要作用。据测定，冬季通过墙散失的热量占整个鸡舍总失热量的35%～40%。根据是否受到屋顶的荷载，墙可分为承重墙与隔断墙；根据是否与外界接触，墙可分为外墙与内墙；墙除应具有保温隔热性能以外，还应具备坚固、耐久、抗震、耐水、防火、抗冻、结构简单、便于清扫和消毒的基本特点。

3. 屋顶和天棚

屋顶在夏季接受太阳辐射热比墙多，而冬季舍内热空气上升，屋顶的失热也较多，因此，屋顶除要求不透水、不透风、有一定的承重能力（积雪）外，对保温隔热要求更高。现代规模养鸡中鸡舍的屋顶形式主要有双坡式、单坡式、拱顶式等（图3.11）。

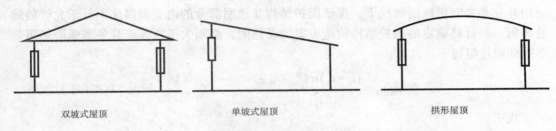

双坡式屋顶　　　　　　　　单坡式屋顶　　　　　　　　拱形屋顶

图3.11　鸡舍屋顶形式

天棚，是将鸡舍与屋顶下空间隔开的结构。其功能主要是加强鸡舍屋顶的保温隔热能力。天棚必须具备：保温、隔热、不透水、不透气、坚固、耐久、防潮、光滑，结构严密、轻便、简单且造价便宜。鸡舍内的高度通常以净高表示，也即地面至天棚或地面至屋架下弦下缘的高（柁下高或举架）。寒冷地区应适当降低净高，而在炎热地区加大净高则是缓和高温影响的有力措施之一。采用厚垫法养肉鸡时，净高应加高0.5～1.0m，对五层笼的鸡舍，净高约需4m。

4. 门、窗

门的位置、数量、大小应根据鸡群的特点、饲养方式饲养设备的使用等因素而定。作为采光的窗户，在设计时应考虑采光系数，采光系数是窗户的有效采光面积与舍内地面面积之比。成年鸡舍的采光系数一般应为1:10～1:12，雏鸡舍则应为1:7～1:9。寒冷地区的鸡舍在基本满足采光和夏季通风要求的前提下窗户的数量尽量少，窗户也尽量小。窗的形式有外开式、平开式、中悬式、上悬式和下悬式。大型工厂化养鸡常采用封闭式鸡舍即无窗鸡舍，舍内的通风换气和采光照明完全由人工控制，这种鸡舍也可能设一些应急窗，应急窗的作用是发生意外情况如停电、风机故障或失火时的应急。目前我国比较流行的简易节能开放性鸡舍，在鸡舍的南北墙上设有大型多功能玻璃钢通风窗，形若一面可以开关的半透明墙体，这种窗具备了墙和窗的双重功能。

5. 地面

由于现代化、工厂化养鸡的实施，鸡体与地面的直接接触越来越少，除地面育雏和地面平养肉鸡外，鸡的笼养和网上平养占主要地位。虽然采用地面平养时有较厚的垫料将鸡体与地面隔开，但鸡群近地面活动，受地面底层许多因素的影响，因而要求鸡舍内±0.00标高应高于舍外地面0.3m以上，以便创造高燥的环境。为保证鸡舍排水系统的通畅，避免污水积存、腐败产生臭气，舍内地面应向排水沟方向做2%~3%的坡。另外鸡舍地面还要具有良好的承载笼具设备的能力、便于清扫消毒、防水和耐久。

四、鸡舍的保温、防寒设计与要求

鸡舍的防寒必须从改善饲养管理、围护结构的保温设计、其他建筑防寒措施等多方面采取措施，仍不能满足要求时，还需考虑供暖。

（一）围护结构的保温

1. 围护结构的保温指标

围护结构保温设计的指标一般采用冬季低限热阻（$R_{O.min}$），它是指鸡舍在冬季正常使用并在必要时供暖的情况下，保证围护结构非透明部分的内表面温度不低于允许值的总热阻。经计算确定的围护结构构造方案的总热阻，必须大于或等于其冬季低限热阻。冬季低限热阻按下式计算：

$$R_{o.min} = \frac{(t_n - t_w)nAR_n}{[\triangle t]} \qquad （式3-1）$$

式中：

$R_{O.min}$——冬季低限热阻 [（m²·℃）／W]；

t_n——冬季舍内计算温度（℃），此温度与不同类群的禽群对环境温度要求有关。雏鸡舍取20℃，成年禽舍均取13℃；

t_w——冬季舍外计算温度（℃），查表3-7，采暖室外计算温度；

n——温差修正系数，与舍外直接接触的外围护结构取1；有吊顶的无望板或有望板的瓦、石棉瓦和瓦楞铁的坡屋面取0.9或0.8；与不供暖房间相邻的隔墙取0.7；

A——考虑材料变形及热惰性（D）的系数，采用各种易压实和变形的保温材料的结构取1.2；D≤3.0的轻结构（除前者）取1.1；其他围护结构均取1.0；

R_n——围护结构内表面换热阻 [（m²·℃）／W]，查表3-6。

$[\triangle t]$——舍内气温与外围护结构内表面温度的允许温差。建议在对各种鸡舍均采用舍内计算温度和相对湿度（RH，各种畜禽舍均按70%计）情况下，舍内计算温度与露点温度（t_1）之差（即$t_n - t_1$）作为墙的$[\triangle t]$，而屋顶的$[\triangle t]$则取$t_n - t_1 - 1$。

表3-6　围护结构的表面换热系数α_n和α_w [W／（m²·℃）] 和换热阻R_n和R_w [（m²·℃）／W]

围护结构	冬　季				夏　季			
	α_n	α_w	R_n	R_w	α_n	α_w	R_n	R_w
外　墙	8.7	23.3	0.115	0.043	8.7	18.6	0.115	0.054
屋　顶	8.7	23.3	0.115	0.043	7.0	18.6	0.143	0.054
吊　顶	5.8	5.8	0.172	0.172	5.8	5.8	0.172	0.172

2. 围护结构保温设计方案的确定

在初步设计确定的围护结构（主要指墙和屋顶）构造方案的基础上，按其冬季低限热阻计算出决定该围护结构保温性能的材料层厚度。

[例]哈尔滨某育成鸡舍采用砖墙白灰水泥砂浆内粉刷、石棉瓦顶，瓦下设容重100kg/m³的聚乙烯泡沫塑料保温层，保温层下贴10mm厚石膏板。试确定砖墙和屋顶保温层的厚度（如求得砖墙厚度大于0.37m时，可考虑设保温层）。

[解]　绘墙和屋顶的简图（图3.12），查出各层材料的导热系数入列出其厚度δ。

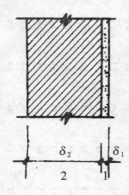

1. 白灰水泥砂浆：　δ_1 0.02m，λ_1 0.7

2. 砖砌体：　δ_2 待求，λ_2 0.81

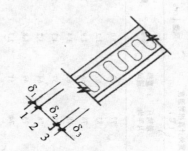

1. 石棉瓦：　δ_1 0.01m，λ_1 0.52

2. 聚乙烯泡沫塑料：　δ_2 待求，λ_2 0.047

3. 石膏板：　δ_3 0.01，λ_3 0.33

图3.12　墙和屋顶的构造

①查出所需参数：育成鸡舍冬季舍内计算温度$t_n = 16℃$；查表3-7得哈尔滨冬季舍外计算温度$t_w = -26℃$；墙和屋顶的温差修正系数n均取1；A值分别取1.0和1.2；查表3-6得墙和屋顶冬季内表面换热阻R_n均为0.115（m².℃）／W；[△t]按温度16℃和相对湿度70%计，得露点温度t_1为10.6℃，则墙的[△t] = 16 - 10.6 = 5.4℃，屋顶的[△t] = 5.4 - 1 = 4.4℃。

②将有关参数代入式3-1分别计算墙和屋顶的冬季低限热阻：

$$\text{墙的 } v_{o,\min} = \frac{\left[16-(-26)\right]\times1\times1\times0.115}{5.4} = \frac{4.83}{5.4} = 0.89 \left[（m².℃）／W\right]$$

$$\text{屋顶的 } v_{o,\min} = \frac{\left[16-(-26)\right]\times1\times1.2\times0.115}{4.4} = \frac{5.8}{4.4} = 1.32 \left[（m².℃）／W\right]$$

③确定墙的砖砌体厚度δ：以求得的墙的$v_{o,\min}$值作为墙的总热阻，查表3-6墙的冬季内、外表面换热阻$R_n = 0.115$和$R_w = 0.043$，将其与图3.12（a）的有关数值代入式（3-2）。

$$R_{0.\min} = R_n + \sum R + R_w = \frac{1}{a_n} + \sum \frac{\delta}{\lambda} + \frac{1}{a_w} \qquad （式3-2）$$

λ—导热系数

得：$R_{0.\min} = R_n + \dfrac{\delta_1}{\lambda_1} + \dfrac{\delta_2}{\lambda_2} + R_w$

表3-7 室外气象参数

（中国建筑工业出版社，1985）

序号	地名	北纬	东经	海拔(m)	采暖	冬季通风	夏季通风	冬季空气调节	夏季空气调节	夏季空气调节日平均	夏季室外平均每年不保证50h的湿球温度(℃)	冬季空气调节	最热月月平均	夏季通风	冬季风速(m/s)	夏季风速(m/s)	风向	频率(%)
1	北京市	39°48'	116°19'	31.3	-9	-5	30	-12	33.8	29	26.5	41	77	62	3.0	1.9	C N NNW	22 13 13
2	上海市	31°10'	121°26'	4.5	-2	3	32	-4	34.0	30	28.3	73	83	67	3.2	3.0	NW NWN C	14 13 12
3	天津市	39°06'	117°10'	3.3	-9	-4	30	-11	33.2	29	27.2	54	78	66	2.9	2.5	NW	9
4	哈尔滨	45°41'	126°37'	171.7	-26	-20	26	-29	30.3	25	23.9	72	78	63	3.4	3.3	SSW	15
5	长春	43°54'	125°13'	236.8	-23	-17	27	-26	30.5	26	24.2	68	79	57	4.3	3.7	SW SSW WSW	25 10 10
6	沈阳	41°46'	123°26'	41.6	-20	-13	28	-23	31.3	27	25.3	63	78	64	3.2	3.0	N S	13 11
7	石家庄	38°04'	114°26'	81.8	-8	-3	31	-11	35.2	30	26.5	48	75	49	1.8	1.3	NNW	36
8	太原	37°47'	112°33'	777.9	-12	-7	28	-15	31.8	26	23.3	46	74	51	2.7	2.1	C C	8 21
9	呼和浩特	40°49'	111°41'	1063.0	-20	-14	26	-22	29.6	25	20.8	55	64	44	1.5	1.3	NW SW	21 53
10	西安	34°18'	108°56'	396.9	-5	-1	31	-9	35.6	31	26.6	63	71	46	1.9	2.2	C NE SW	27 13 9
11	银川	38°29'	106°16'	1111.5	-15	-9	27	-18	30.5	26	22.2	57	65	42	1.7	1.6	N	39
12	西宁	36°35'	101°55'	2261.2	-13	-9	22	-15	25.4	20	16.4	46	65	44	1.7	2.0	SE C	12 45
13	兰州	36°03'	103°53'	1517.2	-11	-7	27	-13	30.6	26	20.1	55	62	42	0.4	1.1	EN C	22 77
14	乌鲁木齐	43°54'	87°28'	653.5	-23	-15	29	-27	33.6	30	18.7	78	38	31	1.3	3.4	S	5
15	济南	36°41'	116°59'	51.6	-7	-1	31	-10	5.5	21	26.8	49	73	51	3.0	2.5	C SSW NE	22 15 11
16	南京	32°00'	118°84'	8.9	-3	2	32	-6	35.2	32	28.5	71	81	62	2.5	2.3	C NE	27 11
17	合肥	31°51'	117°17'	23.6	-3	2	33	-7	35.1	31	28.2	71	76	62	2.3	2.1	C ENE NW	229 7
18	杭州	30°19'	120°12'	7.2	-1	5	35	-4	35.7	32	28.6	77	80	62	2.1	1.7	C NNW N NNE	31 10
19	南昌	28°40'	115°58'	46.7	-1	5	34	-3	35.7	32	27.9	72	76	57	3.7	2.5	NNE C	88
20	福州	26°05'	119°17'	84.0	5	10	33	4	35.3	30	28.0	72	77	61	2.5	2.7	NW C	26 24 19
21	郑州	34°43'	113°39'	110.4	-5	0	32	-8	36.3	21	27.9	54	73	44	3.6	2.8	WNW C NE	19 13
22	武汉	30°38'	114°04'	23.3	-2	3	33	-5	35.2	32	28.2	75	80	62	2.8	2.6	NNE NE C N	19 12 11
23	长沙	28°12'	113°04'	44.9	-1	5	34	-3	36.2	32	28.0	77	75	61	2.6	2.5	NW C	35 24 13
24	南宁	22°49'	108°21'	72.2	7	13	32	5	34.5	30	27.3	72	81	64	1.9	1.9	C ENE E	28 15 14
25	广州	23°08'	113°19'	6.3	7	13	32	5	33.6	30	28.0	68	84	66	2.4	1.9	N	33
26	成都	30°34'	104°01'	505.9	2	6	29	1	31.6	28	26.7	80	86	70	1.0	1.1	C N NE N	43 13
27	重庆	29°35'	106°28'	260.6	4	8	33	3	36.0	32	27.4	81	76	57	1.3	1.6	C N NE N	19 12 11 10
28	贵阳	26°35'	106°43'	1071.2	-1	5	28	-3	29.9	26	22.7	76	78	60	2.3	1.9	NE C NNE ENE	36 21 19
29	昆明	25°01'	102°41'	1891.4	3	8	24	1	26.8	22	19.7	69	65	48	2.4	1.7	C SW WSW	36 26 10
30	拉萨	29°24'	91°08'	3658.0	-6	-2	19	-8	22.7	18	13.5	28	68	44	2.0	1.6	C E ESE	30 16 13

（续表）

序号	地名	夏季主风向及频率 风向	夏季主风向及频率 频率(%)	年生主导风向及频率 风向	年生主导风向及频率 频率(%)	气压(mmHg) 冬季	气压(mmHg) 夏季	日平均温度≤5℃的天数	日平均温度≤5℃期间内的平均温度(℃)	冬季日照率(%)	年平均温度(℃)	极端最低温度(℃)	极端最高温度(℃)	最大冻土深度(cm)
1	北京市	C S	27 10	C ESE N	23	767	751	124	-1.3	63	11.6	-27.4	40.6	85
2	上海市	N	10	SE	10 10	769	754	59	3.1	45	15.7	-9.4	38.9	8
3	天津市	SE C	13 10	C SSW	98	771	754	122	-1.2	63	12.3	-22.9	39.6	69
4	哈尔滨	ESE	14	S	8	751	739	176	-9.6	59	3.5	-38.1	36.4	197
5	长春	S SW	17 13	SW	14	745	733	175	-9.8	65	4.9	-36	38.0	169
6	沈阳	SSW	18	S	14	765	750	151	-6.1	60	7.8	-30.6	38.3	139
7	石家庄	SSW	15	SE	9	763	747	110	0.7	62	12.7	-26.5	42.7	53
8	太原	SE	48	C	26	700	689	135	-3.3	64	9.4	-25.5	39.4	77
9	呼和浩特	C	9	NW	49 507	676	667	165	-7.4	70	5.7	-32.8	37.3	120
10	西安	NNW	14	NE	20 18	734	719	99	0.5	48	13.3	-20.6	41.7	45
11	银川	C SW	507	C	10	672	662	141	-4.5	75	8.5	-30.6	39.3	103
12	西宁	SSW	7	N	38	581	580	156	-4.1	73	5.6	-26.6	32.4	134
13	兰州	C NE	20 18	SE	9	638	632	136	-2.9	67	8.9	-21.7	39.1	103
14	乌鲁木齐	C	10	NE	35 25	714	701	154	-8.2	55	7.3	-41.5	40.9	162
15	济南	S	12	S	19	765	749	99		65	14.2	-19.7	42.5	44
16	南京	C SE	27 23	SSW	22	769	753	71	2.2	51	15.4	-14.0	40.7	—
17	合肥	NW	51 18	C	16	767	751	65	2.2	52	15.8	-20.6	41.0	11
18	杭州	EN	8	ENE	9 32	769	754	55	3.2	43	16.2	-9.6	39.7	—
19	南昌	N	22	E	7	764	749	38	3.8	33	17.7	-7.7	40.6	—
20	福州	C SSW	25 15	NNE	21	760	748	2		36	19.6	-1.2	39.3	—
21	郑州	NE	10	SE	19 15	760	744	93	1.1	56	14.3	-17.9	43.0	18
22	武汉	SE	21	NE	15 12	768	751	59	2.0	43	16.2	-17.3	39.4	—
23	长沙	C S	13	NNE	14	763	748	38	2.6	26	17.3	-9.5	40.6	4
24	南宁	SSE	22 15	C	27	759	747	0	—	29	21.6	2.1	40.4	—
25	广州	E	23 11	NW	23	765	754	0	—	39		0.0	38.7	—
26	成都	SE SSE	12 14	C E	26 13	722	711	25		23	16.1	-4.6	37.3	—
27	重庆	C	15	SE	27 19	744	730	9		13	18.3	-1.8	42.2	—
28	贵阳	C NNE	39 97	C NNE	24	673	866	43	4.0	18	15.2	-7.8	37.5	—
29	昆明	NE SW	31 10	NE SW	36 19	609	606	12		72	14.5	-5.4	31.5	—
30	拉萨	W	11	ESE	14	488	489	146	0.0	78	7.1	-16.5	29.4	26

$$0.89 = 0.115 + \frac{0.02}{0.7} + \frac{\delta_2}{0.81} + 0.043$$

$$\delta_2 = 0.57m$$

砖墙计算厚度已超过0.5m，可采用0.24m砖墙、内表面加聚乙烯泡沫塑料、钢丝网再抹灰的构造方案。0.24m砖墙热阻为0.24/0.81 = 0.2963，则聚乙烯泡沫塑料（λ=0.047）层厚度应为（0.89 – 0.1866 – 0.2963）× 0.047 = 0.019≈0.02m。

④确定屋顶保温层厚度δ_2：以求得的屋顶R_{min}值作为屋顶的总热阻，查表3-6屋顶冬季内外表面换热阻R_n=0.115和R_w=0.043，将其与图3.12（b）的有关数值代入式3-2得：

$$R_{o,min} = R_n + \frac{\delta_1}{\lambda_1} + \frac{\delta_2}{\lambda_2} + \frac{\delta_3}{\lambda_3} + R_w$$

$$1.32 = 0.115 + \frac{0.01}{0.33} + \frac{\delta_2}{0.047} + \frac{0.01}{0.33} + 0.043$$

$$\delta_2 = （1.32 – 0.2075）× 0.047=0.0551m（取0.06m）$$

（二）建筑防寒的其他相关措施

鸡舍的建筑防寒可考虑以下措施：①酌情选择有窗或无窗密闭式鸡舍；②由于冬季太阳高度角小，故朝向宜选择南、南偏东或南偏西各15°～30°，可使南纵墙接受较多的太阳辐射热，并可使纵墙与冬季主风向（我国一般为西北风或北风）形成一定的角度，以减少冷风渗透；③在条件允许情况下减小鸡舍高度，以减小外墙面积；此外，相同面积和高度的鸡舍，加大跨度亦可减小外墙长度和面积，故均有利于防寒保温；④北墙在冬季是迎风面，北窗冷风渗透较多，在确定了窗的所需总面积后，应减小北窗面积，南、北窗面积比可为2:1～3:1；同时，北墙和西墙上应尽量不设门，必须设门时应加门斗；⑤在场地西、北方向设防风林。

（三）鸡舍的供暖

通过以上防寒设计，舍内平均温度能否达到舍内计算温度t_n，需通过鸡舍得、失热量平衡计算来确定。鸡舍在不供暖情况下热量的主要来源是畜体产生的可感热（显热）和通过围护结构进入舍内的太阳辐射热，机械和电气设备运转产生的热可忽略不计；鸡舍内热量的损失主要是因舍内外存在温差而通过围护结构传出的热，以及通过通风和围护结构孔隙进入舍内的冷空气吸收的热。鸡舍热平衡计算，是按围护结构保温设计条件（即计算所取t_n、t_w和R_H值情况下的稳定传热）的情况进行的。各种畜禽的产热量（Q_c）可查表3-9；进入舍内的太阳辐射热以负值计入附加失热量，故不再单算。失热量则需分别计算各部分围护结构的基本失热量（Q_j）和附加失热量后得出总失热量（Q_z）。当$Q_c=Q_z$时，说明在设计条件下鸡舍热量平衡，无需供暖；当$Q_c<Q_z$时，说明失热多于产热，如要保证达舍内计算温度t_n则必须供暖，需要提供的供暖热量（供暖热负荷）即两者之差；当$Q_c>Q_z$时，说明产热多于失热，温度和湿度将分别高于和低于设计值。

1. 供暖热负荷的计算

（1）基本失热量

$$Qj=KA（t_n – t_w）n \qquad\qquad （式3-3）$$

式中：

Q_j—围护结构的基本失热量（W·h）；

K—围护结构的传热系数［（W／（m²·℃）］；

A—围护结构的计算面积（m²）；

n—温差修正系数，取值与式3-1同；

t_n和t_w—舍内、舍外空气计算温度，取值与式3-1同。

各种围护结构的Qj值须分别计算。墙、门窗的Qj值还须分不同朝向计算。地面需划分地带计算方法如图3.13所示，由墙内表面起，沿四面墙向内各量2m为第一地带，计算面积时屋角处（黑色部分）要重复计算，由第一地带继续向内划出各2m宽的第二、第三地带，但屋角处不再重复计算面积，房舍跨度不足12m时，第二地带以内不论其宽度大小均为第三地带，跨度大于12m时，第三地带以内不论其宽度大小均为第四地带；建在土壤上的非保温地面［地面各层材料的导热系数均为λ，且不小于1.16 W/（m²·℃）］各地带的传热系数Kd1、Kd2、Kd3和Kd4分别为0.465、0.233、0.116和0.07W/（m²·℃）。

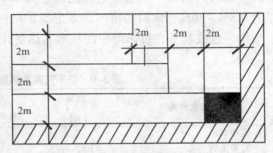

图3.13　地面基本失热量计算地带的划分

（2）附加失热量

①通风附加　冬季通风进入舍内的舍外空气吸收的热（Qf），可按下式计算。

$$Qf = Vc\gamma(t_n - t_w) \tag{式3-4}$$

式中：

Qf——通风附加失热量（W·h）；

V——鸡舍通风量（m³/h），查表3-8计算；

表3-8　鸡舍通风量参数

	换气量［m³/（h·kg）］			气流速度（m/s）		
	冬季	过渡季	夏季	冬季	过渡季	夏季
禽舍						
成年：蛋鸡舍，笼养	0.70		4.0		0.3～0.6	
肉鸡舍，地面平养	0.75		5.0		0.3～0.6	
雏禽舍						
蛋鸡：1～9周龄	1.00		5.0		0.2～0.5	
10～22周龄	0.75		5.0		0.2～0.5	
肉鸡舍：1～9周龄	1.00		5.5		0.2～0.5	
10～26周龄	0.70		5.5		0.2～0.5	
肉鸡舍：1～8周龄	0.70		5.0		0.2～0.5	

c——空气比热［kJ／（kg·℃）］，在计算温度10～20℃时同值可取1.01kJ／（kg·℃）；

t_n和t_w——冬季舍内外计算温度（℃），取值与式3-1同；

γ——空气容重（kg/m³），在计算10℃、13℃、16℃和20℃时，分别为1.206kg/m³、1.193kg/m³、1.181kg/m³和1.164kg/m³。

②朝向附加　朝向不同的同种围护结构，接受的太阳辐射热、风速及频率不同，单位面积相同时的失热量也不同，这种差异可用其基本失热量乘以朝向修正系数算得该围护结构的朝向附加失热量。北、东北、西北三个朝向无需修正；其他方向的修正系数为：东、西为－5%，东南、西南为－15%～－10%，南为－25%～－15%。当围护结构为倾斜位置时，按其垂直投影面积的基本失热量计算朝向附加失热量。

③风力附加　鸡舍建筑在高地、海岸、河边、旷野时，其围护结构的基本失热量应附加5%～10%，该附加值不必考虑围护结构冬季是否迎风和风速大小。倾斜位置的围护结构，也按其垂直投影面积的基本失热量计算风力附加失热量。

表3-9　每千克家禽热量、二氧化碳和水汽产生量

家禽种类	活重（kg）	产热量（W·h）		水汽（g/h）	二氧化碳（L/h）
		总产热量	可感热量		
1. 成年禽：					
笼养蛋鸡	1.5～1.7	11.40	7.91	5.10	1.70
平养蛋鸡	1.5～1.7	13.14	9.19	5.80	2.00
平养肉鸡	2.5～3.5	11.98	8.37	5.20	1.80
鸭	3～5	8.02	5.58	3.60	1.20
鹅	5.0～6.0		2.87	3.00	1.00
2. 幼禽：					
蛋用雏鸡及育成鸡：					
1～10日龄	0.06	18.14	15.70	8.50	2.30
11～30日龄	0.25	14.77	10.23	6.60	2.20
31～60日龄	0.60	12.21	8.61	5.40	1.90
61～150日龄	1.30	11.28	7.91	5.00	1.70
151～180日龄	1.60	10.70	7.44	4.80	1.60
肉用雏鸡及育成鸡：					
1～10日龄	0.08	17.45	15.00	4.00	2.20
11～30日龄	0.35	17.21	9.42	6.80	2.00
31～70日龄	1.2～1.4	12.10	8.37	5.40	1.80
71～150日龄	1.80	11.20	7.79	5.00	1.70
151～210日龄	2.50	10.03	6.98	4.80	1.60
3. 肉鸡：					
1～8周龄（笼养）	1.30		7.95	3.30	1.44
1～9周龄平养	1.40		8.61	3.45	1.63

④两面外墙附加　当房间有两面或两面以上外墙时，应将外墙、外墙上的门和窗的基本失热量增加5%。鸡舍一般都有两面或两面以上的外墙，应计算该项附加。

⑤外门开启附加　单层外门短时间开启时，冲入冷风增加的热损失，按门基本失热量的200%计，有门斗时按增加65%计。

⑥冷风渗透附加和房高附加　前者是指在风压和热压作用下由门窗缝隙渗入舍内的冷空

气造成的热损失。因鸡舍在冬季也须进行通风，计算了通风附加之后，该项则不再计算。后者是指舍内净高度在4m以上时，每高出1m将该房间总失热量（各基本失热量并加上附加失热量后的值）增加2%，鸡舍净高一般不超过4m，故可不计此项。

2. 供暖方式和设备的选择

鸡场的供暖除初生雏鸡采用红外线灯等设备进行局部采暖外，鸡舍的供暖方式有烟气采暖、热水采暖、热风炉采暖等。

烟气采暖仅适用于养殖户和小型场，通过供暖热负荷计算后，一般无需再进行设计计算，瓦工可凭经验进行炉灶和烟道砌筑。热水采暖可酌情采用各种型式的散热器或供暖设备（光面管、翼型和柱型散热器、钢串片对流散热器、热风机、辐射板等），因热水锅炉、管道、散热器等投资较大，鸡场已较少采用。近年来，热风炉结合正压管道通风的供暖方式推广应用较多，通过风管布置可将温暖、干燥、新鲜的空气送至鸡体周围，必要时还可对空气进行过滤和消毒，热风炉分立式、卧式，一般是直接加热进入炉内的空气，其供热量有8万、6万、13万、17万、26万等数种，可根据供暖热负荷选择；送风管道可用金属薄板、尼龙编织布、帆布、塑料布（薄膜）等制做。热水采暖、热风炉采暖均须请专业人员设计。

五、鸡舍的防暑、降温设计与要求

鸡舍的防暑也必须从改善饲养管理、围护结构的隔热设计、鸡舍构造的防暑设计等多方面采取措施。仍不能满足要求时，再考虑降温。

（一）围护结构的隔热

1. 围护结构的隔热指标

鸡舍围护结构的隔热指标，一般是以夏季低限热阻（$R_{o,\min}^x$）控制围护结构内表面昼夜平均温度不超过允许值，以防止舍内过热；以低限总衰减度（$v_{O,\min}$）控制围护结构内表面温度的峰值不致过高、振幅不致太大，防止较强的热辐射和温度剧烈波动对人畜引起不适；以总延迟时间（ξo）控制内表面温度峰值出现的时间，因鸡舍是昼夜使用的房舍，一般希望总延迟时间长些，使内表面温度峰值出现在舍外综合温度已经较低的夜间，防止两者出现时间重合或接近而产生共同作用，加剧家畜热应激。

在工业与民用建筑隔热设计中，主要是确定接受太阳辐射较多的屋顶和西墙的构造，而鸡舍朝向一般为座北朝南，西墙（山墙）面积相对很小，故可只计算确定屋顶的构造。

设计步骤是先计算出夏季低限热阻 $R_{O,\min}^x$，再按确定冬季保温层厚度的方法，确定夏季隔热层的厚度；然后再计算出所需要的低限总衰减度$v_{O,\min}$和该围护结构的总衰减度v_0。两相比较，若v_0小于$v_{O,\min}$，但差值不大于10%时，则不必增加隔热层的厚度。总延迟时间 ξo是相对次要的指标，在围护结构总热阻和总衰减度均能满足要求（$R_0 \geqslant R_{O,\min}^x$和 $v_0 \geqslant v_{O,\min}$）的情况下，ξo即使小一些也不必再进行调整。

（1）夏季低限热阻（$R_{O,\min}^x$）

$$R_{o,\min}^x = \frac{t_{2,n} - t_{n,p}}{\triangle t_1} R_n \qquad （式3-5）$$

式中：

$R_{O,\min}^{x}$——夏季低限热阻，（m²·℃）/W；

Δt_1——标准差值，鸡舍取2℃；

R_n——围护结构内表面换热阻，（m²·℃）/W。

$t_{z,p}$——舍外综合温度昼夜平均值（℃）；

$t_{n,p}$——舍内气温昼夜平均计算值（℃），查表3-7取室外计算温度夏季空气调节日平均温度（$t_{w,p}$）加1℃，即$t_{w,p}+1$。

（2）低限总衰减度（$v_{O,\min}$）　低限总衰减度是控制内表面温度振幅$A_{\tau n}$的指标，鸡舍在建筑热工设计中可视为一般房间，按规定其内表面温度振幅的允许值[$A_{\tau n}$]应≤2.5℃。而总衰减度是指舍外综合温度振幅$A_{t,z}$为内表面温度振幅$A_{\tau n}$的倍数，则低限总衰减度$v_{O,\min}=A_{t,z}/A_{\tau n}$。$A_{t,z}$的计算较繁琐，根据李震振中对哈尔滨、北京、乌鲁木齐、广州等8个城市的计算，其$v_{O,\min}$均在10倍左右，故建议在鸡场初步设计中鸡舍的$v_{O,\min}$值可取≥10，以免去繁琐的计算。

（3）总延迟时间（ξ_O）　舍外综合温度峰值一般出现在13时，故建议鸡舍的ξ_O为10h，使内表面温度峰值出现在23时。

2. 围护结构构造方案的确定

[例]　计算育成鸡舍屋顶夏季隔热所需保温层厚度。

（1）计算夏季低限热阻$R_{O,\min}^{x}$

①查出有关数据

$t_{n,p}$——查表3-7得　$t_{w,p}+1=25℃$，则$t_{n,p}=25+1=26℃$。

$t_{z,p}$——$t_z=t_w+pJ/a_w$式（3-6）计算，查有关哈尔滨市太阳辐射强度的资料（本鸡舍为坡屋顶，可按水平面计以简化计算）得水平面辐射强度昼夜平均值J_p为277W/m²；查表3-10得石棉瓦外表面吸收系数ρ为0.75；查表3-6得夏季屋顶外表面换热系数a_{ww}为18.6。代入式3-6得：

$t_{z,p}=25+0.75\times277/18.6=25+11.17=36.17℃$；

Δt_1——标准差值，鸡舍取2℃；

R_n——查表2-5得夏季屋顶内表面换热阻为0.143（m²·℃）/W。

表3-10　围护结构外表面吸收系数

表面类别	表面状况	表面颜色	ρ	表面类别	表面状况	表面颜色	ρ
红瓦屋面	旧，中粗	红	0.56~0.7	石灰粉刷墙	旧，光平	白	0.26~0.48
灰瓦屋面	旧，中粗	浅灰	0.52	水泥拉毛墙	旧，粗糙	灰或米黄	0.63~0.65
石棉瓦屋面	旧，中粗	浅灰	0.7~0.78	水泥墙面	新，光平	浅灰	0.56
油毡屋面	旧，不光	黑	0.85	红砖墙面	旧，中粗	红	0.72~0.78
水泥屋面		青灰	0.6~0.7	硅酸盐砖墙	旧，中粗	青灰	0.41~0.6
白铁皮屋面	旧，光平	灰黑	0.86	浅色涂料		浅黄或绿	0.5

②计算该鸡舍屋顶夏季低限热阻将以上数据代入式3-5得：

$$R_{o,\min}^x = \frac{36.17-26}{2} \times 0.43 = 0.7272 \ (\text{m}^2 \cdot \text{℃})/\text{W}。$$

③校核并调整按冬季低限热阻确定的屋顶构造 按该例冬季低限热阻确定的屋顶构造及有关参数为：石棉瓦、聚乙烯泡沫塑料、石膏板的厚度δ和导热系数λ见图3.13；屋顶内、外表面夏季换热阻查表3-6得$R_n = 0.143$ （$\text{m}^2 \cdot \text{℃}$）/W，$R_w = 0.054$（$\text{m}^2 \cdot \text{℃}$）/W，代入式3-2得该屋顶夏季总热阻$R_0 = R_n + R_1 + R_2 + R_3 + R_w = 0.143 + 0.01/0.52 + 0.06/0.047 + 0.01/0.33 + 0.054$ $= 0.143 + 0.0192 + 1.2766 + 0.0303 + 0.054 = 1.5231 \ [(\text{m}^2 \cdot \text{℃})/\text{W}]$。

由计算可知，按冬季低限热阻确定的屋顶构造的夏季总热阻R。大大超过所需夏季低限热阻$R_{o,\min}^x$。

（2）计算屋顶构造方案的总衰减度（v_0）

查建筑材料的热工指标表得石棉瓦、聚乙烯泡沫塑料、石膏板的蓄热系数$S_1 = 8.75$，$S_2 = 0.69$，$S_3 = 5.08$与以上R_0。计算中所得各层材料的热阻一并按式3-6计算：

$$\sum D = R_1 S_1 + R_2 S_2 + R_3 S_3 = 0.0192 \times 8.5 + 1.2766 \times 0.69 + 0.0303 \times 5.08 = 1.1993$$

$$A = \sum \frac{R}{S} / \sum R = \left(\frac{0.0192}{8.57} + \frac{1.2766}{0.69} + \frac{0.0303}{5.08} \right) / 0.0192 + 1.2766 + 0.0303 = 1.4014$$

将A值和$\sum D$值带入（式3-6）

$$v_0 = e^{0.71\sum D} \left[0.5 + 3\left(\frac{R_W}{6A} + A + R_W \right) \right] \qquad （式3-6）$$

计算得 $v_0 = e^{0.71 \times 1.193} \left[0.5 + 3\left(\frac{0.54}{6 \times 1.4014} + 1.4014 + 0.054 \right) \right] = 11.4476$

该屋顶结构的总衰减度v_0已大于低限总衰减度$v_{O,\min}$。

3. 计算屋顶构造方案的总延迟时间（ξo）

将$\sum D$值代入式$\xi_0 = 2.7\sum D - 0.4 = 2.7 \times 1.1993 - 0.4 = 2.84\text{h}$。

ζ_0小于10h，内表面温度峰值将在接近16时出现，但可不再进行调整。

（二）其他建筑设计防暑措施

1. 通风间层屋顶

在屋顶面层与基层之间设置空气可流动的间层，面层接受的阳辐射热使间层空气升温、相对密度变小，由间层的排风口排出，并将传入的热量带走，相对密度较大的外界冷空气由进风口不断流入间层，如此不断流动，可大大减少通过基层面向间层散热传入舍内的热量（图3.14）；当舍外气温低于舍内（如夜间）时，舍内热量通过基层外面向间层散热，被间层空气带走，使舍内温度较快降低。实测表明，架空黏土方砖有间层和平铺黏土方砖无间层的屋顶相比，内表面温度平均值和最高值，前者比后者分别低6.1℃和11.4℃。通风间层的高度宜在100～200mm之间选择，平屋顶和夏热冬暖地区适当高些，坡屋顶和夏热冬冷地区（须加强基层的保温性能）应适当低些，寒冷地区一不宜设间层；间层的排风口应设在高处，坡屋顶可设在屋脊处，平屋顶可设排风小气楼。

2. 围护结构外表面处理

为减少围护结构外表面吸收太阳辐射热，墙和屋顶应用吸收系数小而反射系数大的浅色、光平外表面。研究表明，同样厚度的钢筋混凝土空心板，板面加30mm厚无水石膏层或10mm厚二黏三油铺白豆石，屋顶内表面温度比原色表面分别低12℃和6～7℃。

图3.14 通风屋顶

3. 遮阳措施

鸡舍间种植树干高且树冠大的乔木，为屋顶和墙遮阳，不仅大大减少进入鸡舍的辐射热，同时还因树叶面积比种植面积大75倍，叶面的大量蒸发吸热，可使周围气温显著低于非绿化地带；亦可搭棚架种植攀缘植物，为屋顶和墙、门窗遮阳，但须使垂直上攀部分不影响通风。鸡舍建筑一般不采用建筑遮阳措施，因其建筑造价较高。

（三）鸡舍的降温

鸡舍的降温一般是利用水的蒸发吸收空气中的热量而达到降温或防暑目的，常用方法和设备有冲水、喷淋、喷雾、湿垫、通风等。

图3.15 通风屋脊

1. 喷雾

采用特制的高压喷头，雾滴直径≥100μm，在降落过程中蒸发吸热，可将喷头分布于畜栏（笼）上方，亦可集中设置在通风系统中，其作用主要是降低舍内气温，但在高温时一定要配合通风系统一起使用，否则会加重热应激。

2. 湿垫

湿垫是用特种高分子材料和木浆纤维分子空间交联而成，每层之间为点接触，以高耐水胶黏材料黏结成纸质波纹多孔垫（图3.16），具有高湿下的坚挺度、高吸水性、较大的蒸发比表面积和较小的过流阻力。一般是将其安装在负压通风的进风口，正压通风时则置于风机前，或与风机结合做成湿垫冷风机。湿垫蒸发表面积大、透气好，由顶部淋水，一侧进风，靠水蒸发降低舍内温度，一般可降温3～6℃。

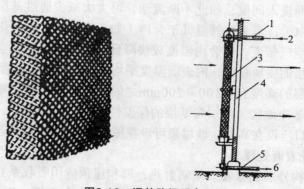

图3.16 湿垫降温设备

1.供水管 2.水泵供水 3.湿垫 4.进风口 5.回水管 6.回至循环池

附录：肉鸡养殖基地建设规范

×××集团肉鸡养殖基地建设规范

1　范围

本规范适用于××××集团新建的肉鸡养殖基地。

2　规范性引用文件

下列文件中的条款通过本规范的引用而成为本规范的条款。凡标注日期的引用文件，其随后所有的修改单（不包括勘误的内容）或修订版均不适用于本标准，然而，鼓励根据本规范达成协议的各方研究是否可使用这些文件的最新版本。凡是不标注日期的引用文件，其最新版本适用于本标准。

GB 18596— 2001　畜禽养殖业污染物排放标准

NY/ T1169— 2006　畜禽场环境污染控制技术规范

NY/T1167—2006　畜禽场环境质量及卫生控制规范

NY/T388—1999　畜禽场环境质量标准

GB/T 17369—1998　建筑绝热材料的应用类型和基本要求。

GB 7959　粪便无害化卫生标准

NY/T 1222　规模化畜禽养殖场沼气工程设计规范

NY 5027　无公害食品 畜禽饮用水水质标准

GB 5084—2005　农田灌溉水质标准

3　基地建设规模、工艺及饲养方式

3.1　基地建设规模

建设规模为一次性饲养肉鸡5万只～10万只，建设鸡舍5～10栋，每栋每批次饲养肉鸡5千只～1万只（根据地形条件确定鸡舍大小及舍内装鸡数量，最小规模设计为5000只）。

3.2　养殖生产工艺

饲养肉鸡1个品种，采用整栋鸡舍"全进全出制"生产工艺。

3.3　劳动定额

采用机械喂料和自动饮水的鸡舍工人劳动定额为5000只/人。

3.4　饲养方式

采用网上平养方式。

3.5　清粪方式

刮板式自动清粪。

4　选址

4.1　选址基本要求

应符合NY/T1169的要求。应地势高燥、利于排水，地形开阔、整齐，如在坡地建设，要求背风向阳；位于当地居民区的下风向，距离居民区3km以上，距离其他家禽养殖场（基地）也应保持3km以上安全距离；交通便利，远离交通主干道，与交通主干道有1.5～2km以上的安全距离；远离屠宰场、畜产品加工厂、垃圾及污水处理场所、风景

旅游以及水源保护区，与上述区域要有3km安全距离。

4.2　水源

水源充足，满足生产和生活用水，水质符合NY 5027要求。

4.3　面积

面积以能安排5～10栋标准化肉鸡舍为宜。

4.4　电力供应

基地要有可靠的电力供应，尽可能的靠近输电线路，并备有预备电源（发电机）。

5　规划与布局

5.1　防疫隔离

基地建设应符合动物防疫条件。基地以围墙或防疫沟与外界隔离，基地周围和禽舍周围建设绿化隔离带。

5.2　鸡舍朝向

鸡舍朝向根据本地主导风向确定，一般以南北朝向为主，如因地形或地势等原因也可建成东西朝向。每栋鸡舍间距为12～15m。

5.3　整体布局

基地整体建筑布局应科学合理。分管理区、生产区、废弃物和无害化处理区三大部分。管理区和生产区应处在上风向和地势较高处，废弃物处理区应处于下风向和地势较低处。

鸡舍建设布局根据规模大小采用单列或双列。净道和污道要严格分开，净道主要用于家禽及产品周转、饲养员行走和运料等。污道主要用于粪便等废弃物输送。人员、家禽和物资运转应采取单一流向。

5.4　管理区

包括：办公室、值班室、消毒池、休息室、洗浴室、消毒室。场区大门口应设置消毒池，消毒室应安装喷雾消毒设施和紫外线消毒灯。

5.5　生产区

包括：禽舍、饲料贮存间。生产区应与管理区严格隔离，在生产区入口处设置紫外线消毒室，地面设消毒池。

5.6　废弃物及无害化处理区

包括：病禽隔离室、病死家禽无害化处理设施、堆肥场和沼气池。与生产区间距50～100m，用围墙和绿化带隔开。

5.7　兽医室

应设在生产区下风向。

6　鸡舍建筑标准

6.1　鸡舍建筑类型

有窗式封闭舍。

6.2　鸡舍外形各部尺寸

长90m；宽12m；高2.8m，见10.1。

6.3　舍顶形式

双坡式或拱形，参考尺寸见10.2。

6.4　建筑材料

6.4.1　舍顶

按民用建筑标准设计，采用钢屋架结构。材料为大波纹石棉瓦，石棉瓦下面为10cm厚高密度聚苯乙烯泡沫板或采用轻钢彩板材料。

6.4.2　墙体材料

墙体材料为10cm厚无机玻璃钢墙体材料或24cm普通砖墙加5cm厚聚苯乙烯泡沫板墙体。

6.4.3　建筑保温材料

建筑保温材料应符合GB/T 17369要求。

6.4.4　地面为防渗漏水泥地面。

6.4.5　窗户为180°上旋塑钢窗。

7　基地环境质量控制

7.1　基地内环境质量

基地内环境质量应符合NY/T1167规定，基地内空气质量标准应符合NY/T388要求。

7.2　鸡舍内环境控制

鸡舍内环境控制应符合下表规定。

鸡舍环境控制要求

周　龄	1	2	3	4	5	6	7	8
温度（℃）	35~33	33~31	30~27	27~25	25~23	23~20	18	18
湿度（%）	70	67	64	61	58	55	55	55
密度（只）	30	25	20	20	15	15	10	8
饮水（kg/百只）	3.8	9.1	14.4	16.7	18	21.6	25.5	28.8
通风量[m^3/（只·h）]		2.5~3				6~8		8~10
舍内氨气（≤mg/m^3）				15				
硫化氢（≤mg/m^3）				15.58				
粉尘（≤mg/m^3）				0.5				
光照			1~3d：24h光照，3~4w/m^2；4d~出栏：23h光照，1~1.5w/m^2。					

注：1.温度基本控制在每周下降2~3℃。2.灯泡的高度为2m。

8　养殖基地的配套设施

8.1　供暖设备

采用节能型热风炉。

8.2　通风降温设备

采用纵向通风系统配合湿帘降温设备。

8.3　清粪设备

采用刮板式清粪机。

8.4　采光设备

采用25W白炽灯或8W节能灯，鸡舍灯光布置见10.4。

8.5 污染物处理设备

对产生的污染物采用沼气发酵的方式进行处理，每个基地建沼气池一个，容量为可处理场内产生的废弃物。沼气池建设应符合NY/T 1222规定。

8.6 网垫

每1000只肉鸡需要35kg规格为3#的塑料平网，推荐排列方式见10.3。

9 养殖基地污染物的处理

9.1 污染物排放

建立粪污无害化处理设施，养殖基地污染物排放应符合GB 18596要求。

粪污贮存和处理符合GB 7959要求，不得将粪污随意堆放，不得将粪便和污水混合排出基地。

9.2 排水系统

养殖基地的雨水和污水收集输送排水系统要分开、各自独立。污水收集输送系统应采取暗沟布设；污水处理池应设防渗层；基地产生的污水经过物理沉降、生物处理后符合GB 18596要求。

9.3 禽舍地面应作防渗处理。

9.4 发酵产物

鸡粪经沼气发酵处理其处理方法应符合GB 7959要求。沼渣、沼液实现综合利用。蔬菜生产用沼液，灌溉使用时应符合GB 5084要求。

9.5 绿化

空旷地带进行绿化，绿化覆盖率不低于30%。

10 附录

10.1 10万只肉鸡场总平面图

10.2 肉鸡舍剖面图

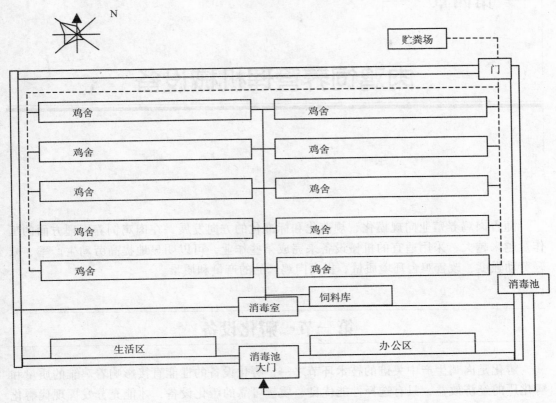

×××集团10万只肉鸡场总平面图

注：虚线为污道，实线为净道。

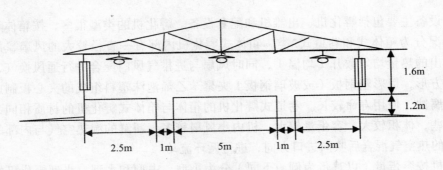

×××集团肉鸡舍剖面图

参考文献

安立龙. 2004. 家畜环境卫生学[M]. 北京: 高等教育出版社.

李震中. 2000. 畜牧场生产工艺与畜舍设计[M]. 北京: 中国农业出版社.

李震中. 1993. 家畜环境卫生学附牧场设计[M]. 北京: 中国农业出版社.

刘继军. 2008. 畜牧场规划设计[M]. 北京: 中国农业出版社.

第四章

肉鸡饲养管理机械设备

随着肉鸡养殖业向规模化、规范化和标准化的方向发展，在肉鸡饲养管理方面的工作量越来越大，采用适宜的机械设备来完成某些作业，可以明显地提高劳动生产率、减轻劳动强度、改善鸡舍环境质量、提高肉鸡产品的产量和质量。

第一节　孵化设备

孵化是肉鸡生产中关键的技术环节之一，孵化设备的性能直接影响着鸡雏的质量和孵化厂的经济效益，只有选择性能优良、质量可靠的孵化设备，才能充分发挥现代孵化设备的优势，更好地为肉鸡生产服务。

一、孵化设备的类型

孵化设备主要包括孵化机、出雏机和配套设备。孵化机的类型很多，按箱体和内部的结构情况分为箱体式和巷道式2类。箱体式孵化机内部有一直径较大的风扇，用于把电热管发出的热量均匀散开（均温），同时风扇与进排气风门配合进行通风换气，箱体外形呈长方形，以彩塑钢板（或玻璃钢板）夹聚苯乙烯泡沫塑料组成的夹心板制成，既保温又耐腐蚀，使用寿命较长。巷道式孵化机的箱体与箱体式孵化机的材质相同，但外形更长一些，体积较大，容蛋量较大。机内小风扇较多，新鲜的湿热空气与内部的后期种蛋产生的热空气混合后吹向进口方向，进行循环流动。

孵化机按容蛋量（以鸡蛋为例，下同）分为小型、中型和大型。小型孵化机的容蛋量<1万枚；中型孵化机的容蛋量为1～5万枚；大型孵化机的容蛋量≥5万枚。小型孵化机中有的为孵化、出雏一体机，主要用于科研、教学、生物技术、动物园等。中型孵化机在生产中用的最多的机型是箱体式蛋架车式孵化机，具有代表性的机型是16800型和19200型孵化机。大型孵化机在生产中使用的主要机型是巷道式孵化机，比较有代表性的机型是XD90720型孵化机。

按蛋架的结构分为滚筒式、八角架式、跷板式和蛋架车式4种，其中蛋架车式用的较多，其他类型用的较少，有的类型已趋于淘汰。

98

（一）孵化机

1. 箱体式孵化机

箱体式孵化机的结构主要有箱体、通风换气系统、风扇、加热系统、加湿系统、翻蛋系统、风门、蛋架车、蛋盘和控制系统等组成（图4.1a、b、c）。孵化时种蛋码放在蛋盘内，然后把蛋盘摆放在蛋架车上，再把蛋架车推进孵化机内进行加温孵化。种蛋在孵化机内孵化18~19d，然后倒盘转入出雏机内出雏。箱体式孵化机的孵化方式有整入整出孵化（一台机内为一批种蛋）和分批孵化（一台机内为多批种蛋）。该机型适合于大中型孵化厂使用，管理容易、操作方便。但占地面积较大、耗电量较大。

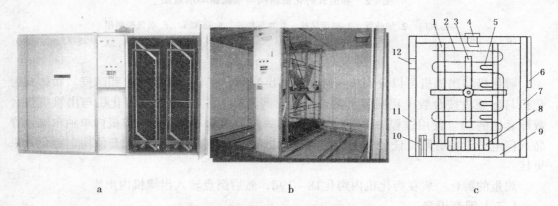

a　　　　　　　　　　b　　　　　　　　　　c

图4.1　箱体式立体蛋架车式孵化机

a、b. 箱体式孵化机外形图　c. 箱体式孵化机结构图
1. 立柱　2. 冷却水管　3. 风扇叶片 4. 进气口　5. 电加热管　6. 电器控制柜
7. 机门　8. 加湿水轮　9. 水盘　10. 翻蛋机构　11. 箱体　12. 排气口

2. 巷道式孵化机

巷道式孵化机的结构也是由箱体、通风换气系统、风扇、加热系统、加湿系统、翻蛋系统、风门、蛋架车、蛋盘和控制系统组成，其结构见图4.2。但气流循环原理与箱体式孵化机不同，由于该机利用了孵化后期胚胎产生的热量，所以节省电能，与同容量箱体式孵化机相比，可节省电能50%以上。巷道式孵化机的工作原理是采用功率为7.5kW的电热管对进入机内的空气加热，用6台250W的轴流风机使进入机内的空气加热并吹向前方，通过喷雾系统喷出的水雾加湿。翻蛋机构采用空气压缩机产生的压缩空气为动力，通过各台蛋车的气缸使蛋架车进行翻蛋动作。巷道式孵化机适合大型孵化厂使用，孵化机容蛋量为7万~16万枚，使用中还需配备出雏机，出雏机容蛋量为1.3万~2.7万枚。该机具有孵化量大、占地面积小、操作方便和节能的优点。但孵化期间不能进行照蛋。

（二）出雏机

出雏机是与孵化机配套使用的设备，出雏机的结构和性能与孵化机基本相同，只是没有翻蛋系统。另外，出雏机使用的出雏盘与孵化机的孵化蛋盘不同，蛋架车与出雏车（平底车）也不同。但出雏盘与孵化蛋盘一般可以配套，倒盘非常方便。

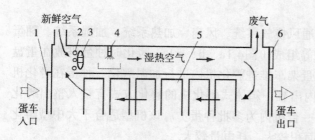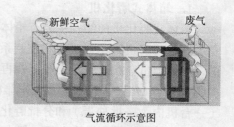

气流循环示意图

图4.2　巷道式孵化机结构与气流循环示意图

1. 机门　2. 加热管　3. 轴流风机　4. 加湿喷头　5. 蛋架车　6. 电气控制柜

孵化机与出雏机可以分别放在孵化间和出雏间，有利于孵化卫生和防疫。箱体式孵化机与出雏机按台数（相同容蛋量）配套比例为3:1～5:1，巷道式孵化机与出雏机按台数配套比例1:1。使用过程中每隔3d或4d入孵一批，落盘一批，在出雏机内单独出雏。青岛兴仪电子设备有限责任公司生产的环流型出雏机与巷道式孵化机配套使用，孵化效果更佳。

鸡蛋的孵化一般在孵化机内孵化18～19d，然后倒盘转入出雏机内出雏。

（三）配套设备

孵化机的配套设备主要有照蛋器、高压清洗机和发电机。照蛋器用于检查胚胎受精情况和发育情况，检出无精蛋和中死蛋。

高压清洗机用于孵化机、出雏机、蛋盘、出雏盘、孵化室、出雏室等的清洗，保证孵化作业的卫生条件。

发电机是在电源检修或出现事故后的备用电源，一般采用柴油机作为动力，带动发电机发电，发电机的功率一定要大于孵化机用电功率总和。

二、对孵化机的技术要求

孵化过程要经过种蛋的选择、码盘、预热、入孵、消毒、孵化、照蛋、晾蛋、倒盘、出雏和清洗消毒等操作。孵化的条件有温度、通风、翻蛋、湿度、凉蛋等，对孵化机的技术要求是：

（一）自动控温，温度均匀

温度是孵化的最重要参数，温度对孵化率和健雏率的影响最大。一般要求控温精度为 ±0.2℃，机内各点温差 <0.4℃。箱体式孵化机分批入孵采用恒温37.8℃孵化，整入整出采用前高后低的变温孵化。现代孵化设备都采用数字显示温度，但显示值有偏移现象，使用中要注意用门表上的精密温度计校正。

（二）通风合理，换气及时

通风换气是保证胚胎生长发育的重要条件，孵化机的通风换气是通过进排气风门和风扇共同进行的。孵化期间每枚胚蛋应有0.002～0.01m³/h的通风量，出雏期间每枚胚蛋应有0.004~0.015m³/h的通风量，经过通风换气使机内空气新鲜，CO_2含量不得超过0.5%，风门的调控原则是随胚龄的增加逐渐开大，季节不同，室温不同，风门开度大小也有所不同，否则风门开启过小影响孵化效果或开启过大浪费电能。

（三）定时翻蛋，角度要够

翻蛋的作用是防止胚胎粘连、使胚蛋受热均匀、加强胚胎的运动，提高孵化效果。孵化机一般每隔2h自动翻蛋一次。翻蛋角度：鸡蛋±45°±2°，倒盘后到出雏机内不用翻蛋。

（四）自动控湿，湿度适宜

一般要求孵化期间相对湿度为53%~60%，出雏期间相对湿度为65%~70%。湿度一般与温度联动控制，即温度不够不加湿。

上述4个条件是孵化的必要条件，也是对孵化率有影响的重要因素，其影响的程度按此排序。现代孵化机由于通风换气良好，因此在任何季节孵化都不需要凉蛋。孵化机的主要技术指标见表4-1。为保证正常的孵化，除对孵化机提出要求外，孵化室也要保持一定的温度、湿度和通风换气条件。

表4-1　孵化机的主要技术指标

技术指标	技术参数	技术指标	技术参数
控温范围	35~39℃	控温精度	±0.1℃
温度显示分辨率	0.01℃	温度场稳定性	≤0.1℃
控湿范围	40%~80%	湿度显示精度	1%RH
孵化后期机内CO_2含量	<0.15%	鸡蛋翻蛋角度	±45°　误差±2°

三、孵化机的使用

（一）对孵化室的要求

要求孵化室的最佳环境温度20~27℃，低于15℃要采取加温措施，高于27℃要采取降温措施。环境湿度50%~80% RH，电源三相五线制（3根相线、1根中线和1根保护地线），变压器功率要满足孵化机（6kW/台）的需要，供水水压0.3~0.5MPa，地面平整，并有排水沟便于冲洗机器。要有良好的通风换气条件，孵化机排出的废气要排至室外。

孵化机安装后，要通电试运转，检查温度、湿度、翻蛋、风门、各种报警等控制系统工作是否正常，并校正温度、湿度值。检查翻蛋位置、风门位置是否到位，必要时调整。运转1~2d后，一切正常就可正式入孵。

（二）使用中要注意的问题

根据季节、孵化量、恒温孵化或变温孵化方式合理设定孵化温度、湿度和风门位置，并用门表精密温度计校正温度。随着孵化胚龄的增加，应适当开启进排气风门。要注意加湿系统的水盘内不能断水，否则加湿器运转湿度达不到要求。

停电时一定要注意先断开各台孵化机的电源开关，依据胚胎孵化日龄，确定是否打开机门。孵化前7d的胚胎可以不开机门，注意保温。孵化8d以上的胚胎要打开孵化机门，放出机内热气，对孵化后期胚蛋要防止超温，半小时就要检查一次。发电时，在发电机电压稳定后，逐台启动孵化机，并要调整柴油机的油门，避免电压过高或过低烧坏电器。

（三）维修与保养

每孵化（或出雏）一批后，要对孵化机（出雏机）进行彻底清洗消毒一次。然后检查机械部件有无松动、卡碰现象，减速器内润滑油情况，大风扇皮带的松紧情况，翻蛋机构的蜗轮蜗杆处润滑油情况，必要时添加或调整。

每运转一年后要更换风扇电动机的轴承，还要有备用电动机、皮带和其他备件。

第二节　育雏设备

育雏是肉鸡生产中的关键环节之一，育雏效果直接影响到肉鸡后期的生长与养鸡场的经济效益。随着育雏方式的不同，所用育雏设备的种类也不同。目前，育雏工艺有立体育雏和平面育雏两种。

肉鸡立体育雏设备一般常用的是肉鸡笼，有叠层式和阶梯式两种。其特点是结构简单、操作方便、雏鸡生长良好、成活率高、热能浪费少、耗电量低、占地面积小、经济效益高。

平面育雏又分为地面垫料育雏和网上育雏。近年来网上育雏发展得很好，其特点是鸡雏鸡不与粪便接触，卫生条件好，饲养管理方便。养殖平面育雏设备有热风炉、水温加热炉、电热式育雏伞和燃气式育雏伞。还有采用火墙、火炉、锯末炉、热风炉等加温设施进行育雏。

一、立体育雏设备

立体育雏设备是使用肉鸡笼为育雏设备，开始育雏时，第一周鸡雏放在最上层，一周后随着肉鸡日龄的增加，鸡雏需要的温度逐渐降低，逐渐调整鸡群密度，把最上层的鸡雏转放到第二层、第三层和第四层。

图4.3a为简易型立体育雏设备，需要人工加水、喂料和清粪。设备简单，造价较低，管理方便，但劳动强度较大，适合中小规模肉鸡养殖。鸡笼底部采用底网，使鸡粪漏入底网下部的集粪盘内，集粪盘为玻璃钢或塑料制成，不易腐蚀，人工定时清理。饮水器为真空式饮水器，一罐水饮用完毕后，需要人工取出刷洗、灌水后放入笼内。第一周在笼内放置开食盘喂料，一周后逐渐在笼外的食槽进行喂料。

图4.3b为机械化立体育雏设备，采用自动饮水线供水，行车式喂料机喂料，输送带式清粪机清粪。育雏全套设备为热镀锌材料，造价高，使用寿命长，管理方便，适合大规模肉鸡养殖。

图4.3a 简易型立体育雏设备

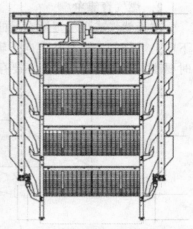

图4.3b 机械化立体育雏设备

二、平面育雏设备

（一）育雏保温伞

平面育雏可以采用育雏保温伞，有电热育雏伞和燃气育雏伞两类。

1. 电热育雏伞

电热育雏伞（图4.4）的伞体可以用玻璃钢、塑料、纤维板等材料制成，伞内装有红外线加热器、照明灯泡、温度传感器等。伞内温度用温度控制仪进行调节控制，伞外用一围栏把雏围住，伞外围栏内可以放置食盘、饮水器等，下部的塑料网使雏产下的粪便漏下，不与粪便接触，减少得病的机会。随着日龄的增加，逐渐调节育雏温度或调整育雏伞的高度，并注意调整鸡雏密度。电热育雏伞适合大中小型养殖场使用，育雏后，可以把育雏伞吊挂起来，不影响肉鸡的后期生长。

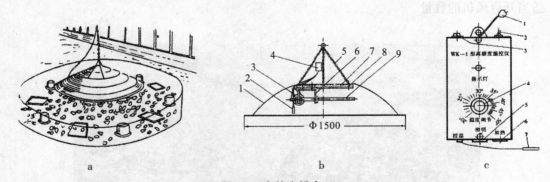

图4.4 电热育雏伞

a.育雏伞和围护板 b.电热育雏伞 c.控温仪
1.玻璃钢伞体 2.温度探头 3.灯 4.控温仪 5.吊链 6.电热管支架
7.隔热板 8.铝合金反射板 9.电热管（1kW）

2. 燃气育雏伞

在天然气或煤气资源充足的地区，可以使用燃气育雏伞（图4.5）。燃气育雏伞有从下向上燃烧的，也有从上向下辐射的。伞内温度靠调节燃气量和伞体高度来实现。育雏时要注意通风换气，周边不要存放易燃品。

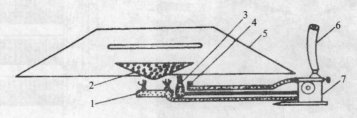

图4.5　燃气式育雏伞

1. 环形燃烧器　2. 反射板　3. 点燃器　4. 安全器
5. 伞体　6. 燃气管　7. 调节器

（二）地面平养与网上平养设备

大规模平面养殖采用热风炉加温，刚开始育雏时，用塑料薄膜把地面或网床面隔成小区域，1周后随着肉鸡日龄的增加，逐渐放大养殖区域，不用转群，操作方便。

图4.6是大规模肉鸡地面养殖现场，图中右上部管路为热风炉吹进来的热风管路，使舍内温度增加，左下部管路为热风炉排烟管路，把燃烧后的烟气余热散发到舍内，提高热效率。舍内分布几条料线和水线，房舍侧墙开有通风小侧窗自然通风。夏季鸡群密度为8只/m²左右，冬季鸡群密度为10只/m²左右。地面垫料饲养可以逐渐撒放新的垫料（稻壳、锯末等），一批鸡出栏后垫料与粪便一起清理出舍外。网上养殖可在网床下面设置刮板式清粪机，每天把粪沟内的粪便清理出舍外。前一周可采用小侧窗自然通风，一周后逐渐使用温度控制仪控制大直径轴流风机进行机械通风，在保证育雏温度的条件下，适当开启风机的数量。

图4.6　大规模肉鸡地面养殖现场

第三节　肉鸡饲养设备

一、肉鸡的笼养设备

笼养鸡的显著特点就是充分利用现代科学技术和机具设备实现高密度、高效益的饲养，获得更好的饲养效果和更高的经济效益。在大中型肉种鸡养殖场中得到普遍应用。

（一）笼养设备的组成

笼养鸡是将鸡关在笼内饲养，按照鸡的品种和生长发育阶段可分为雏鸡、育成鸡和种鸡笼养。国内生产的鸡笼，有育雏笼、肉鸡笼和肉种鸡笼等。

笼养设备包括鸡笼、笼架和附属设备（食槽、饮水器、承粪板、集蛋带等）。鸡笼多为装配式的，在使用前把各部件装配在一起。笼体一般由 $\phi 2 \sim 3$mm冷拉低碳钢丝点焊而成，经酸洗后镀锌或涂塑防腐。笼前有食槽和饮水器，鸡粪可经栅状底网漏下。育雏笼和肉鸡笼底网为平底，种鸡笼的底网前倾 $7° \sim 11°$，使种蛋滚入前端的集蛋槽内。肉种鸡笼的底部为降低破蛋率需要增加一塑料垫网。

笼架一般由 $2 \sim 3$mm厚的钢板冲压成型，为了更好的防腐，笼架零件全部采用热镀锌处理，其使用寿命比油漆防腐延长 $1 \sim 2$ 倍。也有采用钢管、角钢等焊接或用木材制作。

（二）鸡笼的类型

1. 肉种鸡笼

种鸡笼一般是公母鸡分开饲养，公鸡笼尺寸较大，底网平置，每小笼内养公鸡1只，$2 \sim 3$层全阶梯式布置，便于采精操作。肉种鸡笼（图4.7）由底网、后网、前网、顶网和侧网构成，笼门安排在前网或顶网，可拉开和翻开。一般前顶网做成一体、后底网做成一体，用侧网隔开 $3 \sim 5$ 个小笼，每个小笼养鸡2只，网片间用笼卡牢固连接。由于肉种鸡需要进行人工授精，因此常采用 $2 \sim 3$ 层全阶梯式笼养（图4.8）。

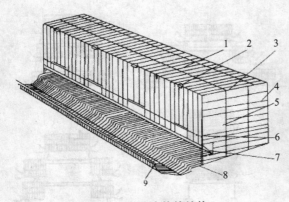

图4.7　肉种鸡笼的结构

图4.8　二层全阶梯式肉种鸡笼养

1. 顶前网　2. 笼门　3. 笼卡　4. 侧网　5. 饮水孔　6. 挂钩　7. 护蛋板　8. 底网　9. 缓冲板

2．肉鸡笼

肉鸡笼的底网平置，每笼内养鸡4～8只，有全阶梯式（图4.9）和叠层式（图4.10）等。肉鸡笼与育成笼基本相同，肉鸡笼养目前仍不普遍，主要原因是肉鸡生长期短，在育雏阶段需要20d左右，转群时易发生应激，影响鸡的生长，另外容易发生胸囊肿和软腿病等，现在肉鸡主要采用网上一段式饲养。

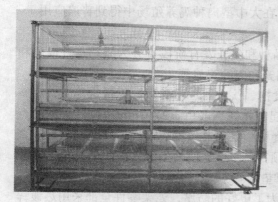

图4.9　肉鸡阶梯式笼养设备

图4.10　肉鸡叠层式笼养设备

3．鸡笼的组合方式

肉鸡笼的组合方式分为全阶梯式、半阶梯式、叠层式、阶叠混合式等（图4.11）。肉种鸡笼底部为倾斜状态，肉鸡笼底部为平置状态，底部一般铺设塑料底网。

（1）全阶梯式鸡笼（图4.11a、图4.8、图4.10）　各层鸡笼沿垂直方向互相错开，各层鸡笼的环境条件比较一致，鸡粪可直接落入粪沟，舍饲密度较低，适用于半开放式和封闭式鸡舍。多数肉鸡笼和肉种鸡笼都采用这种方式，有2～4层；笼架有全架和半架。可以配备链片式喂料机或行车式喂料车进行喂料。采用乳头式、杯式或水槽式饮水器饮水，用刮板式清粪机清粪。

（2）半阶梯式鸡笼（图4.11b）　上下层鸡笼有部分重叠，如果重叠笼深的1/2～2/3，下层的鸡笼的后上角做成斜角，用于安装承粪板，把上层笼鸡产生的粪便导入粪沟内。这种方式占地面积小，饲养密度比阶梯式高，适用于密闭式鸡舍或通风条件好的半开放式和开放式鸡舍。配置的设备与全阶梯式鸡笼相同。

（3）叠层式鸡笼（图4.11c、图

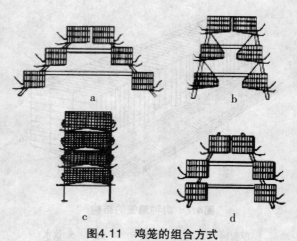

图4.11　鸡笼的组合方式

a 全阶梯式　b 半阶梯式　c 叠层式　d 阶叠混合式

4.9）　各层鸡笼沿垂直方向重叠（图4.9），重叠的层数有3~4层，每层鸡笼底网下都用带式清粪机清粪，把鸡粪送到鸡舍的一端的横向粪沟内，再用输送带式清粪机把鸡粪清理到舍外。这种方式的特点是舍饲密度高、劳动生产率高、基建投资小；但各层之间的环境条件差异较大，对鸡舍环境控制要求高。配备的机械设备有链片式喂料机或行车式喂料车进行喂料，采用乳头式、杯式或水槽式饮水器饮水，用带式清粪机清粪。适合自动化程度高的肉鸡笼养。

（4）阶叠混合式鸡笼（图4.11d）　上中层鸡笼互相错开，中下层鸡笼重叠，下层鸡笼的顶网上面设有承粪板。配备的机械设备与全阶梯式相同。

二、肉种鸡棚架养殖设备

肉种鸡采用地面垫料平养或2/3棚架、1/3垫料饲养。鸡舍内部棚架的布置取决于鸡舍的宽度。一般来说，在宽度为10~16m的鸡舍中，垫料部分占用鸡舍中间1/3的部位，而棚架则沿边墙两侧铺设即所谓"高低高"方式（图4.12）。某些情况下也可将棚架安置在鸡舍的一侧或鸡舍的中央部位。这种设计可为鸡群提供足够的采食、饮水以及产蛋箱的面积，有助于确保鸡群分布均匀和通风适宜。

图4.12　肉种鸡棚架饲养

棚架高度在0.8m左右，支架可以用木杆或铁管等制作，上面用木方或竹片钉成栅格状，棚架上放置产蛋箱、喂料线和饮水线。种公鸡的料桶挂在较高的位置，母鸡吃不到公鸡饲料，公鸡带鼻夹，避免在料线吃到母鸡的饲料（图4.13）。棚架的布局见图4.14。

1．木质棚架

用于制造棚架的木材应具有以下特征：无疤结、抗腐蚀、抗变形、抗虫蛀，坚韧且重量轻。最小规格为2.5cm×4cm，最大规格为2.5cm×5cm，标准的棚架板块尺寸为

图4.13　公鸡鼻夹与料桶

91cm×366cm。该尺寸主要根据鸡舍的规格、围栏的面积和所使用的材料而定。

棚架应安放在距地面50~56cm高的位置，确保便于母鸡进入产蛋箱。棚架托梁的每端都应留出7.5cm的悬出部分，该悬出部分可根据鸡舍状况、鸡栏规格或支撑柱的需要适当切割。棚架木板条之间的间距为2.5cm，不要超过这个距离。在托梁上钉装棚架板条时，要留出1.9cm的延伸部分，将两块棚架放在一起时，棚架板条之间的距离为3.8cm。棚架的框架托梁应距中心的距离为48cm。

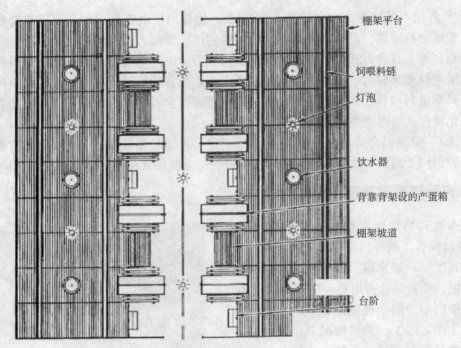

图4.14　棚架的布局

支撑架由5cm×10cm的木板材料制成并由夹板分开固定。夹板的长度根据托梁上悬出的板条制定。棚架平台的每个角都应有5cm×15cm支撑架加强固定，防止棚架倒塌。支撑架不需要用钉子与棚架连接。棚架本身的重量即可将支架固定。棚架下不允许有任何鸡只活动。应用镀锌或镀塑铁丝网作为拦网（见图解）安装在木框架上。不要使用封闭的拦网（如木板），否则会阻碍棚架下的空气流通，不利于粪便干燥。

制作托梁时，其材料材质要与棚架板条一样。整个棚架都要使用镀锌或不锈钢钉。

2．塑料棚架

虽然塑料棚架费用较高，但与木质或铁丝网制作的棚架相比，具有以下优越性：重量轻、不吸水且易于清理和消毒、更为坚韧耐用，抗腐性较强、鸡只脚部损伤较少、对塑料棚架的需求不尽相同。应按照生产厂家的使用说明进行安装。

3．铁丝镀塑棚架

用标号较粗的铁丝焊接并镀塑制成2.5cm×2.5cm孔径的棚架。这种棚架较全塑棚架便宜，而且具有全塑棚架的各种优越性。

所焊接的铁丝网必需能够支撑鸡只的重量。可用木材制作支撑托架，防止镀塑铁丝网下陷，加强支撑能力。用不锈钢钉将镀塑铁丝网固定在托架上。镀塑棚架的支撑结构应类似木质棚架的支撑结构。

坡道与台阶要安装棚架坡道，便于鸡只上下棚架。沿棚架每隔5～8m安装一个坡道（图4.15）。

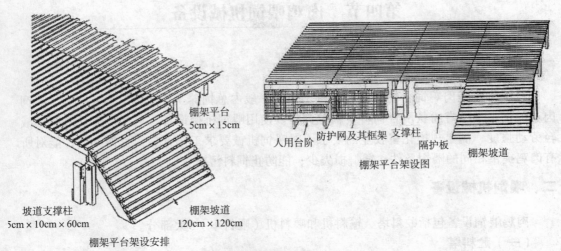

棚架平台
5cm×15cm

人用台阶　防护网及其框架　支撑柱　隔护板　棚架坡道

棚架平台架设图

坡道支撑柱
5cm×10cm×60cm

棚架坡道
120cm×120cm

棚架平台架设安排

图4.15　坡道与台阶

三、肉鸡网床设备

网床（图4.16）的床架支撑物与横梁可以是木材、铁管、石头柱或水泥柱等，床架搭好后上面用木杆、竹竿或镀锌钢丝铺成网床，最上面再铺硬塑料养殖网，过道一边用栅格状网片做围网，便于肉鸡伸出头在食槽内吃料。网床一般长几十米（根据鸡舍长度确定），宽3~4m，高0.8m。根据鸡舍的大小，一般每栋鸡舍里纵向摆放2~3个网床，为了方便工作人员走动，网床之间要有1m左右的过道。网面上方摆放料桶（或料线）和吊挂饮水器（或水线）。

图4.16　肉鸡网床设备

地面最好铺设水泥地面，便于人工清粪。有条件的地方可以在网床下方做成粪沟，然后使用刮板式清粪机进行定期清粪，减轻了劳动强度，改善了鸡舍的空气环境。

第四节 肉鸡喂饲机械设备

一、肉鸡喂饲机械设备的类型

喂饲作业是肉鸡饲养场的一项繁重工作，一般占总饲养工作量的30%～40%。喂饲肉鸡的饲料类型有粉状配合饲料或颗粒饲料。使用喂饲机械设备，可提高劳动效率，减轻劳动强度，满足规模化畜牧业的要求。对喂饲机械要求工作可靠，操作方便；能对所有肉鸡提供相同的喂饲条件；饲料损失少；能防止饲料污染变质。

二、喂饲机械设备

肉鸡喂饲设备包括贮料塔、输料机和喂料机（喂料车）3大部分。

（一）贮料塔

贮料塔用来贮存饲料，便于实现机械化喂饲。它常设置在肉鸡舍外的端部，比较长的鸡舍也可设在中间部位。图4.17表示了国产9 TZ—4型贮料塔（容量4.75t）及与其配套的输料机。贮料塔多为镀锌钢板制成，塔身断面呈圆形（图4.18）或方形。大型肉鸡养殖场在每栋鸡舍都配备了1～3个贮料塔（图4.19）。

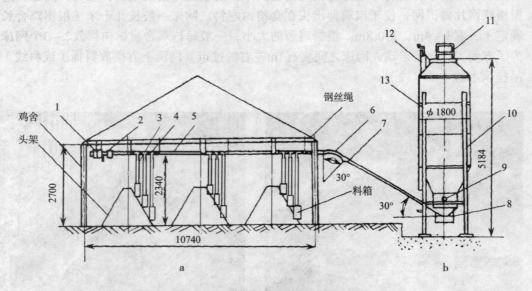

图4.17　贮料塔与输料机配置图

a.输料机　b.贮料塔

1.电动机　2.机头　3.下料管　4.下料管接头　5.送料管　6.弯头
7.接头　8.机尾　9.破拱装置　10.塔架　11.梯子　12.拉手　13.塔身

图4.18 贮料塔　　　　　　　　图4.19 大型肉鸡养殖场配备的贮料塔

（二）输料机

目前，国内外从料塔向鸡舍内送料的输送装置有索盘式、螺旋式和螺旋弹簧式等。国内使用螺旋弹簧式的较多。

国产9HT—2型螺旋弹簧输料机（图4.17）与贮料塔配套使用，将料塔内饲料送入鸡舍。该输料机结构简单，运转平稳，噪音小，主要工作部件使用寿命长，工作可靠。饲料在管路内输送，不会被污染，也不会发生饲料飞扬现象。特别在改变送料方向时更显示其优点，无需附加转角装置。该机适用于输送干粉状配合饲料，输送能力为1500～2000kg/h。

该输料机主要由机头、机身和机尾3部分组成。机头和机身装配后用钢丝绳吊挂在鸡舍内的房梁上，机头可以吊挂，也可用架子固定在墙上。而机尾则安装在料塔的小料斗内。弹簧钢丝直径8mm，弹簧外径60mm，管道内径72mm，输料弹簧转速665r/min，配套电机功率1.1kW。螺旋弹簧的断面形状有圆形和扁形2种，扁形弹簧的输送能力更大。

输料机可以通过控制电路进行自动起动和停止，控制方式是定时控制和料位控制。其工作过程：先从第一个下料管向对应的第一个料箱放料，同时有少量的余料从第二个下料管放出。当第一个料箱装满后，自然过渡到第二个料箱，直至最后一个料箱的饲料达到一定高度时，料位器起作用，使输料机停止工作。当最后一个料箱的饲料料位下降到一定程度时，料位器又发出信号，输料机可以重新向鸡舍送料。

在使用前要检查各部分的联接是否可靠。该机不得在无饲料时空运转。饲料内不得有麻绳、稻草或石块等杂物，以防损坏机件。

（三）喂料机

喂料机用来将饲料送入肉鸡饲槽。干饲料喂料机可分固定式和移动式2类。

1. 固定式干饲料喂料机

固定式喂料机按照输送饲料的工作部件可分螺旋弹簧式、链（片）式和索盘式3种，固定式喂料机由输料部件、驱动装置、料箱和转角轮等构成。

（1）螺旋弹簧式喂料机　螺旋弹簧喂料机主要应用于肉鸡的地面平养和网上平

养，可以根据舍内宽度情况设置多台螺旋弹簧式喂料机，形成多条喂料线。螺旋弹簧式喂料机主要由料箱与驱动装置、螺旋弹簧与输料管、食盘、控制系统等组成。

图4.20b表示了采用螺旋弹簧喂料机的平养鸡舍干饲料喂饲系统。饲料由舍外的贮料塔1经螺旋弹簧式输料机2送入舍内的各个螺旋弹簧式喂料机的料箱7内，再由料箱内喂料机的螺旋弹簧沿配料管输送，并依次向套接在配料管出料口下方的盘筒式食盘5装料，当最后一个带料位开关的接料筒装满时，料位开关因饲料压力而动作，使喂料机停止工作。食盘中的饲料被鸡群采食后，料位降低，装在最后一个盘筒式食盘内的料位开关接通，喂料机再次向各食盘充填饲料。

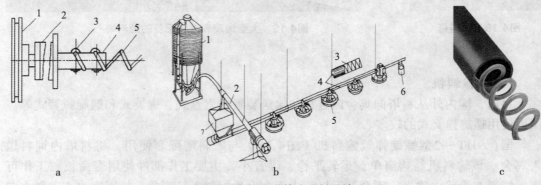

图4.20　螺旋弹簧式喂料系统

a 螺旋弹簧的驱动装置
1. 皮带轮　2. 机头壳体　3. 钩头螺栓　4. 驱动轴　5. 螺旋弹簧
b 螺旋弹簧式喂料系统
1. 贮料塔 2. 输料机　3. 螺旋弹簧　4. 输料管　5. 盘筒形食盘
6. 带料位开关的接料筒　7. 料箱
c 扁弹簧

①螺旋弹簧与输料管　螺旋弹簧和输料管配合使用，输料管由1.5mm厚的薄钢板卷成，输料管上有相隔一定距的开口，当螺旋转动时，将饲料向前推送，通过输料管上的开口经落料管直接落入食盘，当食盘装满后饲料被继续往前推送进入第二个开口和食盘，直至装满所有食盘为止。输料管内径为55～90mm，一般输料机常取直径较大的输料管，喂料机输料管直径较小。螺旋弹簧由含锰弹簧钢条卷成，螺旋外径比配料管内径小12mm左右，钢条断面为矩形（断面：8mm×3mm），也可为圆形断面，即采用直径为8mm的螺旋弹簧钢条。

螺旋弹簧式喂料机的驱动装置比较简单，见图4.20a，它是一根端部装有三角皮带轮的驱动轴，也可用减速器带动驱动轴，由两个钩头螺栓将螺旋弹簧的端部固定在轴上。工作时，电动机通过三角皮带带动驱动轴，从而带动了螺旋弹簧转动。

②鸡用盘筒式食盘（图4.21），食盘直接或通过落料管与喂料机的输料管相连。它由料筒、外圈、盘体以及与输料管的连接上盖组成。饲料通过输料管道的可调开口流向料筒锥形部分与盘体尖锥体之间的空间，并由此进入盘体，用手转动外圈可改变料筒相对于尖锥体的位置，从而调整了流入料盘内的饲料量以适应不同日龄鸡群的要求。料盘

的栅架将料盘分隔成若干采食位置。食盘直径为350～420mm，深度可调，使盘内料厚不超过盘深的3/4，以免饲料外溅。盘筒式食盘悬吊的离地高度可以根据鸡的日龄的增长调节。饲槽直径为380mm时，每一盘筒式食盘可供50～70只肉鸡自由采食。每台喂料机组成一条喂料线（图4.22），食盘一般间隔75cm左右，料线间隔3～4m。

图4.21　盘筒式食盘　　　　　　　　图4.22　螺旋弹簧式喂料线

（2）链式喂料机　链式喂料机适用于肉鸡平养（图4.23c）和笼养（图4.17a），其特点是输料机构的运动部件在饲槽内通过。链片由驱动机构驱动，通过料箱并以其表面推送饲料沿饲槽平面作环形运动，使饲料均匀分配在饲槽的全长度上。遇到转弯处由转角轮改变其运动方向。一台喂料机可装1～2条环形链，每条喂饲线的最大工作长度可达300m。饲槽为长饲槽，常由镀锌钢板制成。链式喂料机的工作和停歇时间由定时器控制，常用于平养或笼养鸡的喂饲。

链式喂料机（图4.23）主要由料箱与驱动装置、链片、饲槽、饲料清洁器（平养用）、支架（平养用）、头架与尾架（笼养用）、控制系统等组成。

链片与饲槽配合使用。链片通过料箱并在饲槽底上移动，将料箱内的饲料向前输送，链片作环状运动一周后又回入料箱。在链片移动或停止时，鸡可以啄食在链片上方的饲料。

链片由高强度钢板冲压而成，各链板互相钩连，链片速度为3.6～12m/min，链片节距有42mm和50mm两种。高速链条的线速度为18m/min，可以避免鸡挑食。

链式喂料机的驱动装置见图4.23a，它由驱动链轮（1～2个），驱动链轮固定在减速器输出轴上的传动套上。链轮与链片相啮合，当电动机通过减速器输出轴以低速转动时，链轮即带动了链片。为了防止机器损坏，传动套与链轮之间设有安全销，超载时安全销会被切断。

鸡用干饲料长饲槽随鸡的种类和日龄而异。鸡用长饲槽一般由厚度0.75mm以上镀锌薄钢板制成，喂料机的输料部件链片在饲槽内输送饲料进行喂饲，饲槽形状尺寸除要考虑鸡的饲养要求外，还应考虑输料部件的形状和尺寸。图4.24a、图4.24b、图4.24c表示了用于链式喂料机的鸡用长饲槽。

平养鸡用链式喂料机增加了饲料清洁器（图4.23c），安装在喂料线的回料端，它的作用是清理因鸡的活动进入饲槽的羽毛、垫草、鸡粪等杂物。饲料清洁器是由运动的链片通过链轮带动圆筒筛转动，把筛后的细小洁净饲料由筛外的螺旋刮板送回饲槽，中间较大的颗粒杂物由筛内的螺旋刮板排出机外。

　　支架是平养鸡时用来支撑料箱（容量较大）与驱动装置、转角轮、饲料清洁器和饲槽等。支架为可调式支架，可根据鸡的日龄大小调节饲槽的高度，一般饲槽的高度比鸡背略高。

　　平养鸡用链式喂料机可根据鸡舍的跨度大小形成一条或两条喂料线，跨度较大的鸡舍采用双列平行式（图4.23e），跨度较小的鸡舍采用双列对称式（图4.23d）或单列式。

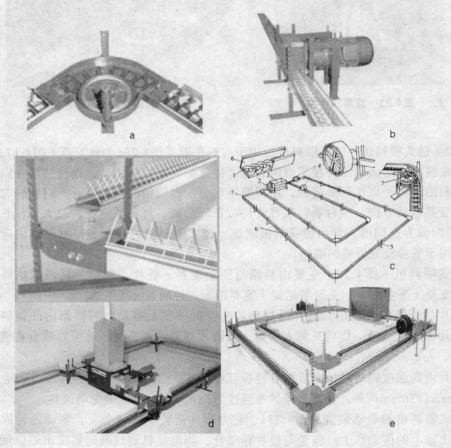

图4.23　平养链式喂料机

a.转角轮与支架　b.驱动装置　c.链式喂料机的组成　d.双列对称式喂料线　e.双列平行式喂料线
1.链片　2.驱动装置　3.料箱　4.饲料清洁筛　5.饲槽支架　6.饲槽　7.转角轮

　　笼养鸡用链式喂料机必须根据鸡笼的组合方式不同，配备相应的头架和尾架。每层笼有一台链式喂料机，形成水平循环的两条喂料线。在鸡笼一端的头架主要用于安装料箱（容量较小）与驱动装置和两个转角轮，尾架主要安装另外两个转角轮，并与饲槽衔接。

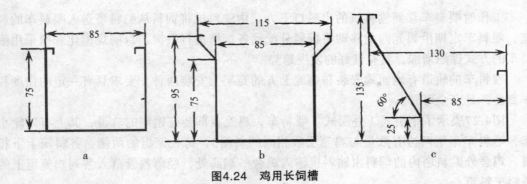

图4.24 鸡用长饲槽

a 平养育成鸡槽   b 平养种鸡饲槽   c 笼养鸡饲槽

（3）索盘式喂料机 索盘式喂料机（见图4.25）可用于肉鸡的平养，也可用于其他禽类的喂饲。索盘式喂料机主要由料箱与驱动装置、索盘、饲槽或食盘、控制系统等组成。

索盘和输料管配合使用，常用同一组设备同时完成输料机和喂料机的工作。当用于喂鸡时，索盘也可与食盘配合使用。索盘是由直径为5～7mm的钢丝绳和等距离压注在钢丝绳上的圆形塑料圆盘组成。圆盘直径为35～50mm，间距为50～100mm，线速度为12～30m/min。工作时索盘在料箱和输料管内移动，把饲料从料箱带往食盘进行喂饲。生产率为300～700kg/h，所需功率为0.75～1.8kW，最大输送距离可达500m。

索盘式喂料机的驱动装置见图4.26。它由减速器、驱动轮、张紧轮和导向轮等组成。减速器通过驱动轮带动索盘，张紧轮弹簧可使张紧轮上移将索盘的钢索张紧，靠近张紧轮有行程开关，当索盘的钢索过松或断开时行程开关会切断电源，使喂料机停止工作，以免发生事故。索盘式喂料机通过索盘的移动把饲料从料塔输送到舍内的食盘内，形成的料线与螺旋弹簧式喂料机相同。

图4.25 索盘与输料管

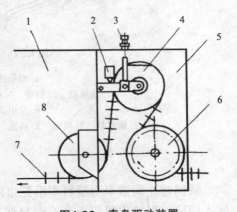

图4.26 索盘驱动装置

1.料箱 2.行程开关 3.张紧轮弹簧
4.张紧轮 5.传动箱 6.驱动轮
7.索盘 8.导向轮

2. 移动式干饲料喂料机也称喂料车

喂料车常用于肉鸡和肉种鸡的笼养喂料。喂料车的移动方式常用的有两种，一种方式是驱动系统固定，通过钢丝绳牵引喂料车行走进行喂饲作业；另一种方式是用拖挂电缆做电源，由驱动用的减速电动机带动喂料车行走进行喂饲作业。

工作时喂料车移到输料机的出料口下方，由输料机将饲料从贮料塔送入喂料车的料箱，喂料车定期沿鸡笼向前移动将饲料分配到各饲槽进行喂饲。目前规模化养殖采用喂料车的方式逐渐增加，具有良好的发展趋势。

喂料车的轨道有地面式安装和鸡笼上方的笼架上安装两种，要求具有一定的强度和平直性，且安全可靠。

图4.27表示了牵引式（叠层式）喂料车，鸡笼顶部装有钢制的轨道，其上有四轮小车，喂料车车架两边有数量与鸡笼层数相同的料箱3，跨在笼组的两侧，各料箱上下相通。鸡舍外贮料塔内的饲料由输料机输入鸡舍一端高处，经落料管落入各列鸡笼组上的喂料车料箱。

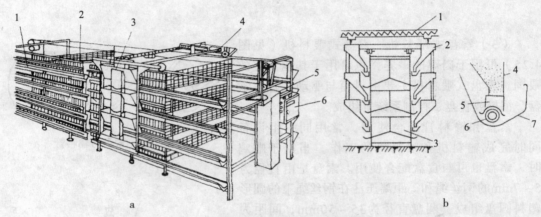

图4.27　牵引式（叠层式）喂料车

a. 牵引式（叠层式）喂料车外形图
1. 饮水槽　2. 饲槽　3. 料箱　4. 牵引架　5. 驱动装置　6. 控制箱
b. 牵引式（叠层式）喂料车结构图
1. 输料机　2. 料箱　3. 鸡笼　4. 落料管　5. 喂料调节器　6. 弹簧圈　7. 饲槽

喂饲时，钢索牵引喂料车沿笼组以8～10m/min的速度移动，饲料通过料箱出料口自流入饲槽。料箱出料口上套有喂料调节器，它能上下移动，以改变出料口距饲槽底的间隙，以调节供料量。饲槽由镀锌铁板制成，有的在饲槽底部加一条弹簧圈，以防鸡采食时挑食或将饲料扒出。

图4.28b表示了自走式（阶梯式）喂料车，两台减速电动机带动喂料车行走，另一电动机通过减速器带动料箱中的螺旋绞龙转动，使饲料均匀的从各个落料管下落，送到各饲槽。

图4.29表示了播种式喂料车（阶梯式），在机架上安装多个料箱，行走时饲料通过落料管下落到各饲槽。其优点是地轨少，共用一套牵引装置。

喂料车的优点是结构简单，不需转动部件或只需简单的转动部件。缺点是要求饲槽和轨道保证水平，对安装技术要求高，对饲料流动性要求较高。

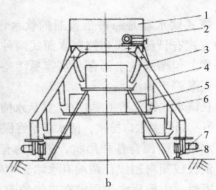

a　　　　　　　　　　　　　b

图4.28　牵引式与自走式（阶梯式）喂料车

a. 牵引式喂料车（四层全阶梯式）外形图
b. 自走式喂料车（三层全阶梯式）结构图
1. 料箱　2. 电动机与减速器　3. 落料管　4. 机架　5. 鸡笼　6. 饲槽　7. 减速电动机　8. 地轨

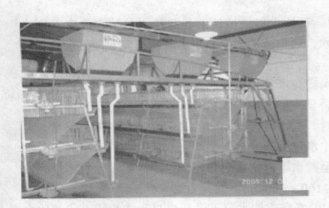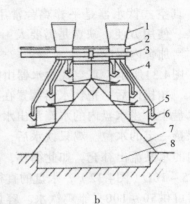

a　　　　　　　　　　　　　b

图4.29　播种式（阶梯式）喂料车

a. 播种式喂料车（三层半阶梯式）外形图
b. 播种式喂料车（三层全阶梯式）结构图
1. 料箱　2. 鼓轮轴　3. 机架　4. 落料管　5. 鸡笼　6. 饲槽　7. 鸡笼架　8. 粪沟

第五节　肉鸡养殖场饮水设备

　　在肉鸡养殖场中，生产、生活需要大量的水，考虑消防需要，还需要贮备一定数量的水。因此，供水是肉鸡养殖场的一项重要工作。采用机械设备供水，不仅能保证肉鸡养殖场的需水量，还能提高劳动生产率，降低生产成本。

　　肉鸡养殖场采用饮水器，能满足肉鸡饮水的生理要求，有利于肉鸡的生长发育，还可以节省劳力，降低水耗，减少疾病传染的机会。常用的饮水器有槽式、真空式、吊塔式、乳头式和杯式等几种。

一、槽式饮水器

槽式饮水器是一种最普通的饮水设备。养鸡用水槽可用于笼养和平养，其控制水位的方式有长流水式和控制水面式两种。槽式饮水器的优点是结构简单、价格低廉、供水可靠。但槽式饮水器存在水容易污染、易传染疾病、蒸发量大、水槽要定期清洗等缺点，逐渐趋于淘汰。

长流水式饮水槽（图4.30）是从水槽的一端连续不断地供水，另一端由溢水口排水，使水槽始终保持一定的水位。

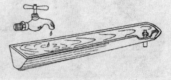

图4.30　长流水式饮水槽

水槽的断面有各种形状，常用的有V形和U形，可用镀锌薄钢板或塑料制成，两端有水堵，中间有接头，连接时要用胶密封。水槽用水钩固定在鸡笼的前方，要保持一定的水平度。

平养鸡时要将水槽安装在墙边或栅栏前，避免鸡上到水槽上面踩坏水槽或使水污染。

二、真空式饮水器

真空式饮水器是平养鸡舍常用的一种饮水器。该饮水器的优点是结构简单、价格低廉、使用方便，缺点是需要人工加水，增加劳动强度。水少时易被鸡弄翻，水洒落地面，增加舍内湿度。

图4.31所示，真空式饮水器由贮水罐与水盘扣接而成，在扣接之前，先将贮水罐装满水，扣接以后，把饮水器搁置在鸡舍里。空气由出水孔进入贮水罐内，水经出水孔流至水盘中。当水盘内的水淹没出水孔时，贮水罐内有一定的真空度，水则停止流出，盘中保持一定的水位。鸡只饮水后，盘中水位下降，空气又从出水孔进入贮水罐内，贮水罐内的水又流出补充。如此循环，直至贮水罐内的水全部流出为止。贮水罐的容量一般为2.5～10L（图4.32），水盘的直径为160～300mm，槽深为25～40mm。每个真空式饮水器可供50～100只雏鸡饮水。容量大的真空式饮水器可供育成鸡和成鸡饮水或其他禽类饮水。

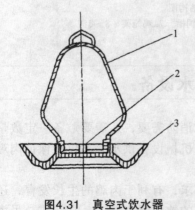

图4.31　真空式饮水器

1.贮水罐　2.出水孔　3.饮水盘

图4.32　不同规格的真空式饮水器

三、吊塔式饮水器

吊塔式饮水器又称为钟式饮水器或普拉松式饮水器（图4.33），用绳索把它从天花板上悬挂下来，可按鸡龄大小调节它吊装的高度。其特点是采用吊挂方式，自动控制进水，不妨碍鸡的活动，适用范围广，工作可靠，不需人工加水，吊挂高度可调，使饮水盘与雏鸡背部或成鸡的眼睛平齐。主要用在肉鸡、肉种鸡的平养方式。该饮水器要有防晃装置，供水管路要有减压过滤器。每天用完后也要刷洗消毒，操作较麻烦。

图4.33　吊塔式饮水器外形图

图4.33与图4.34a为常用的一种吊塔式饮水器。它主要由饮水器体、弹簧阀门机构等组成。饮水器体由塑料制成，一般制成红色，饮水器的悬挂高度，应使饮水器平面与雏鸡的背部或成鸡的眼睛等高。

吊塔式饮水器体，其形状如一小尖帽，把帽沿卷起形成一个小水槽，通过拉簧和绳索悬挂在舍的空中。

吊塔式饮水器（图4.34b）的工作原理是：当饮水盘中无水时，大弹簧将饮水器体抬起，饮水器体上平面顶起阀门杆，水由阀门体流出，通过饮水器上端两个对称的出水孔流入饮水盘的槽内。当水面达到一定高度时，其重量使饮水器体压缩大弹簧，饮水器体下降，阀门杆在小弹簧弹力下关闭，水停止流出。当水被鸡饮用一定数量后，又重复以上工作。

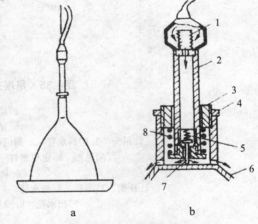

图4.34　吊塔式饮水器

a. 饮水器外形　　b. 阀门机构

1. 滤网　2. 阀门体　3. 调整螺母　4. 锁紧螺母
5. 小弹簧　6. 饮水器体　7. 阀门杆　8. 大弹簧

如果要调节饮水盘水槽的水面高低，可松开锁紧螺母，拧入（或拧出）调整螺母，以改变大弹簧的弹力，而改变了水槽水面的高低。拧入调整螺母可增高饮水槽水面，拧出调整螺母可降低饮水槽水面。

为了防止饮水器晃动，常设有防晃装置，有防晃杆、防晃挡圈和防晃水瓶3种（图4.35）。防晃杆是在饮水器下部设有一可调整的防晃杆，防晃杆的下端与地面或网格接触，阻止饮水器晃动，杆的高度可调。防晃挡圈安装在与铸铁块固定的立杆上，上下可调，防晃挡圈阻止饮水器晃动。防晃水瓶是在饮水器内设有防晃水瓶，它由两条水瓶吊杆悬挂在自动阀门的导杆上，因其重量较大增加了晃动阻力，减少了晃动量。生产中可根据禽类的日龄大小适当调整水瓶的加水量。

吊塔式饮水器，要求主水管的水压一般为0.2～16kPa，其饮水盘外径为350mm，水槽深40mm，盛水量约为450mL。每只饮水器可供100～150只鸡饮水。供雏鸡饮水时，可在饮水盘内装入雏用附加圈，使水槽断面尺寸变小，以免雏鸡进入水槽之中。

　　吊塔式饮水器使用一段时间后，必须进行清洗。先用毛刷将饮水盘的水槽刷一遍。卸下吊杆，把脏水倒出鸡舍之外。每一批鸡出栏后，应将饮水器拆开，进行清洗消毒。该饮水器的用量也逐渐减少，有被乳头式饮水器取代的趋势。

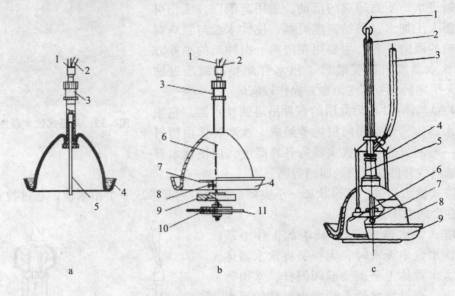

图4.35　吊塔式饮水器防晃装置

a. 防晃杆式
b. 防晃圈式
1. 吊绳　2. 塑料水管　3. 阀门体　4. 饮水盘　5. 防晃杆　6. 螺杆
7. 防晃圈　8. 定位螺钉　9. 底座　10. 夹板　11. 网片
c. 防晃水瓶式
1. 挂钩　2. 吊杆　3. 进水管　4. 水瓶吊杆　5. 阀门体　6. 防晃水瓶
7. 出水孔　8. 雏用附加圈　9. 饮水盘

四、乳头式饮水器

　　乳头式饮水器可用于肉鸡的笼养和平养。乳头式饮水器的特点是水质不易污染、减少疾病的传播、蒸发量少、适用范围广，而且使用后不须清洗、减轻劳动强度、节省用水，是一种封闭式的理想饮水设备。但乳头式饮水器对水质要求高、易堵塞，应在供水管路上加装过滤器，滤网规格不小于200目，并尽可能采用塑料管路。对水压要求高，要用减压水箱或减压阀降低水压。并可配备自动加药器，进行饮水免疫、预防或治疗性投药。

　　鸡用乳头式饮水器有钢球阀杆式密封（图4.36）、弹簧阀杆式密封（图4.37a、b）和锥杆密封式3种（图4.37c）。优质的乳头式饮水器阀体由ABS工程塑料制成，触杆、钢球、弹簧由不锈钢制成。密封圈用聚四氟乙烯材料，弹性好，质量好，不易老化，使用寿命长。

钢球阀杆式乳头饮水器由阀体、阀杆、钢球和密封圈等组成（图4.36）。其密封原理是阀杆与阀座之间为第一道密封，钢球与阀体中间有两道密封，要求零件加工精密，才能保证可靠的密封，不漏水。平时因毛细作用，阀杆处有水滴存在，鸡饮水时触动阀杆，使阀杆倾斜，推动钢球变位，使水从引水杆的间隙、钢球与阀体间隙、阀杆与阀座间隙流出，供鸡饮水。饮完水后，因饮水器垂直安装，由水压和钢球的重量使阀杆复位密封，停止出水。饮水器用卡钩或卡子固定安装在水管上，形成饮水线。

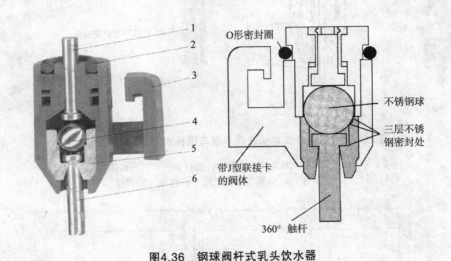

图4.36 钢球阀杆式乳头饮水器

1.引水杆 2.密封圈 3.卡钩 4.钢球 5.阀座 6.阀杆

弹簧阀杆式乳头饮水器由阀体、阀杆、弹簧和密封圈等组成（图4.37a、b）。平时弹簧使阀杆复位，靠密封圈密封，不漏水。鸡饮水时触动阀杆，使阀杆倾斜，使水从阀杆与阀座密封圈的间隙流出，供鸡饮水。饮完水后，在管内的水压作用下和弹簧的作用下使阀杆复位，停止出水。饮水器用卡钩或卡子固定安装在水管上，形成饮水线。该饮水器少量倾斜一定角度也能保证密封。

锥杆式乳头饮水器（图4.37c）由阀体、阀杆、活动阀杆等组成，阀杆有一定的锥度，与阀座密封不出水，当鸡饮水时，触动阀杆，水从阀杆与阀座的密封处出水，停止饮水后靠阀杆和活动阀杆的重力密封。活动阀杆能限制水的流量。

乳头饮水器安装要规范，保证水管平直，以确保水管各处的供水量，否则会出现供水量不均的现象。乳头饮水器应垂直安装，不妨碍鸡的活动，鸡仰头用喙啄开阀芯就可使水流出饮水，符合鸡的仰头饮水的习惯。锥体密封式、钢球密封式适合雏鸡、肉鸡、肉种鸡的平养和笼养，弹簧密封式开阀力稍大不能用于雏鸡。

平养时的供水线（图4.38）上要有防栖钢丝和脉冲电击器，以防鸡踩坏供水线。安装完毕，必须给水，鸡用喙去啄，啄出水后，慢慢地就形成了条件反射，渴时就会随时饮用。如果装好后不及时给水，鸡啄不出水，就会影响以后饮用。平养鸡使用乳头式饮水器应注意安装高度，要根据鸡的日龄调整吊挂高度，一般要求超过鸡头1～3cm。每个乳头式饮水器可供3～6只成鸡或10～20只雏鸡使用。

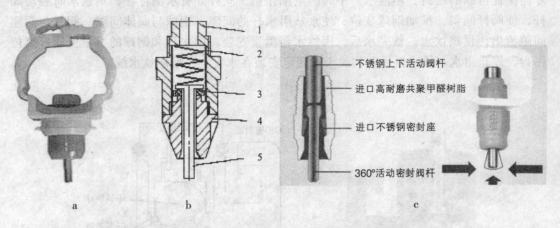

不锈钢上下活动阀杆
进口高耐磨共聚甲醛树脂
进口不锈钢密封座
360°活动密封阀杆

a   b   c

图4.37　弹簧阀杆式乳头式饮水器与锥杆密封式乳头式饮水器

a、b. 弹簧阀杆式乳头式饮水器　c. 锥杆密封式乳头式饮水器
1. 弹簧座　2. 弹簧　3. 密封圈　4. 阀体　5. 阀杆

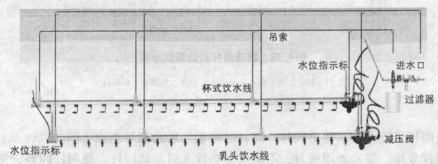

吊索
水位指示标
进水口
过滤器
杯式饮水线
水位指示标
乳头饮水线
减压阀

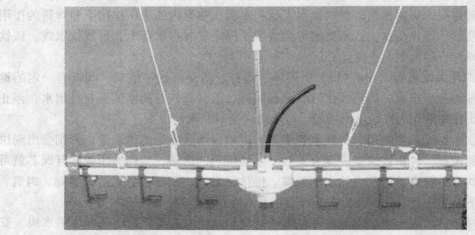

图4.38　乳头式饮水器和杯式饮水器供水线

　　笼养鸡饮水器的安装位置是装在笼子上方或装在笼子前边、食槽的上方。乳头饮水器装在笼子前边的，因水滴滴在食槽里，可保证鸡粪干燥。成年笼养鸡的乳头饮水器最好安装在两笼之间的隔网上，这样每个笼内的鸡都可以使用两个饮水器饮水。

　　乳头式饮水器的工作水压较低，常和减压阀（图4.39a）或减压水箱（图4.39b）配套使用，调节水压，以适合不同日龄鸡的需要，适宜水压为：雏鸡14.7～24.5kPa；成鸡24.5～34.3kPa。应避免水压过高或过低导致鸡喝不到水或乳头饮水器漏水的现象。乳头与杯式饮水器结合的饮水器，可以接住乳头饮水器漏下的水，杯里有水时，鸡在杯里喝水，无水时从乳头处喝水。此外，鸡断喙后20d内不能用饮水器，因为喙痛，不敢啄。

　　为了预防或治疗疾病，经常需要在水中添加疫苗或药物，可以用自动加药器（图4.39c、d）按比例添加。

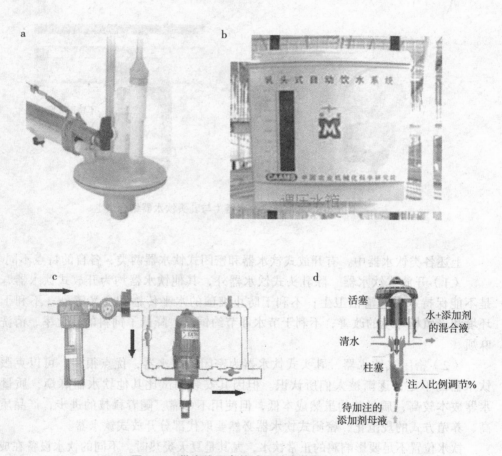

图4.39　供水线配套的减压过滤装置

a.调压阀　b.调压水箱　c.过滤器与加药器　d.加药器

　　每只乳头式饮水器可供3～5只成鸡饮水，笼养鸡可在一笼或两笼之间安装一只饮水器。

五、杯式饮水器

鸡用杯式饮水器有单独使用的，还有杯与乳头式饮水器结合的（图4.40）。其特点是结构简单、供水可靠、不易漏水、耗水量小，但杯体清洗较麻烦，可用于肉鸡的平养和笼养。平养鸡时将供水线安装在墙边或栅栏外，以防止鸡跳到供水线上，踩坏水线和污染水质。安装在舍内时要有防栖钢丝和脉冲电击器，以防鸡踩坏供水线（图4.38）。鸡需要饮水时才才流入杯内，每杯水负担的鸡只较少，可防止疾病的传染，并可节约用水。使用杯式饮水器时，也必须注意水的清洁和具有合适的水压，因此在饮水器的供水管路应设置过滤器和减压装置。一般在管路上安装自动调压阀或水箱来控制供水压力（图4.39a、b）。每只饮水杯可供10～20只雏鸡或3～5只成鸡饮水。笼养鸡可在两笼之间安装一只饮水杯。鸡用杯式饮水器构造简单，价格便宜。但要靠人工清洗水杯。

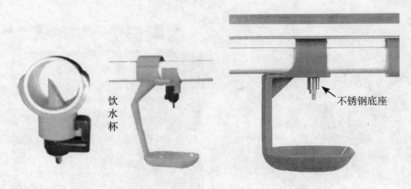

饮水杯

不锈钢底座

图4.40 鸡用杯式饮水器（与乳头饮水器结合型）

上述各类饮水器中，有开放式饮水器和密闭式饮水器两类，各自的特点不同。

（1）开放式饮水器 除乳头式饮水器外，其他饮水器均为开放式饮水器，其缺点是不能保持水质的清洁卫生；不利于防止细菌的水平传播和交叉感染；不利于肉鸡舍环境和养殖场环境的改善；不利于节水和节约饲料；降低了饲料的转化率，清洗消毒较麻烦。

（2）密闭式饮水器 乳头式饮水器为密闭式饮水器，优点很多，可以克服开放式饮水器的不足，逐渐被人们所认识。但因其安装调试比其他饮水器麻烦，质量好的饮水器成本较高，质量差的虽然成本低，但使用不可靠。随着科技的进步，产品质量的提高，养殖方式的规范化，密闭式饮水器必然要取代部分开放式饮水器。

饮水位置不足要影响鸡的正常饮水，尤其是夏天炎热时。不同的饮水设备在成鸡阶段标准是不同的。一般水槽2.5cm/只，普拉松饮水器75只/个，乳头水线8～10只/乳头。水压控制：乳头式在40～45cm指示水位。吊塔式（普拉松）在0.5～1.0cm深水位。

第六节　肉鸡养殖场清粪与粪便处理设备

大规模的肉鸡养殖场，肉鸡饲养数量多，每天都要产生大量的粪便。如果不及时清理，不仅严重影响肉鸡的健康，还会污染周围的环境；清粪工作劳动强度大，工作环境差，因此，采用机械清粪势在必行。

一、肉鸡养殖场的清粪方法及粪便处理

肉鸡养殖场的清粪作业，包括清除粪便和粪便处理两方面。由于肉鸡饲养方式不同，清粪和粪便处理的方法也各不相同。

（一）肉鸡养殖场的清粪方法

肉鸡场的清粪方法主要有定期清粪和经常清粪两种。定期清粪适用于高床笼养、网上平养和地面垫料平养等饲养方式。一般每隔一个饲养周期（数月或一年）清粪一次，国内主要靠人工、推车清粪。经常清粪适用于网上平养和笼养方式。每天用刮板式（叠层式笼养用输送带式）清粪机将粪便沿纵向粪沟清除到鸡舍一端的横向粪沟内，再由粪沟内的横向输送带式清粪机将鸡粪清至舍外，直接装车。

（二）粪便处理

肉鸡养殖场的粪便处理方法有堆积发酵、沉淀净化、沼气法、充气氧化及机械脱水等方法。最简单的处理方法是堆积发酵，但需要有一定面积的场地，夏季雨水多的季节，一定要解决好粪水沟和雨水沟的分流问题，否则，会污染周边水环境。

目前，采用沼气发酵法生产沼气，用沼气发电，已成为大型养殖场首选的处理方法。

另外，肉鸡粪便除自然堆积发酵作为肥料外，其他机械加工方法如充氧动态发酵、热风干燥、发酵干燥、膨化和微波处理等，除能降低含水率，消除臭味外，还能杀虫灭菌。如果能进一步干燥，还可使干粪便长期保存甚至商品化，制成有机复合肥。目前，各地正在积极探索和研制适合我国国情的粪便处理设备和工艺。

二、固定式清粪机

固定式清粪机的主要形式有刮板式清粪机和输送带式清粪机。

（一）刮板式清粪机

刮板式清粪机是肉鸡舍内常用的一种清粪机械。刮粪板可根据舍内粪沟的大小做成多种规格。在鸡舍可用于网上平养和笼养纵向粪沟清粪。刮板式清粪机的动力设备简单，只需将驱动机构固定在舍内适当位置，通过钢丝绳并借助于电器控制系统，使刮粪板在粪沟内做往复直线运动进行清粪。

9FZQ－1800型刮板式清粪机适用于全阶梯式笼养鸡舍的纵向清粪工作。若将刮板装置作适当改进，也能适用于其他鸡舍的清粪工作。

该机主要由牵引装置、刮粪板、转角轮、涂塑钢丝绳、限位清洁器、清洁器和张紧器等组成（图4.41）。

电动机经减速器输出轴将动力经一级链传动至主动绳轮，靠牵引钢丝绳与绳轮间的摩擦力获得牵引力，从而带动刮粪板进行清粪工作。刮粪板每行走一个往复行程即完成一次清粪工作。清粪时刮粪板自动落下，返回时刮粪板自动抬起。牵引钢丝绳的张紧力由张紧器调整，绳上的粪便由清洁器和限位清洁器清除。刮粪板往复行程由限位清洁器上的行程开关控制。牵引装置所能发挥的牵引力由安全离合器总成调整，并在牵引负荷超过安全值时起保护作用。当牵引钢丝绳张力下降，并在绳轮上打滑时，电器保护系统即进行保护性停机。

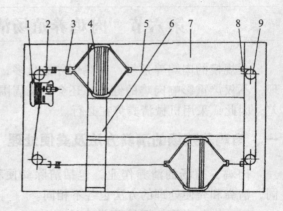

图4.41　9FZQ-1800型刮板式清粪机平面布置图

1. 牵引装置　2. 限位清洁器　3. 张紧器　4. 刮粪板
5. 牵引钢丝绳　6. 横向粪沟　7. 纵向粪沟
8. 清洁器　9. 转角轮

由于肉鸡的饲养方式不同，舍内粪沟的配置形式也不一样。该清粪机可根据舍内粪沟的列数配置成单列、双列和复式3种。

刮板式清粪机的清粪方法分为单程往复式，在每条粪沟内配置一块刮粪板，刮粪板往复循环一次，将粪便刮入横向粪沟内。其特点是刮粪机构简单，生产效率高，刮板体积较大，适用于较大的粪沟，缺点是清粪阻力较大。

目前，改进的刮板式清粪机采用了尼龙绳作牵引件，尼龙绳强度高、耐腐独、使用寿命长，但尼龙绳易磨损，怕阳光曝晒，要间隔一定时间调整紧张度。

（二）输送带式清粪机

在机械化鸡场的叠层式鸡笼上多采用输送带式清粪机（图4.42）。它可以省去盛粪装置，鸡群的粪便可直接排泄在输送带上，工作时传动噪音小，使用维修方便，生产效率高，动力消耗少。粪便在承粪带上搅动次数少，空气污染少，有利于鸡的生长。但使用中出现的问题是输送带发生延伸变形而打滑，影响工作，需经常调整。

图4.42　叠层式鸡笼输送带式清粪机

输送带式清粪机由电机驱动减速机构、传动机构、主、从动滚筒、输送带和托辊等组成。在主动滚筒一端还装有固定式除粪板和旋转式除粪刷。在从动滚筒上装有调整机构，一般多用螺杆调整输送带的紧度。调整时两边的紧度要一致，以防输送带走偏。

工作原理：承粪带安装在每层鸡笼下面，当机器启动时，由电机、减速器通过链条带动各层的主动滚筒运转，在被动滚筒与主动滚筒的摩擦力作用下，带动承粪带沿笼组长度方向移动，将鸡粪输送到一端，被端部设置的刮粪板刮落，从而完成清粪作业。

主要结构参数：驱动功率1~1.5kW，运行带速10~12m/min，输送带宽度0.6~1.0m，使用长度≤100m。

粪便经刮粪板刮除，除掉的粪便落入地面的横向粪沟内，再由横向输送带式清粪机（图4.43）将其送到舍外，直接装到运粪车上。

图4.43 横向输送带式清粪机

第七节 肉鸡舍环境控制设备

肉鸡舍环境控制就是控制影响肉鸡生长、发育、繁殖、健康及产品质量等的所有外界条件。影响肉鸡舍的环境因素有温度、湿度、气流、光照、有害气体、灰尘等，它们共同构成了肉鸡舍（主要指封闭式肉鸡舍和半封闭式肉鸡舍）的小气候环境。采用肉鸡舍环境控制设备，可为肉鸡的健康生长创造最优的环境条件，提高肉鸡的生产性能。肉鸡舍环境控制设备主要有肉鸡舍降温设备、肉鸡舍的加热设备、肉鸡舍采光与照明的控制和肉鸡舍环境综合控制器等。

一、肉鸡舍降温设备

在夏季肉鸡的饲养管理过程中为了消除高温的不良影响，需要在舍内安装一定的降温设备来缓解高温对肉鸡的不良影响。

（一）机械通风与风机

1. 机械通风分类

机械通风形式包括正压通风、负压通风或联合通风。其作用主要是增加对流散热、蒸发散热和气体交换，改善空气质量，进行通风换气和温度调控。

为保证通风均匀和便于布置风机及进风口，图4.44为横向负压通风及与纵向负压通风的组合形式，夏季关闭横向进气口和风机，采用湿帘和纵向风机进行纵向通风，降低舍内空气温度。春秋季节关闭湿帘和纵向风机，采用横向通风方式。冬季可以采用最小通风量程序，采用侧墙上开设的小窗或进气管进风，用小风机定时排风，排除舍内产生的有害气体。

2. 风机

目前肉鸡养殖生产中大量使用的风机为低速大直径轴流风机（图4.45），其规格型号与技术参数见表4-2。

该风机外框采用热镀锌钢板冲压制成，风叶材料有不锈钢、热镀锌板和玻璃钢等，电动机通过皮带带动风机叶轮转动。风机出口处设有百叶窗，当风机运转时，吹开百叶窗向外排风，风机停止时百叶窗自动关闭，防止舍外空气进入舍内。另外百叶窗也可防止风机运转时，迎向风使风机超过额定负荷而烧坏。

图4.44　横向负压通风与纵向负压通风的组合形式

表4-2　大直径低转速轴流风机的技术性能参数

规格	风叶直径（mm）	风叶转速（r/min）	输入功率（kW）	额定电压（V）	电机转速（r/min）	全压（Pa）	噪音（db）	风量（m³/h）	外形尺寸 高/宽/厚（mm）
QHS-60	600	1440	0.37	380	≥1350	55	≤90	15000	700/700/350
QCHS-71	710	560	0.55	380	≥1350	55	≤70	17700	805/805/350
QCHS-90	900	525	0.55	380	≥1350	60	≤70	26700	1000/1000/350
QCHS-100	1000	560	0.75	380	≥1350	70	≤70	32500	1100/1100/350
QCHS-125	1250	325	0.75	380	≥1350	56	≤70	40500	1400/1400/400
QCHS-140	1400	325	1.1	380	≥1350	60	≤70	55800	1550/1550/420

风机布置原则：安装在污道一侧的山墙或就近的两侧纵墙上；风机的高度距地平面0.4~0.5m或中心高于饲养层；布置风机时可大小风机相结合。对于纵向通风，应根据肉鸡舍的跨度情况，在另一侧山墙或侧墙上设置一定面积（排风面积的2倍）的湿帘。鸡舍内风速：夏季，1.5~2.5m/s；春秋季节，0.5~1.0m/s；冬季0.1~0.2m/s。风机数量须根据夏季所需通风量和每台风机的风量确定。在鸡舍通风量一定的情况下减少横断面积可提高舍内风速。

图4.45　低速大直径轴流式风机

（二）风机控制器

肉鸡舍内的空气要随季节不同，应适当开启风机，进行合理的通风换气，保证鸡舍内的空气质量，同时还要注意节省电能，降低生产成本。为此，采用智能型畜禽舍风机控制器（专利号ZL200620089775.1）（图4.46）进行自动控制，可实现三段温度控制又可进行定时控制。舍内温度越高，开动的风机数量越多，第三组风机开动时可以带动湿帘水泵运转进行加湿降温。随舍内温度的下降逐渐停止部分风机。冬季采用最小通风量时，可以把第一组设置成定时控制，排除舍内有害气体。大规模养殖场采用综合环境控制器，对温度、湿度、光照等进行综合控制。还可以分组控制风机或自动开关通风窗，并与湿帘进行联动控制。

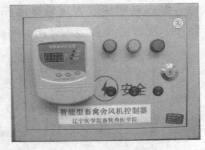

图4.46　肉鸡舍风机控制器

（三）湿帘

　　湿帘是用多孔且吸水性、耐腐蚀性强的材料制作而成的有波纹沟槽的蜂窝状结构的构件。目前国内外采用的材料多为特殊配方的纤维纸，其使用寿命长（可达3~4年），且湿强度和湿挺度都较高，可使水和空气得到强烈的混合，有利于提高降温效率。也有用陶瓷材料制成的湿帘，使用寿命更长。现代集约化肉鸡舍多用湿帘降温设备与大直径轴流风机配合使用，降温效果明显。湿帘结构如图4.47a所示，包括水箱、水泵、水分配管、湿帘、水槽、回水管等。湿帘设在肉鸡舍一端的侧墙或山墙上，水箱设在靠近湿帘的舍外地面上，水箱有浮子装置保持固定水面。水泵将水输入湿帘上方的水分配管内，水分配管是一根带有许多细孔的水平管，它将水均匀分配使水沿湿帘全长淋下，通过湿帘的水被收集在水槽内再回入水箱。肉鸡舍另一端侧墙或端墙的排气风机开动，使肉鸡舍形成一定的负压，湿帘外的室外空气就通过湿帘进入舍内，在通过湿帘的同时水蒸发吸收热量，从而降低了进入空气的温度。为了避免出现不断的水蒸发而使水中盐分累计，水平管末端有排流细管，水不断从此排出，排出的水量约为水蒸发量的20%~30%。蒸发湿帘的水流量为每米宽度4~5L/s，水箱容量为每平方米蒸发面积20L。有资料报道当舍外气温在28~38℃时，湿帘可使舍温降低2~8℃。

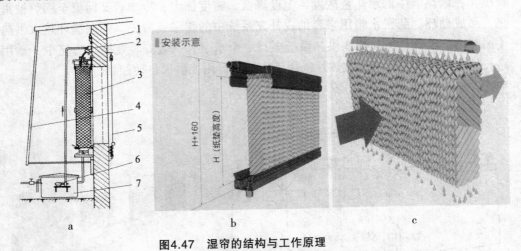

图4.47　湿帘的结构与工作原理

a. 湿帘的结构　b. 湿帘的安装结构　c. 湿帘的工作原理
1.墙壁　2.上水分配管路　3.湿帘　4.遮光罩　5.挡风帘　6.水泵　7.回水容器

湿帘面积一般为进风口面积的2倍。可以根据鸡舍的跨度、长度、结构等情况合理分布。湿帘的布置形式见图4.48。

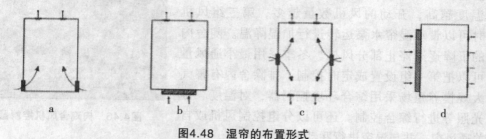

图4.48 湿帘的布置形式

a.两侧墙进风 b.一端山墙进风 c.鸡舍过长中间进风 d.横向进风

二、肉鸡舍的加热设备

在寒冷季节特别是北方地区，在采取各种防寒措施仍不能保障要求的舍温时，还有在肉鸡育雏阶段需要较高温度时，必须实行人工采暖。人工采暖方式有集中采暖和局部采暖两种，前者是由一个热源（如锅炉房）将热媒（热水、蒸汽或热空气）通过管道送至各房舍的散热器（暖气片等）；后者是在需要采暖的房舍或地点设置火炉、火炕、保温伞、红外线灯等。无论采取何种方式，都应根据肉鸡要求和经济性原则来考虑。肉鸡舍常用的供热设备如下：

（一）热水式供热系统

该系统是以水为热媒的设备，与暖气供热相似。由于水的热惰性大，可使温度调节达到较高的稳定性和均匀性，运行也较经济。按照水在系统内循环的动力可分为自然循环和强制循环2类。自然循环热水供热系统（图4.49）由热水锅炉、管道、散热器和膨胀水箱等组成，锅炉和散热器之间用供水管连接，系统水满后，水被锅炉加热升温，密度减小，在散热器中的水热量散发，温度降低，密度加大，冷却后又回流至锅炉被重新加热，形成循环，膨胀水箱用来容纳或补充系统中的膨胀或漏失。强制循环热水供热系统（图4.50）比自然循环热水供热系统多设一个水泵，一般安装在回水管路中，适用于管路长的大中型供热系统。散热片采用风机散热，用控温仪自动控制。

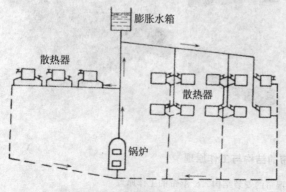

图4.49 自然循环热水供热系统

图4.50 热水供热强制循环控制系统

（二）热风式供热系统

常用于肉鸡舍或种鸡舍，由热源、风机、管道和出风口等组成，空气通过热源加热后由风机经管道送入舍内。该系统可以和冬季通风相结合而避免冬季冷风对肉鸡的危害，同时可使供热更为均匀。根据热源的不同，此系统可分为热风炉式、蒸汽（或热水）加热式和电热式。热风炉式热风供热系统按燃料类型可分为燃煤、燃油和可燃气等型式；按对空气加热形式可分为直接加热式和间接加热式。蒸汽加热器式热风供热系统的加热和送风部分（图4.51）是由气流窗、气流室、散热器、风机和风管等组成。散热器是有散热片的成排管子，锅炉蒸汽或热水通过管内。室外新鲜空气通过可调节气流窗被风机吸入并沿暖管进入舍内。电热式热风供热系统与蒸汽加热式类似，区别是用电热式空气加热器代替蒸汽式空气加热器。电加热器制作简单，在风道中安上电热管即可，设备投资较低，但耗电量大，费用高，生产中应慎重应用。

燃油燃煤热风炉（图4.52）采用超导热不锈钢焊接而成，温度自动控制，主机采用进口燃烧器，燃烧效率高于其他品牌，烟尘排放符合国家环保Ⅰ类地区要求，操作方便。

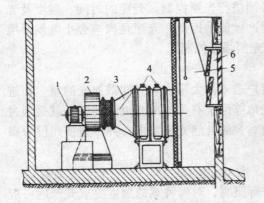

图4.51 蒸汽（或热水）加热器湿热系统

1.电动机 2.风机 3.进风管 4.散热器
5.气流室 6.气流窗

图4.52 燃油、燃煤热风炉

（三）局部供热式供热设备

用于肉鸡舍，主要包括育雏伞、红外线灯、锯末炉、加热地板等。育雏伞是在地上或网上平养雏鸡的局部加热设备，详见育雏设备一节。红外线灯用于雏鸡舍的局部加热，有250W和650W两种，视舍内温度情况而定，灯高距地面30cm以上，并且要用温度控制仪自动控温。

自动控温型锯末炉是立体育雏和平养育雏的比较经济实用的加热设备，适合中小型禽类养殖场进行育雏，该项目已申请了国家实用新型专利ZL200620093866.2。

自动控温型锯末炉的结构见图4.53。它采用上部装料下燃烧方式，上部圆形铁筒（1~2个），用于盛装锯末，直径为Φ380~420mm、高520~650mm；铁筒下部周边靠近炉箅子约10cm处开有直径为10mm左右的小孔多个，用于锯末燃烧时进入空气。下

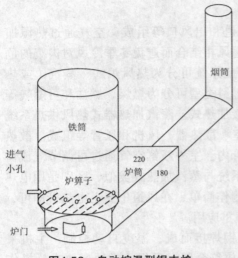

图4.53　自动控温型锯末炉

部为炉箅子，炉箅子下部为燃烧室。在燃烧室外壁的中部开出130mm×120mm的方孔用作炉门（调整温度），炉门关小炉火温度高，炉门开大炉火燃烧慢，温度下降。只要调好炉门开度，温度始终保持在一定范围，最大温差不超过2℃，因此称为自动控温型锯末炉。燃烧室与烟囱之间有一段方形炉筒（长度在800~1000mm），能够增加散热面积和存积少量烟灰。最后用烟囱把烟尘排至室外。锯末炉的燃料也可以根据各地资源情况，用稻壳、粉碎的秸秆、花生壳、作物颖壳等作为燃料，以降低燃料成本。

三、肉鸡舍光照的控制

为使肉鸡舍内获得足够的光照，肉鸡舍必须进行光照控制。光照的时间、强度及光的颜色都可影响肉鸡的生长发育、性成熟等生产性能，因此，光照是肉鸡舍小气候环境的重要因素。光照控制主要是光照时间控制和光照强度控制。

（一）自然采光的控制

自然采光取决于通过肉鸡舍开露部分或窗户透入的太阳直射光和散射光的量，而进入肉鸡舍内的光量与窗户面积、入射角、透光角等因素有关。采光设计的任务就是通过合理设计采光窗的位置、形状和面积，保证肉鸡舍的自然光照要求，并尽量使照度分布均匀。

（二）人工照明

人工照明即利用人工光源发出的可见光进行照明，对肉种鸡的照度要求开产后一般在30Lx左右，光照时间16h左右，肉鸡的照度要求一般＞5Lx，光照时间23h左右。肉鸡舍内各处照度均匀。

人工照明灯具安装可按下列步骤进行。

1. 光源

肉鸡一般可以看见波长为400~700nm的光线，所以用白炽灯、日光灯和节能灯皆可。日光灯和节能灯耗电量比白炽灯少光线比较柔和，而且在一定温度下（21.0~26.7℃）光照效率较高，不刺激眼睛，但设备投资较高，而且温度太低时不易启亮。国产节能灯的亮度一般为白炽灯亮度的2~3倍，使用寿命在一年左右。但有些生产厂家研制出养鸡专用灯，即在节能灯的基础上，适当改进，外加一球形罩，便于维护保养，延长了使用寿命。

2. 灯光控制器

灯光控制是养鸡生产中的重要环节，因鸡舍结构、饲养方式不同其控制方法也不相同，灯光控制器的控制原理、适用范围也不相同。只有根据各养殖场的具体情况合理选用适合本场的灯光控制器，才能在生产中充分发挥它的作用。既科学地补充光照、又减少人工控制光的麻烦。现将市场上常见的各类灯光控制器的性能、特点进行分析对比，便于各养鸡场（户）合理选用。

（1）灯光控制器的类型

①KG-316型微电脑时控开关。该开关用电脑芯片进行定时控制，可编程每天能6开6关（或12开12关等），时间数字显示（时、分、秒），也可控制每周的哪一天或哪几天进行控制，最小控制时段为1min。可用于密闭式鸡舍控制灯光或作其他电器的定时控制，控制功率3kW。

其特点是价格便宜，定时准确，还有手动控制功能，定时程序可存储。但内部的电池过1～2年得更换。

有些半开放式鸡场或有窗封闭式鸡舍采用该控制器，属于半自动控制。因只能进行定时控制，设定早晨几点开灯几点关灯，晚上几点开灯几点关灯。又因每天早晨天亮与天黑的时间都在变化，白天的阴晴变化，鸡舍的光照度发生了变化，而该种控制器却不能根据光照度的变化情况及时开灯补充光照。只能用手动开关控制，过一段时间后还要调整早晚的开灯关灯程序，使用起来较麻烦。但可控制白炽灯、日光灯和节能灯。

②全自动渐开渐灭型灯光控制器。该控制器（图4.54）用电脑芯片进行定时控制（同①的功能），又有光敏探头作光敏控制，用可控硅进行渐开渐灭输出控制。在定时时间范围内，由光敏进行控制，适合于半开放式鸡舍或有窗封闭式鸡舍的灯光控制，控制功率4kW。但只能用白炽灯泡，不能用日光灯和节能灯。开灯时电压逐渐升高，关灯时电压逐渐降低，这一过程约持续20～30min。只要设定好早晨开灯时间和晚上关灯时间，调整好光敏钮，就可根据自然光照情况自动控制。但可控硅最怕发生短路，一旦在灯泡或灯头等处出现短路现象，可控硅即损坏（开路、击穿或半波导通），使灯不能正常工作。

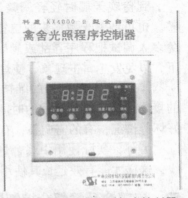

图4.54 渐开渐灭型灯光控制器

③全自动速开速灭型灯光控制器。该控制器也用电脑芯片进行定时控制（同①的功能），也有光敏探头作光敏控制，用继电器作输出控制（图4.55），控制功率2～4kW。在定时时间范围内，由光敏进行控制，适合于半开放式鸡舍或有窗封闭式鸡舍灯光的全自动控制，可控制白炽灯、日光灯和节能灯。开灯时延时10s左右，以避免光敏的灵敏度过高使输出继电器抖动，使灯频闪。另外该控制器内部安装了充电电池，在电源断电的情况下仍保持程序不变，也减少了更换电池的麻烦。该电脑定时控制器已获得国家实用新型专利ZL200420108252.8。

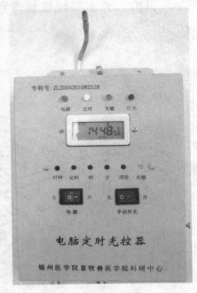

图4.55 速开速灭型灯光控制器

也有采用石英钟或其他方式作定时控制的灯光控制器，有的就是简单的定时控制，有的带有光敏控制。但其控制方式基本相同。

（2）灯光控制器的选用　各养鸡场（户）要根据鸡舍的结构与数量、采用的灯具类型和用电功率、饲养方式不同进行合理选用。

（3）灯光控制器的安装　控制器要安装在干燥、清洁、无腐蚀性气体和无强烈振动的室内，阳光不要直射灯光控制器，以延长其使用寿命。灯光控制器最好不要安装在鸡舍内，因条件限制必须安装在鸡舍内，经调试好后在仪器外面套上透明塑料袋，以防潮气和粉尘进入仪器内。

有光敏探头的控制器，要将光敏探头安放在窗外或屋沿下固定，感受室外自然光。但光敏探头不能晃动、不能受潮。

（4）灯光控制器的使用　用户首先仔细阅读使用说明书，调整时钟到北京时间（注意分清12小时和24小时制）。然后设定定时开灯和关灯时间程序（可设一组或多组）。

到傍晚天黑时轻轻调整光敏旋钮使光敏指示灯亮，如果光敏度不合适第二天再调整。也可调整光敏探头的位置或朝向使指示灯亮。各养鸡场（户）要由专人来调试，以免多人调试把程序弄乱或光敏调试不当而影响鸡舍的正常光照。在雷雨天最好将电闸拉下，以免发生雷击现象，使灯光控制器击坏。

（5）灯光控制器的维护　灯光控制器使用一段时间（2～3月）后，要检查电源线的接线情况、时钟显示的时间、定时的程序、光敏的灵敏度、电池的好坏、手动开关的好坏等情况，有的需调整，有的需更换，光敏探头的灰尘一定要擦掉。

另外，实际使用中鸡舍灯的总功率最好小于控制器所标定功率的70%，用铜塑线接线，这样才能有效延长其使用寿命。

四、肉鸡舍环境综合控制器

目前，许多畜牧机械设备企业研制开发了肉鸡舍环境综合控制器，如图4.56、图4.57和图4.58。可以对肉鸡舍内外的机械设备进行综合控制，如加热、冷却降温、喂料、饮水、清粪、光照等即可分别控制又可联动控制，并有超限报警等功能。图4.59为环境控制器在舍内安装实际情况。环境控制器的生产厂家较多，功能、价格相差较大，应根据养殖场的投资规模、饲养管理人员的素质和管理水平选用。

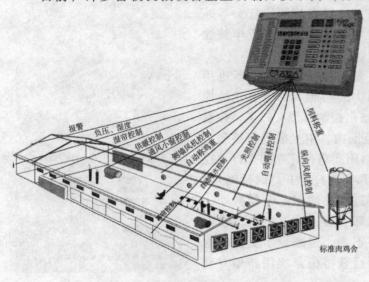

图4.56　肉鸡舍环境综合控制器

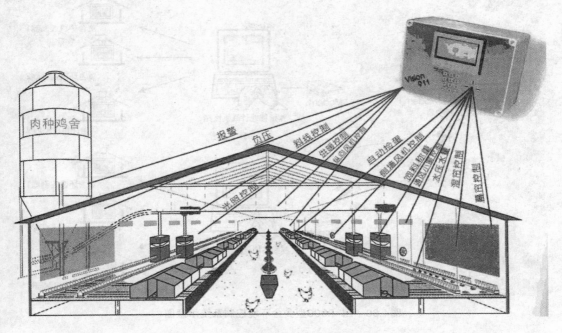

图4.57　肉种鸡舍环境综合控制器

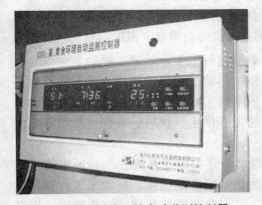

图4.58　肉鸡舍环境自动监测控制器

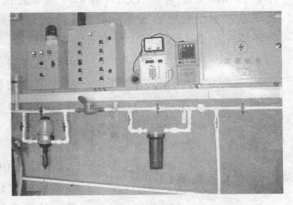

图4.59　环境综合控制器的安装图

　　目前也有采用电脑进行网络控制的环境控制系统。

　　EI-2000型禽舍环境控制系统（图4.60）是用于控制并改善禽舍饲养环境的一种多功能的网络控制系统。该系统由3个部分组成，即远程网络监控中心、计算机终端和禽舍环境控制器。

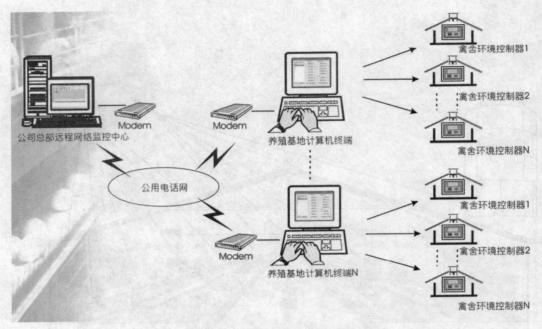

图4.60 EI-2000型禽舍环境控制系统示意图

远程网络监控中心设在公司总部，可实时查看各养殖基地、各禽舍的环境参数、工作状态和历史记录等信息;计算机终端安装在各养殖基地办公室，可自动接收公司总部远程监控中心发出的指令，自动上传数据并实时监控各禽舍的环境参数和工作状态；禽舍环境控制器（图4.61）分布在各禽舍现场，通过对禽舍的温度、湿度、氨气、静态压

图4.61 禽舍环境控制器

力和供水量等数据进行采集、处理，驱动禽舍电气控制器，自动启停加热器、湿帘、风机、供水线、供料线、湿帘口、风帘口、报警器等设备，实现对禽舍的温度、湿度、通风、供水、供料、报警、照明等功能的自动控制。

EI-2000型禽舍环境控制系统在一些场家使用，效果良好，认为该系统性能优良，技术先进，可靠性高，价格合理，具有改善养殖环境、节约能源、提高养殖产品质量的功效，适合我国的养殖业的需求。

附录：肉鸡舍养殖设备配备方案

肉鸡舍养殖设备配备方案应根据不同地区的气候条件、投资规模、养殖肉鸡的品种和饲养阶段、养殖模式、饲养管理人员的素质和管理水平等情况，确定房舍的类型、养殖机械设备的配备水平、机械化程度等（详情见下表）。下图为一栋养殖10000只肉鸡鸡舍的养殖机械设备配备方案。50″风机叶轮直径为1250mm，36″风机叶轮直径为910mm。喂料线为螺旋弹簧式喂料机，饮水线为乳头式饮水器。加温采用热风炉，风机和灯光采用环境控制器。

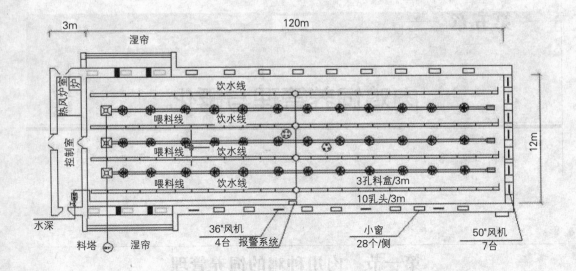

肉鸡舍养殖设备配备方案

饲养阶段	肉种鸡	肉种鸡	肉鸡	肉鸡
养殖模式	笼养	平养	地面平养或网上平养	笼养
房舍类型	保温密闭式	保温密闭式	保温式有窗舍	保温式有窗舍
养殖规模	5000只以上	5000只以上	8000只以上	8000只以上
饲养密度	7~8只/m²	5~6只/m²	8~10只/m²	12~15只/m²
操作项目				
喂料	行车式喂料机	螺旋弹簧式喂料机	螺旋弹簧式喂料机	行车式喂料机
饮水	乳头式饮水器	乳头式饮水器	乳头式饮水器	乳头式饮水器
清粪	刮板式清粪机		网上平养—刮板式清粪机	阶梯式—刮板式清粪机
				叠层式—输送带式清粪机
灯光控制	定时开关	定时开关	电脑定时光控器	电脑定时光控器
环境控制	多功能环境控制器	多功能环境控制器	多功能环境控制器	多功能环境控制器
加温措施	热风炉	热风炉	热风炉	热风炉
每栋舍需要饲养人员	3人	4人	2人	1人

参考文献

黄涛. 2008. 畜牧机械[M]. 北京: 中国农业出版社.

蒋恩臣. 2005. 畜牧业机械化[M]. 第3版. 北京: 中国农业出版社.

第五章

肉鸡饲养管理与孵化

第一节 肉用种鸡的饲养管理

一、饲养方式的选择

目前比较普遍采用的肉用种鸡饲养方式有厚垫料平养、网上平养、2/3棚架饲养和笼养4种。

1. 地面平养

厚垫料平养,即在地面上铺设10~15cm的厚垫料,鸡群生活在垫料上。所用垫料一般是材质干燥松软、吸水性强、清洁、无霉变、无污染的稻草、麦秸、玉米芯、刨花、锯末等,稻草和麦秸应铡成3~5cm长。一般应用于育雏期、育成期。

这种饲养方式的优点是设备简便,投资少,雏鸡可以自由活动,体质健壮,有利于腿部发育,冬季垫料发酵产热,保持地面温暖。缺点是雏鸡与鸡粪直接接触,容易感染疾病,特别是球虫病较难控制,药品和饲料费用较大,需要大量的垫料,饲养人员劳动强度大,饲养定额低。

2. 网上平养

网上平养,即在鸡舍内距地面60~80cm的高度架设平网,鸡群在网上生活。网孔约为2.5cm×2.5cm,头两周为了防止雏鸡脚爪从空隙落下,可在网上铺上网孔为1.25cm×1.25cm的塑料网,两周后撤去。网片一般制成1m×2m的带框架结构,并以支撑物将网片撑起。网片要铺平,并能承重饲养员在上面操作,便于管理。一般应用于育雏期、育成期

优点是减少了肉鸡和粪便接触的机会,能及时清走粪便,舍内的氨气和尘埃量较少,减少了球虫病、呼吸道疾病、雏鸡白痢和大肠杆菌等疾病的发病率,提高了成活率。缺点是网上平养一次性投资较大,对饲养管理技术要求较高。

3. 2/3棚架饲养

2/3棚架饲养,即舍内纵向中央1/3为地面铺设垫料,两侧各1/3为棚架,架设网床,网床高度一般为60cm,地面与棚架之间设隔离网以防止鸡进入棚架下面,在棚架的一

侧还应设置斜梯，以便于鸡只上下，料线和乳头饮水器设置于棚架上，料桶设置于地面上，产蛋箱横跨一侧棚架，置于地面垫料之上。一般应用于产蛋期。

2/3棚架饲养的优点：鸡的采食、饮水大多在棚架上，粪便多数都落到棚架之下，减少了垫料的污染。由于鸡只可以在架上架下自由活动，增加了运动量，减少了脂肪的蓄积，有利于鸡只体质健壮。此外，种鸡交配大多数在地面上进行，种蛋受精率较高。

2/3棚架饲养的缺点：耗费垫料较多，增加饲养成本。管理人员需要经常清理垫料，保持清洁。饲养密度较低。

4. 笼养

肉用种鸡笼多为两层阶梯笼，种母鸡每笼装2只，种公鸡每笼装1只。由于肉用种鸡体重大，对鸡笼质量要求高，尤其是鸡笼底网的弹性要好，坡度要适当，否则鸡易患胸腿部疾病。一般应用于产蛋期。

笼养的优点：肉用种鸡笼养可以提高房舍的利用率，便于管理。由于鸡的活动量减少，可以节省饲料，采用人工授精技术，可减少种公鸡的饲养量，降低饲料费用。

笼养的缺点：由于鸡的活动量减少，易肥胖，影响繁殖，还易患胸腿部疾病。

二、肉用种鸡的限制饲养

（一）限制饲养的意义

限制饲养是指对肉用种鸡的饲料在量或质的方面采用某种程度的限制。限制饲养不但可以保证肉用种鸡优异的肉用性能遗传潜力，可使性成熟适时化、同期化；减少产蛋初期产小蛋和后期的大蛋数量，提高种蛋合格率；减少产蛋期的死亡率和淘汰率；提高种蛋受精率、孵化率和雏鸡品质；节省饲料消耗，降低饲料成本，从而全面提高种鸡饲养的经济效益。所以说，限制饲养是养好肉用种鸡的关键技术。

（二）限制饲养方法

限制饲养的程度主要依据该品种肉用种鸡的体重标准，采用不同的限制饲养方法和不同的限制程度，以达到最佳的限饲效果。目前普遍采用限制喂料量的方法进行限饲。限制喂料量的方法是根据不同周龄的体重增加速度及生产情况来确定的，生产中应用的限制饲养方法主要有每日限饲、隔日限饲和五二限饲。

1. 每日限饲

每日限饲，即每天将定量饲料一次饲喂鸡群。这种方法对鸡只应激较小，主要适用于由雏鸡自由采食转入限制饲养的过渡期（3~6周龄）和育成末期（20~24周龄）到产蛋期结束（68周龄）这两个阶段。

2. 隔日限饲

隔日限饲，即将连续两天的饲料量在一天一次喂饲，使每只鸡都有充足采食的机会，第二天不饲喂，仅供给饮水，如此循环。这种方法限饲强度大，适用于生长速度最快，难于控制的阶段，一般在7~11周龄，当鸡群体重超过标准过多时也可采用此法。应注意的问题是两天的喂料量不能高于产蛋高峰期的喂料量，如果超出应改用其他限饲方法。

3. 五二限饲

五二限饲，即将每周7d的限制喂料量5d喂完，另有不连续的2d停喂。这种方法的应激较每日限饲强，较隔日限饲弱，适用于育成期的大部分阶段，一般在12～19周龄。

在生产中，对同一群鸡在不同的周龄，应分别采用每日限饲、隔日限饲和五二限饲的综合限制饲养方案。但是不论采用哪种方法，都必须参照体重标准，将体重控制在标准范围内，这是限制饲养应掌握的基本原则。

（三）限制饲养的操作技术及注意事项

1. 调群与均匀度

一般在鸡群达到2～4周龄时可开始实施限饲，限饲前应根据体重将鸡群分成大、中、小3群分别饲养，分群的同时剔除病、弱、残鸡，并根据需要做好免疫、驱虫工作。

在限饲过程中要根据体重的变化及时调群，以确保鸡群具有较高的均匀度。调群时间一般在停料日的下午称重时进行，要求每周进行一次，开产后每月进行一次。

均匀度是衡量鸡只质量及各阶段饲养管理成绩好坏的一个重要综合指标，均匀度包括体重均匀度和发育均匀度，其中体重均匀度是饲养人员经常关注的一个指标。体重均匀度是指体重在鸡群平均体重±10%范围内的个体所占的比例。一般情况下，良好鸡群的体重均匀度是：1～8周龄鸡群体重均匀度要求在75%～80%；9～15周龄鸡群体重均匀度要求在80%～85%；16～24周龄鸡群体重均匀度要求85%以上。

2. 抽样称重

肉用种鸡每周的喂料量是参考品系标准体重和实际体重的差异来决定的，所以掌握鸡群每周的实际体重显得非常重要。

育成期每周末称一次体重，根据实际体重来决定下一周的喂料量和喂料方法。因为鸡群数量多，不可能每只鸡都能称重，所以只能用样品体重来代表全群实际体重，样品的代表性很重要。根据鸡群规模，抽取3%～5%的鸡称重，抽样数最小为50只。一般在限饲日空腹称重，如果遇到喂料日应在喂料前称重。每周在同一天的相同时刻称重，每周的采样点要更换。如果突然有一周称重后平均体重和标准体重相差很大，很可能是秤不准或采样少，要重新称重。

3. 体重控制

为了控制种鸡有损其繁殖性能的快速生长发育，避免过肥，限制饲养应提前至2～4周龄进行，这是使其后产蛋潜力充分发挥出来的重要管理手段。为此，第一，在喂料上要求达到不损害开产整齐性的生长速度，在19～20周龄要控制在本品种的最佳体重，并适时开产；第二，生长速度（体成熟）与性成熟在时间上要保持一致。实际饲养时体重控制的要求如下：

（1）7周龄时平均体重为体重标准的中线附近。

（2）通常到12周龄把体重控制在标准体重的下限，一直持续到15周龄。

（3）15～16周龄后逐渐加快增重速度，20周龄的平均体重为中偏上，到5%开产时达该鸡种体重标准的上限值。

按此限饲目标，青年母鸡以良好状态到达初产，对光照刺激的反应很好。相反，12～15周龄时长得过肥，说明体重抑制不够，要推迟增加喂料量，其后限制要更严格一些。在生殖系统（卵巢与输卵管）发育将要成熟的育成期后半期，作严格限饲将推迟母鸡性成熟和繁殖期。不过，这也是发育差的青年母鸡使其体成熟与性成熟同期化的有效手段。这些鸡即使作这样的补救措施，对光照刺激与产蛋也难以达到预期的效果。

4. 饲喂

限制饲养过程中，为保证限制饲养效果，在饲喂上应注意以下几点：

（1）确保鸡只采食、饮水位置 采用限制饲养时要求每只鸡都要有足够的采食和饮水位置，以避免因争抢饲料和饮水，使一部分鸡只得不到充足的饲料和水而造成体重和体质过差，导致均匀度下降，同时也可避免因抢食造成死亡的现象。

（2）加快喂料速度 每次给鸡上料时，应将定额的饲料快速、均匀地投到喂料器内，若采用料桶喂料，需要提前将料桶装好，并在均等的位置上同时将料桶放下，尽量在5min内完成。若采用链式饲槽机械送料，要求传送速度不低于30m/min。

（3）适当调整营养 限制饲养时，应重视饲料的营养水平，即对于肉用种鸡体重、体质发育均匀度的控制来说，必须实现喂料量和饲料营养水平的最佳结合。种鸡在育成期结束时不仅要求体重符合要求，还要有一定的营养积蓄，以便为以后生产性能的正常发挥奠定足够的物质基础，但使肉用种鸡达到体重标准和足够的营养积蓄并不容易，这受育雏、育成期的饲养管理、限饲方案、体重控制和饲料质量等诸多因素影响。

通常按照育种公司提供的体重和喂料量参考标准落实各周龄的喂料量，但是要考虑饲料的营养水平、选用的饲料原料等因素。

喂料量的调整应该以体重发育情况为标准，通过喂料量的调整控制鸡只体重的增重速度。将实际称重结果与标准体重相对照，超标准的鸡只，要维持原来的喂料量，决不可减少料量，一直到体重达到标准时再增加料量。对于体重过轻的鸡只，应增加料量，增加的幅度应控制在每只鸡每天2~4g。虽然喂料量应根据每周鸡群平均体重来决定。但不能对每一周的体重变化做出过分反应，也就是说不能只看周末体重超标就减料或体重不够就加料，要连续看3周的体重变化和走势来决定喂料量的改变。应从实践中逐渐积累成功的经验，健全饲喂程序。

鸡群在应激条件下对营养物质需要量有变化，要注意适当调整，放宽限饲标准或暂时停止限饲，以满足其营养需要。

5. 适当限水

在限制饲养期间合理的限水有利于保持环境卫生，减少鸡只胸腿部疾病，产蛋期限水可减少种蛋的污染，有利于种蛋的清洁卫生。

限水方法：在喂料日上午投料前1h至吃完料后1~2h充足给水，下午给水2~3次，每次不少于30min，关灯前1h给水一次。在高温季节（29℃以上）每小时给水一次，给水时间至少20min。舍温在30℃以上时不应停水。停水时间长短可依据鸡的嗉囊软硬程度具体掌握，用手触摸鸡的嗉囊感觉柔软，说明给水时间比较适宜；如果感觉嗉囊较硬，说明给水量不足，应及时调整，在停料日，清晨给水30min，上午给水2~3次，下午给水2次，关灯前给水1次，每日30min。在限水期间，应在每次给水开始后5min内保证每只鸡都能饮到充足的水。

乳头饮水器不宜限水。对于笼养的肉用种鸡可以考虑适当的限水，只要粪便不过于稀薄即可。

6. 限饲应与光照控制相结合

合理的光照程序是控制肉用种鸡生长、保证适时开产和增加产蛋量的重要措施，所以，应结合光照程序制订合理的限制饲养方案。

在育成期，光照时间变化趋势增加时，会促进种鸡性腺发育，缩短性成熟时间，限饲时应适当增加限饲强度，以减轻光照对性成熟时间的影响，使种鸡适时开产；反之，光照时间变化趋势减少时，会减缓种鸡性腺发育，延迟性成熟时间，限饲时应适当降低限饲强度。

（四）种公鸡的限制饲养

种公鸡生长快，若不严格控制体重会影响其配种能力，不能保证高的种蛋受精率和孵化率，大大降低其种用价值。只有体格良好的种公鸡，才具有适宜的体重、充沛的性欲表现、适时的性成熟及较高的受精能力。所以，对种公鸡应实施比种母鸡更加严格的限制饲养。在平养或2/3棚架饲养条件下，育成期公、母鸡应分群饲养，种用期混群分饲，并进行分别限饲。

为了确保种公鸡的骨骼发育良好，以具备良好的繁殖性能，种公鸡应比种母鸡晚1周限饲，但限饲期间必须依据标准体重严格控制。生产中，通常在6周龄对种公鸡进行一次选择，对于种公鸡选择总的要求是，体重应达到标准或略高于标准，胸宽体壮，跖长短粗细适中。在限制饲养期间，应及时淘汰鉴别错误、有生理缺陷及有伤残的鸡只。

三、开产前的饲养管理

开产前又称为预产期，多指18～23周龄期间。此期间，肉用种鸡本身发育和饲养管理都有较大的变化，开产前种母鸡增重很快，大约每周增重150g左右。体内各脏器生长发育很快，尤其是生殖器官。这一时期要增加营养摄入量，以便满足生长和生殖器官发育的需要，为产蛋做好充分的准备。就肉用种鸡生长发育阶段来说，可以认为是育成期向产蛋期的过渡阶段，此阶段对产蛋期的生产有较大的影响，应当根据肉用种鸡的生理特点做好饲养管理工作。

（一）肉用种鸡开产前的生理变化

1. 已经达到性成熟

20周龄后的母鸡可以有成熟的卵子排出，并已有雌激素分泌。公鸡能产生精子，并能射精，但身体各部位仍在继续发育时期。

2. 母鸡贮存钙的能力增强

母鸡为了产蛋的需要，在卵巢释放的雌激素作用下，使母鸡贮存钙的能力显著增强。贮存钙的目的是为了以备产蛋时不致动用骨骼中的钙。研究表明，母鸡在开始产蛋前10d左右，体内钙的含量水平显著升高，骨骼重量增加幅度较大。

3. 群序等级明显

鸡群在10周龄左右，已有群序等级现象出现，18周龄表现更加突出。当组群后，公鸡和母鸡在群内的群序等级会发生变化，并且影响交配。一般群序等级处于中等的公鸡和母鸡的交配频率最高，种蛋受精率也较高。

4．神经敏感

临近产蛋的母鸡对环境的变化反应比较敏感，此时应尽早设置产蛋箱，防止母鸡在产蛋箱外产蛋现象的发生。饲养人员、管理人员要稳定，饲槽、饮水器的形态位置等也要固定。

（二）肉用种鸡开产前对营养和环境的要求

1．对营养的要求

由于育成期的限制饲养，保证了种鸡的标准体重和体质，但育成种鸡体内的营养不能满足产蛋和体重继续快速增长的需要。为了确保开产后产蛋量的急剧上升和体重的增长，此阶段应换成预产料。预产料的营养水平应高于育成料，其营养除钙少于产蛋期外（一般钙含量为2%～2.3%，钙过高不易吸收利用，还会在肾脏及输尿管中沉积而影响代谢，导致骨病发生），其他营养应与产蛋期完全相同。同时喂料量应逐渐增加。这样能改进育成母鸡营养状况，增加必要的营养储备。

2．对环境的要求

保证适宜的温度、湿度和通风，一般要求舍内适宜的温度为13～22℃，相对湿度50%～65%，通风良好，空气清新。合理的光照是控制肉用种鸡生长发育、促进性成熟及提高产蛋量的重要措施，由于肉用种鸡对光照刺激的反应比蛋用种鸡迟钝，所以，一般20周龄时开始增加光照，第一次可增加1～1.5h光照，以后逐渐增加，并于肉用种鸡产蛋高峰开始时增加最后一次光照（28周龄左右），达到16h，以后保持不变，光照强度增加到30lx。此外，笼养的种公鸡可比母鸡提前一周给光照刺激，这样公鸡性成熟比母鸡稍提前，开产初期种蛋受精率较高。

（三）组群

1．种鸡的选择

18～19周龄分别对种公鸡和种母鸡进行一次选择，可结合转群进行。选择的标准体重、体质和第二性征，要求公鸡体质健壮、腿脚结实，鸡冠、肉髯发育良好。人工授精时还应对种公鸡的精液品质逐只检验。母鸡健康、精神状态良好、羽毛光亮、肥瘦适中。

对于发育迟缓的个体，应将其隔离到一个单独的围栏内，并调整其光照计划和饲养管理，以确保其迅速发育，获得一个近似的性成熟水平。对体型外貌有缺陷的个体应及时淘汰。

2．转群与混群

如果公母鸡都转入新鸡舍，若采用网上平养或2/3棚架饲养方式，公母混群自然交配的种鸡群，18～19周龄先将种公鸡转入产蛋舍，目的是使公鸡先适应料桶和鸡舍环境，便于群序等级建立，以防组群后争斗而影响配种，转群的种公鸡数量按公母正常比例增加10%，以防因种公鸡的淘汰率高而造成公鸡不足。19～20周龄将母鸡转入产蛋舍。如果是母鸡留在原鸡舍中，一般在20周龄左右将种公鸡均匀地放入母鸡舍内，要求在较弱的光线下进行，以减少公鸡因环境改变而产生的应激。

混群后的头几天，应仔细观察公鸡和母鸡之间的行为。如果公鸡攻击性过强，应移走一部分公鸡，将这些移出来的公鸡放置于一个单独围栏内，当母鸡更为成熟且已准备好接受公鸡时，再将公鸡逐步放回鸡群。为保证种蛋受精率，在24周龄时，每100只母鸡应配备9～10只公鸡。

（四）公母混群分饲

公母鸡混群饲养，采食不同的饲料，称为公母混群分饲。种用期公鸡和母鸡在营养需求和采食量上的差异较大，体重增加速度也不一致，只有通过饲喂不同的饲料和分别喂饲，才能使其保持适宜的体重和体质，从而获得全期较高的产蛋率和种蛋受精率。所以，公母鸡组群后应立即实行公母鸡混群分饲。

具体方法是：公母鸡均单独设置喂料系统，公鸡使用悬挂式料桶饲喂，8只公鸡配置一个料桶，用滑轮和钢丝绳把料桶悬挂起来，使母鸡因身体矮而不能采食，一般应吊高64cm；母鸡使用安装有隔鸡栅的料槽，公鸡因头大伸不进而无法采食，使用的隔鸡栅尺寸要适宜，爱拔益加母鸡槽的隔鸡栅间隙为43mm，且要注意维护，以保证使用效果，配合隔鸡栅再给公鸡使用"鼻签"，可进一步防止体重稍小公鸡偷食母鸡料。给料时，由于母鸡料量较公鸡多，而且采食速度慢，为了保证母鸡不抢食和公母鸡同时吃完料，应先给母鸡加料、后给公鸡加料。

（五）体成熟和性成熟的估测

体成熟程度可由体重、胸肌发育和主翼羽脱换3个方面综合评定。

1. 体重

体重是体成熟程度的重要标志，育成期体重应符合要求，如果前期体重超过标准，预测开产体重应比标准体重高一些。另外，如果是开放式鸡舍，应考虑舍外自然光照变化趋势对性成熟的影响，顺季鸡群开产体重轻一些，而逆季则重一些。

2. 胸肌发育

肌肉发育状况以胸肌为代表，19周龄时用手触摸鸡的胸部，胸肌应由育成期的"V"形发育成"U"形，但不应过肥。

3. 主翼羽脱换

有关换羽研究表明，20周龄左右的鸡主翼羽停止脱换，此时虽有2～3根尚未脱换，但会因性激素分泌量的增加而终止。如果主翼羽脱换根数少，说明鸡的性成熟和体成熟时间将会延迟。

4. 性成熟

母鸡产下第一枚蛋表明生殖系统发育成熟，开产前的特征为冠、肉垂开始红润、耻骨开张，此时只要群体体征和特征表现明显，即表明鸡群已处于临产状态。

四、产蛋期的饲养管理

肉用种鸡产蛋期一般多指24～66周龄，自然配种的鸡群，由于公、母混群，在分饲的基础上，还应对饲料量、体重控制、环境控制等诸多因素加强管理，始终保持种鸡健康的体质，以获得更多的合格种蛋。

（一）合理饲喂

1. 初产期饲料量的调整

种鸡经过预产料的给予和预产期饲料量的调整，体内已为产蛋贮备了充足的营养。但由于体重的继续增加和产蛋对营养物质的大量需要，在初产至产蛋高峰到来之前，应合理地、不断地增加饲料的供给量，直至达到最大料量，从而引导产蛋高峰的及时到来。一般从24～27周龄期间种母鸡每周递增饲料量10～11g，种公鸡递增8～9g。种母鸡开产后喂料量的增长率应先于产蛋率的增长，这是因为种母鸡需要足够的营养来满足生殖系统快速生长、发育的需要，且卵黄物质的积累也需要大量的营养。正常情况下，料量增加合适，产蛋率以每天3%～5%的速度上升。如果鸡群25周龄时产蛋率达5%，到27周龄时应接近50%。所以，在初产期，应密切注视产蛋率的变化，若产蛋率上升较慢，应推迟继续增料，若产蛋率上升较快，可提早给予最大料量。最大饲料量的给予时机是产蛋率达30%～40%时，如果产蛋率日增长达4%～5%，在产蛋率达30%给予最大饲料量；如果产蛋率日增长为2%～3%，则产蛋率达40%时给予。最大饲料量的确定除依据育种公司的生产标准外，还要考虑舍温、体重变化、采食时间、饲养方式等因素来确定喂料量。

2．产蛋高峰期饲料量的调整

实践证明，在产蛋初期若喂料量不足，鸡群产蛋高峰的到来将延迟，只有达到最大喂料量后方可引导产蛋高峰的出现。产蛋高峰达到后，最大料量的供给应维持一段时间，有助于产蛋高峰平稳而不降或稍有下降。这时不应该将料量下调，因为高峰期蛋重在增加，鸡的体重也在增长，所以应维持最大饲料量，一般应维持8～9周。

3．产蛋高峰后期饲料量的调整

当产蛋高峰过后，肉用种鸡的体重和蛋重的增加速度变慢，产蛋率有所下降，此时应逐渐减少饲料量。减料主要是用以防止产蛋高峰后母鸡过肥从而导致产蛋量、种蛋受精率和孵化率下降。正常情况下，父母代肉用种鸡在43～45周龄时开始减料。减料量的多少应根据产蛋率、采食时间、舍内温度及鸡的体重等因素来确定。具体的减料方法是：当产蛋率以每周1%正常下降4%～5%时开始减料，第一周每只减少2～3g，以后每周减少0.5～1g，持续减料。任何时间进行减料后3～4d内都必须认真关注鸡群产蛋率。若产蛋率下降速度超过每周1%时，同时又无其他方面的影响时，则需恢复原来的料量，并且一周内不要再尝试减料。若产蛋率下降正常，则可持续减料，当减少至最大喂料量的10%～12%时，可不再减少。鸡的体重是判断减料量是否合适的重要特征，产蛋高峰后鸡群体体重每周增加10～15g为正常，若减料后体重下降，则说明减料过多。如果减料后鸡的体重仍大幅度上升，则证明减料量不够。

（二）种公鸡的饲养管理

公鸡对后代的影响要超过母鸡。所以，加强种公鸡的饲养管理，才能保证种鸡的优良性能遗传下去，并得到不断的提高。

种公鸡最好与母鸡分开饲养，使用与母鸡相同的给料方案，但喂料量比母鸡要多。单养的公鸡，要喂含蛋白质较高的低钙饲料，以提高种用价值。若限喂量过多，公鸡所受到的应激比母鸡要强烈，其表现为体重不齐、性成熟不一致。

准确掌握喂料量。种公鸡体重的增长标准是喂料的依据，产蛋初期增重较快，以后逐步变慢，一般在24～26周龄最快，27～30周龄较快，31～50周龄较慢，50周龄以后很慢。喂料量掌握的原则是初期多，以后变少，最后很少。饲料增加速度要慢于体重增长，一般26周龄前每周增加饲料量8～9g，以后的每周饲料增加量逐步减少。若种公鸡体重超重，只能维持饲料量，而绝对不能减少。

种公鸡喙、爪、距的修整。育雏期应结合断喙，对种公鸡进行断爪。在组群前应对其喙、爪和距进行一次修整，以免配种时损伤母鸡。

（三）种蛋收集

拣蛋前，饲养员必须使用消毒后的蛋托和种蛋箱，并用消毒药液洗手，拣蛋时应将合格种蛋放入蛋托内且钝端朝上，然后再将不合格蛋拣出另放，每盘标记日期。为使种蛋能及时消毒，一般要求每天捡蛋4次，上午9时、11时，下午14时、17时各1次，但是在刚开产时，为减少窝外蛋，频繁地收集窝外蛋很重要，一般每小时一次直至下午，否则其他母鸡就会接着在原地产蛋，此外饲养员应尽力找出产窝外蛋的母鸡，并把它们抓回产蛋窝内产蛋。

（四）鸡粪和垫料管理

肉用种鸡排粪量大，特别是平养和2/3棚架饲养，粪便对舍内污染面大，如果不能及时清理，会使舍内环境污染严重，特别是在炎热季节，鸡粪在舍内发酵，会使有害气体含量急剧升高，蚊蝇大量滋生，病原微生物大量繁殖，种鸡发病。所以，应及时清理粪便，防止发酵和蚊蝇滋生。

垫料应选择柔软、吸水性强、有弹性的刨花、稻壳和切短后的稻草、麦秸等。最好调成几种混合的垫料，使其不易发霉、板结，具有柔软、疏松的特点。组群前将垫料铺好，生产中应经常翻动清理，优质垫料不用经常更换，只是将过于污染的垫料换掉即可。

第二节　肉鸡的孵化

孵化是肉鸡生产中的一个重要环节，孵化成绩的高低不仅影响肉鸡数量的增长，同时也影响雏鸡品质及其生产性能。

一、种蛋的管理

种蛋收集后需要进行筛选，经过消毒后才能进行孵化，有时还要进行短期的贮存和运输。种蛋的质量受种鸡质量、种蛋保存条件等因素的影响，种蛋质量的好坏会影响种蛋的孵化率以及雏鸡的质量。因此，了解种蛋的选择、消毒、保存、包装和运输等内容十分必要。

（一）种蛋选择

1. 种蛋的来源

选择种蛋时，种蛋必须来源于有良好的饲养管理条件、生产性能稳定、高产、繁殖力强且无经蛋传播的疾病的种鸡群，经蛋传播的疾病主要有白痢、白血病和支原体等。尤其是不能购入患病初愈或有慢性疾病种鸡群所产的种蛋。

2. 种蛋的新鲜度

种蛋的新鲜度是确保高孵化率的先决条件。一般在适宜的环境条件下，保存1周以内的种蛋比较新鲜，3~5d内最好，保存期超过2周的种蛋不适宜孵化。

3．种蛋的外观选择

（1）种蛋的清洁度　作为入孵的种蛋，蛋壳上不应有粪便、破蛋液等污染物。如果蛋壳粘有粪便或被破蛋液污染，这些污染物不仅会堵塞气孔，妨碍胚胎气体交换，造成死胎增多，而且因微生物侵入蛋内进行繁殖，损害胚胎，从而降低孵化率，而且还会污染其他正常的种蛋和整个孵化器，导致孵化率降低和雏禽质量下降。其危害见图5.1。因此，保证种蛋的清洁度是十分重要的。在生产中，为保持种蛋的清洁可从以下几方面着手：

①产蛋箱的设置　要求在18～19周龄时设置好产蛋箱，产蛋箱数量足够，垫料柔软、干燥、无异味、厚度适中。

②减轻产蛋窝的污染　产蛋窝污染主要是由于垫料的不干净和潮湿引起的，而产蛋窝污染会造成种蛋污染，特别是霉菌存在时危害更严重。为抑制产蛋窝霉菌、细菌生长，可采用以下方法：甲醛气体熏蒸；$1\%CuSO_4$溶液处理垫料。

③勤收种蛋　适当增加种蛋收集次数，经常检查、收集窝外蛋，避免种蛋由于放置时间过长而增加被污染的机会，可以减少孵化率的下降幅度，同时勤收种蛋有助于保持胚胎发育的一致性，以便同步出雏。

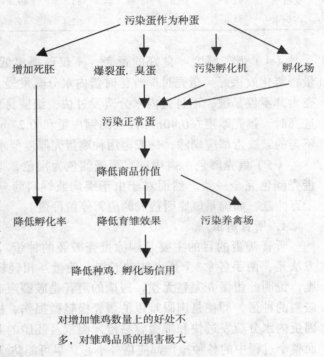

图5.1　污染蛋做种蛋的危害
（王晓霞，家禽孵化手册，1999）

（2）蛋重　蛋重应符合本品种要求，一般肉用种鸡蛋重为50～65g。蛋重过大、过小对孵化及雏鸡体重都有影响，蛋重过大，虽然雏鸡出雏体重较大（一般初生雏鸡体重为蛋重的62%～65%），但孵化期较长、孵化率下降；蛋重过小，雏鸡体重较小、质量较差，孵化期较短，可见，大蛋和小蛋的孵化效果均不如蛋重正常的种蛋。此外，蛋重悬殊太大，出雏不整齐。因此，入孵前按蛋重分级孵化及分开饲养可有效地提高孵化率及鸡群均匀度。

同一日龄的肉用种鸡群，所产蛋的大小越接近一致，种蛋合格率越高，越有利于孵化，也说明鸡群的选育程度较高，饲养管理越好。

（3）蛋形　选择种蛋时应剔除细长、短圆、枣核状、腰凸状等不合格种蛋。蛋壳有皱纹、砂皮的都属于遗传缺陷，不能作为种蛋。一般要求正常蛋形为椭圆形，有钝端、锐端区分，蛋形指数要求在1.30～1.35。蛋形指数不仅影响孵化率、健雏率，还影响孵化时间和雏鸡出壳重，由表5-1可以看出各种非正常外形的蛋虽然受精率差别不太大，但孵化率却有明显的差异，所以它们是禁止被用作种蛋的。

表5-1　各种外形的肉鸡种蛋的受精率及孵化率（%）

（王晓霞，家禽孵化手册，1999）

外形	正常	略畸形	略圆	小	白	圆	多疙瘩	多周围	粗糙且顶部深色
受精率	92.2	86.6	88.5	83.5	89.3	90.0	83.3	78.5	86.8
孵化率	73.9	65.0	63.2	62.4	49.3	47.8	18.8	12.7	7.6

（4）蛋壳厚度　良好的蛋壳，不仅破损率低，而且能有效地减少细菌的穿透数量，孵化效果好。蛋壳过厚孵化时蛋内水分蒸发慢，胚胎气体交换受阻，出雏困难；蛋壳太薄不仅易破，而且蛋内水分蒸发过快，细菌易穿透，不利于胚胎发育。因此，种蛋选择时，蛋壳厚度在0.40mm以上的钢皮蛋和 0.27mm以下的薄皮蛋，以及砂皮蛋、厚薄不匀的皱纹蛋都应剔除，一般肉用种鸡蛋壳厚度要求为0.33～0.35mm。

（5）蛋壳颜色　肉用种鸡蛋壳颜色为褐色，但一致性较差，留种蛋时不一定苛求蛋壳颜色完全一致。然而对于由于疾病或饲料营养等因素造成的蛋壳颜色突然变浅应千万注意，如确系该原因造成的应暂停留种蛋。

4．听音辨蛋

听音辨蛋的目的主要是剔除蛋壳破裂的种蛋，以保证正常的孵化率。听音辨蛋的方法是：两手各拿3个蛋，转动五指，使蛋互相轻轻碰撞，以听其声音。碰撞的声音清脆，说明此蛋蛋壳完整无损，碰撞的声音是破裂声或嘶哑声说明此蛋蛋壳已破裂。蛋壳破裂的种蛋，即使是肉眼难以的蛋壳极轻微损伤、极细的裂纹，发现在孵化过程中，常因蛋内水分蒸发过快和细菌容易侵入而危及胚胎的正常发育，最终导致孵化率很低，因而整个过程中的各种操作都应格外小心，尽可能防止种蛋破损。

5．照蛋透视

照蛋透视的目的是检查种蛋是否是陈蛋、裂纹蛋。照蛋透视的方法是用照蛋灯照视种蛋，观察蛋壳、气室、蛋黄等，照蛋透视多在种蛋保存前进行。

（1）蛋壳　正常的新鲜种蛋，蛋壳颜色纯正并附有石灰颗粒，形似霜状粉末没有光泽；若是陈蛋，蛋壳常带有光泽；破损蛋壳可见裂纹；砂皮蛋因钙质沉积不均，可见分布散在的亮点。

（2）气室　照蛋透视观察种蛋气室的大小及其位置，是了解种蛋是否新鲜的重要指标之一。新鲜种蛋气室较小，其高度一般在5mm以下，随着种蛋存放时间的增加及温度的升高，气室高度会逐渐增大。正常情况下，气室应位于种蛋的钝端，若照蛋发现气室位置在种蛋的锐端或中部的种蛋，均应淘汰。

（3）蛋黄　正常的新鲜种蛋，蛋黄颜色是暗红色，蛋黄阴影模糊、不清楚，并位于种蛋的中心位置；不新鲜的种蛋，由于浓蛋白液化，使得蛋黄靠近蛋壳，照蛋透视时可比较明显地看到蛋黄阴影，稍一晃动种蛋，蛋黄阴影飘忽不定；蛋黄上浮多为运输途中因受振动而导致系带断裂所致；散黄蛋透视时呈不规则阴影，其原因可能是因为运输不当、细菌侵入或存放时间过长使蛋黄膜破裂所致。

6．剖视抽检

剖视抽检是为了验证外观选择和照蛋透视观察的结果，更准确地掌握种蛋的情况，尤其是内部品质，此法多用于外购的种蛋。其方法是，随机抽取几枚种蛋，将蛋打开，倒在衬有黑纸的玻璃板上，观察新鲜程度及有无血斑、肉斑，一般只用肉眼观察即可。新鲜蛋，蛋白浓厚，蛋黄高度高；陈蛋，蛋白稀薄成水样，蛋黄扁平甚至散黄，剖视抽检还可通过胚盘的有无检查种蛋的受精率。

（二）种蛋的消毒

种蛋从产出到入库或入孵前，会受到泄殖腔排泄物不同程度的污染，在鸡舍、蛋库内受空气、设备等环境污染，蛋壳表面为由蛋白质组成的胶护膜，是细菌极好的培养基，始终有细菌滋生。因此，种蛋的表面附着许多细菌。随着存放时间的延长，细菌数量迅速增加，蛋壳表面的细菌就会通过气孔侵入蛋内，作用于蛋的内容物，迅速繁殖，有时在孵化器内爆裂，污染整个孵化器，对孵化率和雏鸡健康有很大的影响。因此，种蛋消毒是孵化厂的一项经常性的重要工作。

1．消毒时间

为了减少细菌穿透蛋壳的数量，种蛋产下后应马上进行第一次消毒。大型种鸡场应尽量做到每天多收集几次种蛋，收集后马上进行消毒。种蛋入孵后，可在孵化器内进行第二次熏蒸消毒。种蛋移盘后在出雏器进行第三次熏蒸消毒。

2．消毒方法

种蛋消毒的方法有很多种，在生产中经常使用的大体可分为气体熏蒸消毒、消毒药液浸泡或喷洒。常用的消毒剂有福尔马林、过氧乙酸、新洁尔灭、氯制剂、碘制剂、季胺消毒剂等。

（1）福尔马林熏蒸消毒　福尔马林熏蒸消毒是目前最为普遍使用的一种种蛋消毒法，其消毒效果良好。

福尔马林熏蒸消毒一般在消毒柜（或孵化机）内进行，在距消毒柜底部30cm处架设钢筋网，其下部放置消毒容器，上面放置蛋托或种蛋箱。按照1m³空间用福尔马林28mL、高锰酸钾14g，根据消毒柜容积称量高锰酸钾并放入消毒容器内，再将所需的福尔马林倒入消毒容器内，密闭20~30min后排出气体。

在熏蒸消毒过程中，必须保证消毒柜的密闭性，室内温度保持在20~25℃，相对湿度为75%~80%。

福尔马林与高锰酸钾反应是一个强烈的产热过程，同时还会产生大量气泡，具有很大的腐蚀性，因此，要求消毒容器一般应采用广口的陶瓷器皿，不能用金属器皿或塑料器皿，并且要求消毒容器的容积要大（其容积比所用的福尔马林溶液体积大至少4倍），以免反应时药物外溅，浪费药物，同时影响消毒效果。

药物的添加顺序要正确，首先在容器内加入少量温水（一般与福尔马林等量），然后再把称量好的高锰酸钾倒入容器内，最后加入福尔马林溶液。

福尔马林具有致癌作用，福尔马林气体具有刺激性，因此，在操作中应注意防护，特别是把福尔马林倒入盛有高锰酸钾的容器时，动作要快，要防止药液溅到人身上和眼睛里，倒入后迅速离开，以防吸入福尔马林气体。熏蒸消毒结束后，应迅速打开风机、通风孔，将气体排出。

福尔马林熏蒸消毒对蛋壳清洁的种蛋消毒效果良好，但对于蛋壳上粘有粪便或其他污物的脏蛋消毒效果不良，因此要求熏蒸消毒的种蛋表面必须清洁。

当种蛋表面带有水珠时，熏蒸消毒会影响胚胎发育，因此，必须待水珠蒸发后，再行消毒。

（2）新洁尔灭消毒

①新洁尔灭喷雾消毒 用5%浓度的新洁尔灭原液1份，加50倍水配成0.1%的溶液，用喷雾器喷洒在种蛋表面（事先将种蛋摆放于蛋架上），注意上下蛋面都要喷到，经3～5min，药液干后即可入孵。

②新洁尔灭浸泡消毒 同样配制0.1%的新洁尔灭溶液，要求溶液温度为40～45℃，将种蛋放入此溶液中浸泡3min，捞出沥干入孵。

喷雾消毒、浸泡消毒均会破坏种蛋的胶护膜，从而降低了种蛋的耐贮性，通常应用于孵化前的种蛋消毒。

（3）过氧乙酸消毒 过氧乙酸杀菌性能广谱高效，消毒时间短，使用浓度低，操作方法多样。

①过氧乙酸熏蒸消毒 每立方米容积用16%的过氧乙酸溶液40～60mL，加高锰酸钾4～6g，熏蒸15min。过氧乙酸溶液要现用现配，过氧乙酸应在低温条件下保存。

②过氧乙酸溶液喷雾消毒 用10%的过氧乙酸溶液，加水稀释200倍，用喷雾器喷于种蛋表面。过氧乙酸对金属及皮肤均有损害，使用时应注意避免用金属容器盛放药物和切勿与皮肤接触。

（三）种蛋的保存

受精蛋虽在蛋的形成过程中已开始发育，而鸡蛋一旦被产出母体外，其胚胎会暂时停止发育，如果外界温度超过生理零度（23.9℃），胚胎即开始发育。因此从种蛋产出至入孵这段时间内，必须注意种蛋保存的环境条件，应给予适宜的温度、湿度、时间和其他的保存条件。否则，即使是优良品质的种蛋，如果保存不当，也会降低孵化率，甚至造成无法孵化的后果。

1. 蛋库要求

种蛋应保存在专用的蛋库内。蛋库应是水泥地面，宽敞、无窗、保温隔热性能好，有条件的种禽场，蛋库应设空调机，通风便利，有专用风机；卫生清洁，防止阳光直射和穿堂风，不得有老鼠、昆虫。

2. 种蛋入库后的要求

种蛋入库后，应按场、区、鸡舍、产蛋日期分别放置，并记录入库蛋数量及日期，必须掌握种蛋的保存期。种蛋的周转应以出库数与进库数基本持平为宜。

3. 种蛋保存适宜温度

种蛋保存1周以内的，以15～18℃为宜；种蛋保存1周以上、2周以内的，则以12～15℃为宜。种蛋保存期间应保持温度的相对恒定，最忌温度忽高忽低。

4．种蛋保存适宜湿度

种蛋保存期间蛋内水份通过气孔不断蒸发，蒸发的速度与周围环境湿度成反比，湿度过小，蛋内水分蒸发过多，不利于胚胎的正常发育；湿度越高蛋内水分蒸发越慢。如果湿度过大，会使盛放种蛋的纸蛋托和纸箱吸水变软，有时还会发霉。蛋库的相对湿度要求65%～70%，即可大大减慢蛋内水份的蒸发速度，同时又不会因湿度过大使蛋箱损坏。

5．种蛋放置的状态

种蛋传统的放置状态是在整个保存期内始终把钝端向上放置。人们认为这种放置状态可以保持气室呈正常状态，否则就容易引起气室震抖及在孵化时胚胎位置不正，从而影响孵化效果。此外钝端向上放置与种蛋孵化时的放置状态相同，这样还可以方便码蛋。

研究发现，当种蛋钝端向上放置时，随种蛋贮存时间的延长，种蛋内蛋白会变稀，结果使蛋黄上浮，并逐渐靠近气室，而当蛋黄触及气室时，会导致胚胎粘连而死亡。如果锐端向上放置，蛋黄就会处于蛋黄的中心，使胚胎不至于脱水或与内壳膜粘连，从而获得较高的孵化率。因此应改变种蛋的放置状态：在3d以内贮存时，可钝端向上放置，而当贮存期超过3d时，宜把锐端向上放置。

6．种蛋保存时间

种蛋即使贮存在最适宜的环境下，孵化率也会随着存放时间的增加而下降，孵化时间也会延长，因为随着时间的延长，蛋内的水分损失增加，改变了蛋内的酸碱度（pH），引起系带和蛋黄膜变脆，并因蛋内各种酶的活动，使胚胎活力降低，残存细菌的繁殖也对胚胎造成危害。所以，种蛋保存时间不宜过长，一般以1周内为宜，3～5d内最好，最长不超过2周。

（四）种蛋的包装和运输

种蛋运输要尽量减少途中的颠簸，避免种蛋破损，系带和卵黄膜松弛及气室破裂等而使孵化率下降，因此种蛋包装和运输技术都很重要。

1．种蛋的包装

种蛋应选用规格化的专用种蛋箱包装，种蛋箱要结实，有一定的承受压力，蛋托最好用纸质的，将蛋锐端向下放蛋托中，每个蛋托装蛋30枚，蛋托重叠5层放蛋箱中，每10托装一箱，最上层应覆盖一个不装蛋的蛋托保护种蛋。种蛋箱外面应注明"种蛋"、"防震"、"易碎"等标记。

2．种蛋的运输

种蛋在运输过程中要求快速平稳、安全可靠、种蛋破损少，防止日晒雨淋、防冻、严防震荡。根据种蛋运输距离和种蛋数量，合理选择运输工具，装卸要轻拿轻放，防止野蛮装卸，防止倒置。最好自己押运和装卸，快速而平稳地运送到目的地。冬季运输注意保温，炎热季节应防止过热。种蛋运抵目的地后，应立即进行开箱检查，了解种蛋状况，剔除破损蛋和脏蛋，并做好入孵的准备工作。

二、孵化条件

孵化的基本条件包括温度、湿度、通风、翻蛋和凉蛋，各种要素相互影响，共同发挥综合效应，不可或缺。因此，必须根据鸡胚胎发育特点，并结合具体情况，将各要素调整到最适状态，使鸡胚胎发育各阶段都能获得最适宜的环境条件，才能取得理想的孵化效果。

（一）温度

温度是有机体生存发育的重要条件，活的鸡胚胎必须有一个最适宜的环境温度，才能完成正常的胚胎发育，获得高孵化率和健康雏鸡。

1. 恒温孵化与变温孵化

（1）恒温孵化 恒温孵化就是孵化器内的孵化温度保持恒定不变，但出雏器内的温度稍有降低。恒温孵化是一种适宜于种蛋来源少，需要进行分批入孵所采用的施温方法。肉鸡恒温孵化时，孵化期（1~18d）温度经常保持在37.8℃，出雏期（19~21d）温度保持在37.2~37.3℃。巷道式孵化器多采用恒温孵化。

恒温孵化要求的孵化器水平较高，而且对孵化室的建筑设计要求较高，需保持22~26℃较为恒定的室温和良好的通风。如果达不到要求的室温，可以考虑适当提高孵化温度0.5~0.7℃；室温超过要求的温度，则应该通风降温，如果降温效果不理想，孵化温度应降低0.2~0.6℃。

（2）变温孵化 变温孵化就是根据不同的孵化器、不同的环境温度和不同胚龄，给予不同的孵化温度。对于来源充足的种蛋，宜整批入孵，应采用阶段性的变温孵化。变温孵化的温度掌握原则是前期温度高，中期平，后期低。

变温孵化操作方法：入孵第一批种蛋时，先参照表5-2的施温方案定温，然后根据看胎施温技术，调整孵化温度，最终确定适宜的孵化温度。

表5-2 肉鸡变温孵化给温方案

（杨慧芳，养禽与禽病防治，2006）

室温（℃）	1~5d	6~12d	13~18d	19~21d
15~20	38.5	38.0	37.6	37.2
20~25	38.3	37.9	37.6	37.2
25~30	38.1	37.8	37.5	37.2

2. 控温技术

种蛋的最适孵化温度受多种因素影响，如种蛋的大小、蛋壳质量、种蛋的贮存时间、相对湿度、孵化室温度、孵化季节、胚胎发育的不同时期、孵化机类型等

（1）"看胎施温" "看胎施温"就是按照胚胎发育的自然规律，画出逐日胚龄的标准"蛋相"，然后根据胚胎各胚龄"蛋相"与标准"蛋相"的差距，来调整孵化温度。通过几批次的"看胎施温"就可以制定出适合本机型、本品种、一定室温下的最佳施温方案。

①胚蛋3个典型"蛋相"的掌握

A．"沉"期。鸡胚发育到第7天，发育正常的胚胎，照蛋可见血管网覆盖整个胚蛋的"正面"，胚胎在羊水中不容易看清，称为"沉"。若血管网已延伸至胚蛋的"反面"，并且胚胎在羊水中容易看清，说明温度偏高，可降低温度0.1～0.2℃；若血管网未完全覆盖整个胚蛋的"正面"，说明温度偏低，可维持温度不变或提高温度0.1～0.2℃。

B．"合拢"期。鸡胚发育到10～11d，发育正常的胚胎，尿囊血管在胚蛋锐端"合拢"。若10d末有70%的胚蛋"合拢"，少数稍快或稍慢，说明温度适宜；若10d末有90%以上的胚蛋"合拢"，说明温度偏高，可降低温度0.1～0.2℃；若11d末仍有30%以上胚蛋未"合拢"，说明温度偏低，可维持温度不变或提高温度0.1～0.2℃。

C．"封门"期。鸡胚发育到第17天，正常发育的胚胎，蛋白全部进入羊膜腔，照蛋时胚蛋锐端看不到发亮的部分，称为"封门"。若17d末有70%以上的胚蛋"封门"，可降低温度0.2～0.5℃，反之维持温度不变；若有20%以上胚蛋的气室向一侧倾斜（"斜口"），降温幅度可更大一些。

② "看胎施温"的注意事项

A．"看胎施温"应在一定温度范围内进行。在一定温度范围内，温度高，发育快，温度低，发育慢。通过照蛋发现未达到标准"蛋相"，一般说来是低温造成的，但也有可能是因高温（超出孵化温度的上限）等其他原因所致。

B．正确计算胚蛋胚龄。计算时必须考虑孵化机的性能，尤其是升温速度，之后科学计算。

C．孵化温度应掌握前期高，中、后期低的原则　孵化前期的温度应高一些，以后温度应逐渐降低。变温孵化时，中后期要逐步降温，降温幅度随胚龄的增加而逐渐增加。如后期胚胎发育稍慢，可维持温度不变但不宜升温；出雏期更不能升温。

D．要注意恒中有变，变中有恒　不管是恒温孵化还是变温孵化，绝对恒定孵化温度是没有的，恒定之中有变化，变化之中也有恒定。

（2）依啄壳时间与雏鸡状况调整孵化温度

①啄壳时间　与出雏高峰时间一样，啄壳时间也是相对恒定的，若突然某一批次较正常提前或推迟啄壳，预示着温度有可能偏高或偏低。

②雏鸡状况

A．绒毛"胶毛"。一般为温度过高过低、种蛋贮存期过长或翻蛋异常。

B．雏鸡出壳时间拖延，软弱无力、腹大、脐部收缩不全等，有可能温度偏低或湿度过大。

C．雏鸡干瘦，有的肠管充血并拖在外面，卵黄吸收不良（钉脐），一般是整个孵化期温度偏高。

（3）依孵化季节调整孵化温度　孵化室的温度会直接影响到孵化机内温度，一般来说，冬季及早春寒冷季节，室温较低，孵化温度应提高0.2～0.4℃，而夏季室温较高，孵化温度应降低0.2～0.4℃。

（4）提高温度均匀性

①温度均匀性及测算方法　温度均匀性是指某一时刻测量的温度偏差，它是衡量孵

化机质量优劣的首要指标，也是影响孵化率的关键因素，孵化机温度均匀性可用温度场均方差来表示，公式如下：

$$S = \sqrt{\frac{\sum_{i=1}^{n}(T_i - T)^2}{K-1}}$$ （公式4-1）

式中：

i——测试点编号；

T_i——测试点温度；

K——孵化机内测试点总数（最好不少于25个）；

T——全部测试点的平均温度。

从上式中可以看出，孵化机温度均方差不是反映某一测试点温度对温度场平均温度的偏差，而是综合各测试点对温度场平均温度的离散程度。因此，温度场均方差科学地反映了温度场的均匀性。

均方差最好采用多路测温仪测定，也可用10～20支体温计悬挂在孵化机的上下、左右、前后等处测量。测量时探头不可触及其他地方，也不可停机取体温计，以免停滞的局部过热气流使温度骤然上升而影响准确性。一般要求均方差小于0.4℃，性能好的孵化机可小于0.1℃。

②温度均匀性对出雏效果的影响　如果温度均方差≥0.4℃，说明机内温差较大，均匀性较差。这样处于高温区的胚胎发育较快，低温区的发育较慢，势必造成出雏时间延长，无明显的高峰期，各出雏盘内毛蛋分布也很不均匀，雏鸡兼有高、低温所引起的症状；有的毛色发黄，"钉脐"、雏鸡干瘦，有的雏鸡臃肿、腹大。

③影响温度均匀性的主要因素

A. 风扇性能。机内热空气是经风扇搅拌才趋于均匀的，因此，风扇是影响温度均匀性的最重要因素，必须高度关注风扇的结构、转速及转向。

B. 室温高低。室温过低会显著影响孵化机温度的均匀性。室温过低，升温时间就长，溶液造成加热器周围的温度较高，也会使孵化机室内进气口附近的温度较低，这些都有可能加大孵化机温差。

C. 进出气口的位置与大小。进气口一般设在加热或风扇系统附近，以便气流进来后即被加热分散；出气口一般设在顶部。进出气口不要太大，防止封口局部温度偏低及通风过度而造成温度、湿度难以保证。

D. 控温精度。控温精度是指控制温度的灵敏程度，它取决于温度传感器、控温电路及显示仪表的精度。控温精度低使得温度波动大，温度均匀性很难得到提高。

E. 加热器的位置与功率。加热器应均匀分布在风扇附近，以便加热器所产生的热量能迅速传送到机内各处。如果多组加热器安装不对称或已烧断的加热器更换的规格不合适，会因加热功率不均衡而引起温差。即使功率分布均匀，但如果功率过小，维持一定温度的辐射面就小，所以远离加热器各处的温度就低，也会产生较大的温差。

F. 机外壳密封保温性能。孵化机使用时间长，经常冲洗以及长时间不使用均会造成结合缝裂开、门与门框间的密封海绵或橡胶垫损坏而影响均匀性。

　　G. 蛋盘、蛋车的分布　蛋盘、蛋车应均匀分布在孵化机内，以保证气流正确的循环路线。如果孵化机不能满负荷生产时，要对称码蛋，空蛋盘、空蛋车也要一并推入。

　　生产中，应结合影响温度均匀性因素的具体情况，采取相应措施，将温差减小到最大限度，以获取较好的孵化效果。

（二）相对湿度

1. 胚胎发育的适宜相对湿度

　　鸡的胚胎发育对环境湿度的要求没有对温度的要求那样严格，一般40%～70%均可，在温度适宜的情况下，相对湿度偏高、偏低，对孵化率影响不大。但应注意的是，一定要防止出现高温高湿和低温低湿的现象，否则会严重影响孵化率和雏鸡品质。

　　恒温孵化时，孵化期的湿度一般为53%～57%，出雏期湿度一般为65%～75%。

　　变温孵化时，应掌握"两头高，中间低"的原则，孵化初期湿度为60%～65%；中期为50%～55%；出雏期为65%～75%。

2. 根据胚蛋失重率调整湿度

　　（1）失重的生理基础　胚胎在发育过程中会吸入氧气并同时排出二氧化碳和水，由于排出的二氧化碳与吸入的氧气量相近，因而胚蛋孵化过程中失重主要是由于失水所致。

　　胚胎在发育过程中会分解营养物质并产生一定的代谢水，胚蛋只有失去足够的水才能保证孵化末期胚蛋与刚产种蛋的相对含水量一致。如果水分不散失，蛋相对含水量过高，胚胎会被自身代谢水所溺死。失水也形成了足够大的气室，有利于胚胎气体代谢及雏鸡啄壳。所以，失水是胚胎发育所必须的。

　　（2）影响失重的因素

　　①蛋壳因素　因气室内空气的含水量大于蛋壳外空气含水量，所以水分子会经蛋壳上的气孔向外扩散。影响失重的蛋壳因素有蛋壳厚度、壳孔面积、蛋壳孔数，蛋壳通透性能综合反映这3种因素。

　　蛋壳通透性与产蛋周龄、季节等因素有关。如青年母鸡蛋的蛋壳及壳内膜均较厚，蛋白也较浓稠，因而蛋壳通透性较低。炎热季节，蛋内酶的活性较高，造成蛋白较稀薄。所以，孵化生产中，应根据蛋壳通透性的变化及时调整湿度，保证正常气体和水的扩散，以获得最佳失水率，增加了氧流量，从而取得较好的孵化效果

　　②蛋重因素　由于大蛋的蛋壳表面积同蛋重之比小于小蛋的蛋壳表面积与蛋重之比，故大蛋相对失重小于小蛋相对失重。对于蛋重相同的胚蛋而言，湿度越大，失重越小，湿度越小，失重越大。

　　适宜的相对湿度只是针对中等大小的种蛋的平均值，不同大小的种蛋在相同的湿度下水分蒸发比例是不同的，应根据不同的蛋重进行必要的湿度调节（表5-3）。

　　③其他因素　孵化温度、湿度、空气流速等也会影响胚蛋失重。

　　（3）胚蛋失重的测定方法及应用

　　①气室观察法　采用照蛋器观察气室的大小，可估计大致的失重情况（图5.2）。

表5-3　种蛋大小和1～19d失重11.5%需要的相对湿度（%）

（杨宁，家禽生产学，2002）

蛋重（g）	相对湿度（%）
52.1	55～65
54.2	52～62
56.7	50～60
59.1	47～57
61.4	45～55
63.8	42～52
66.1	40～50

②蛋重称量法　种蛋入孵前先称空蛋盘，然后称码蛋后的重量，以此重量减去空蛋盘重量即为入孵前种蛋的净重。然后将种蛋正常孵化，在某一日龄再次称量其净重，计算出失重率（失重占原蛋重的百分率）及平均每天失重。就鸡而言，孵化19d最佳失重率为11.5%。

该法测定失重率时应注意：首先，入孵前要用照蛋器严格检查种蛋，以剔除破蛋、不合格蛋，提高测定的准确性；其次，由于胚胎发育阶段失重不同，而第14～18d之间的每日失重与整个孵化期的平均每日失重相近，若只测一次，宜在此期间进行为好；此外，用于测定的种蛋应是发育正常的胚蛋，应剔除无精蛋、中死蛋和发育缓慢的胚蛋。

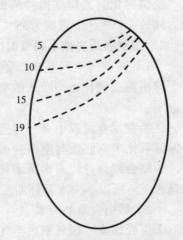

图5.2　鸡蛋孵化过程中气室容积变化

（图旁的数字系孵化天数）

（王晓霞，家禽孵化手册，1999）

3．温度和湿度的关系

在胚胎发育期间，温度和湿度相互影响。孵化前期，要求温度高湿度低，出雏时湿度要求高则温度低。一般由于孵化器的最适宜温度范围已经确定，所以只能调节湿度。出雏器在孵化的最后2d要增加湿度，那么就必须降低温度，不这样做，对于孵化率和雏鸡的质量都会产生严重的不良影响。孵化的任何阶段都必须防止同时高温和高湿。

（三）通风

1．通风的作用

（1）通风与胚胎气体交换　孵化过程中，随着胚龄的增长，胚胎耗氧量和排出二氧化碳的量也随着增加，特别是出雏期，胚胎开始用肺呼吸，气体交换量更大。为保持正常的胚胎发育，必须供给新鲜的空气，二氧化碳浓度不超过0.5%，如果超过1%，则胚胎发育迟缓，死亡率增高，出现胎位不正和畸形。所以，应随着胚龄的增加，逐渐加大通风量。

（2）通风与胚胎散热　胚胎发育过程中，随着新陈代谢的增加，胚胎自身的产热量也随着胚龄的增加成比例增加，尤其是孵化后期，胚胎代谢更加旺盛，产热更多，常常出现"自温超温"现象，如果热量不能及时散出，将会严重影响胚胎正常发育乃至造成胚胎死亡。所以，通风还有散出胚胎产生的余热和保证正常孵化温度的作用，此外，孵化机的均温风扇，还起到均匀温度的作用。

2. 通风量的掌握

氧气含量为 21%时孵化率最高，每减少1%，孵化率下降5%。氧气含量过高孵化率也降低，每增加1%，孵化率下降1%左右，一般情况下不会出现氧气不足或含量过高。新鲜空气中的二氧化碳含量为0.03%～0.04%，只要孵化器通风设计合理，运转操作正常，孵化室空气新鲜，一般二氧化碳不会过高。

掌握通风量的原则是在保证正常温度、湿度的前提下，要求通风换气充分。

通过对孵化机进、排气孔开启程度，可以控制空气的流速及线路。整批入孵的前3天，可关闭进、排气孔，随胚龄增加，逐渐打开，至孵化后期，进、排气孔全部打开，尽量增加通风量；分批入孵，进、出气孔可开1/3～2/3要注意观察加热指示灯、恒温指示灯的亮、灭情况，借以判断是否有通风过度、通风不足情况。在孵化期间特别是孵化前期，若加热指示灯长时间发亮，说明孵化机内温度达不到所需的孵化温度，通风过度，应减少通风量；若恒温指示灯长亮不灭，说明通风不足，应加大通风量。

此外，在通风量掌握上还可依据种蛋数、胚龄、气温等灵活掌握。

（四）翻蛋

1. 翻蛋作用

（1）翻蛋可以防止胚胎与壳膜粘连　种蛋入孵后，蛋在孵化盘上的位置固定。刚产下种蛋的蛋黄由于比重较大而停留在稀蛋白中，但是入孵后蛋黄因比重下降而从稀蛋白中上升，漂浮在上面，如果长时间不翻蛋，胚胎容易与壳膜粘连，影响正常发育，甚至死亡。定期不断地翻蛋能改变胚胎在蛋内的位置，防止粘连。

（2）翻蛋可使胚胎受热均匀　翻蛋变动了胚蛋在孵化机中的位置，起到了一定的调温作用，能使胚蛋受热一致，有利于提高孵化率和雏鸡品质。

（3）翻蛋有助于胚胎运动，保证胎位正常　翻蛋可促使胚胎运动和改善胎膜血液循环，从而使胚胎正常生长发育，可以提高健雏率。

2. 翻蛋方法

现代孵化机已具有自动翻蛋装置，翻蛋时，整个蛋盘连同蛋架在一定范围内变动，一般每2h一次，翻蛋的角度应与垂直线成45°角，然后反向转至对测的同一位置。翻蛋时动作轻、稳、慢，每次翻蛋过程要在短时间内完成。

3. 种蛋放置位置方向

孵化时，种蛋应钝端朝上，锐端朝下，不一定垂直，但不能平放，更不能锐端向上孵化。如果蛋的锐端位置较高，那么约有60%的胚胎头部在锐端发育，雏鸡在出壳时，只有部分雏鸡能将头部转向气室，而那些不能转过来的鸡胚因其喙部不能进入气室进行肺呼吸而死亡。

（五）凉蛋

1. 凉蛋作用

凉蛋的目的是排除孵化机内胚胎产生的余热，保持适宜的孵化温度；更换孵化机内的空气，排除蛋内污浊的气体，供给新鲜的空气，保证孵化后期胚胎对氧气的需要；用较低的温度来刺激胚胎，促使胚胎发育并增加将来雏鸡对外界气温的适应能力。

变温孵化到中后期，特别是在炎热季节，容易出现"自温超温"现象，应进行凉蛋。

2. 凉蛋方法

凉蛋时间随着胚龄增长而逐渐加长，次数逐渐增多。头照后至尿囊绒毛膜"合拢"前，每天凉蛋1~2次；"合拢"后至"封门"前，每天凉蛋2~3次；"封门"后至大批出雏前，每天凉蛋3~4次。"封门"前，采用不开机门、关闭电热、风扇转动的方法；"封门"后采用打开机门、关闭电热、风扇转动甚至抽出孵化盘喷洒冷水等措施；还可以将蛋架车从孵化机拉出进行凉蛋。一般将蛋温降至30~33℃，即把胚蛋放在眼皮上，感觉"温而不凉"为度。每次凉蛋时间的长短根据外界温度（孵化季节）与胚龄而定，每次15~30min，多则1~2h。

三、孵化管理技术

（一）孵化前的准备

1. 制订孵化计划

根据设备条件、种蛋供应、雏鸡销售等具体情况，制订出孵化计划，并填写孵化工作计划表。

制订孵化计划时，尽量把费时、费力的工作（如入孵、照蛋、移盘、出雏等）错开。一般每周入孵两批，工作效率较高。

2. 孵化室的准备

孵化室要求保温、保湿、通风条件良好，室温保持在22~26℃，相对湿度保持在55%~60%。为保持这样的温度、湿度，孵化室的保温隔热性能要好，最好是密闭式的，室内应有取暖设备。现代孵化厂一般都有2套通风系统，以保证孵化室内有足够的新鲜空气，防止孵化机排出的污浊空气再循环进入孵化机内，保持孵化室和孵化机的空气清洁、新鲜。孵化室的地面要坚实平坦，便于冲洗。

孵化前1周，对孵化室、孵化机和孵化用具进行清洗，最后用福尔马林进行熏蒸消毒，对于控制和扑灭经蛋传播疾病十分重要。

3. 孵化机的检修和试机

（1）孵化机的检修　检查风扇、风门系统是否正常，检查温度、湿度控制系统是否正常。校对温度计，测试孵化机内不同部位的温差。检查翻蛋系统，确定翻蛋间隔及角度是否正常。检查冷却报警系统是否正常。检查蛋盘、蛋架是否牢固。翻蛋装置加足润滑油。

（2）孵化机试机　打开电源开关，分别启动各系统，开机运行1~2d，安排值班人员，做好孵化机运行情况记录，运行正常即可入孵。

（二）孵化的操作技术

1. 码盘、预热和入孵

（1）码盘　将种蛋钝端朝上码在孵化盘上称码盘。码盘一定要码满。分批入孵时，蛋盘上要做好标记，注明上蛋批次、入孵时间。

（2）预热　取自蛋库或在冬季孵化的种蛋需在孵化室预热，预热的作用是使静止的胚胎有一个缓慢的"苏醒适应"过程，这样可减少突然高温造成死精蛋偏多，并减缓入孵初期孵化机内温度下降幅度。对孵化的环境有个适应的过程。

预热方法：入孵前，将种蛋在22～25℃环境下，夏季预热6～8h，冬季预热12～18h。

（3）入孵　将蛋码满盘后插入蛋架车，插入时一定要使蛋盘卡入蛋架车滑道内，插盘顺序为由下至上。蛋架车插满后，须由两人将蛋架车缓缓推入孵化机，注意导向轮在后。先从孵化机两侧推车上机，便于观察已上机的蛋架车的蛋架车长轴是否完全插入动杆圆孔，然后根据上机蛋架车活动横梁的倾斜程度，调整尚未上机的蛋架车横梁，使两横梁倾斜度保持一致，即便于将其他蛋架车的长轴插入动杆圆孔。蛋架车长轴插入后，将机底锁销卡在蛋架车导向轮下的轮槽内，以防翻蛋时蛋架车自行退出。

分批入孵时，装新蛋和老蛋的孵化盘要相互交叉放置，以利于新蛋与老蛋互相调节温度，同时注意保持蛋架重量的平衡。入孵后，应对孵化机连同种蛋进行一次熏蒸消毒。

入孵的时间最好安排在下午16时以后，这样大批出雏的时间在白天，有利于出雏操作。

2. 孵化日常管理

虽然现代孵化机自动控制功能齐全，但是要求工作人员经常检查孵化机工作状态，对孵化条件严格管理控制，并及时做好生产和工作记录。

（1）温度管理　观察温度变化情况和控制系统的灵敏度和准确程度。孵化机的温度调节在种蛋入孵前调好定温，之后不要轻易调节。一般要求每隔1～2h检查并记录一次孵化机内温度（汉显温度和门表温度），判断孵化温度适宜与否，同时注意孵化室温度对孵化机内温度的影响，当变化幅度较大时，应及时调整。

（2）湿度管理　对于自动调节湿度的孵化机，应经常对控湿系统的各控制装置、水管、水箱进行检查，特别注意供水管的通畅与水箱的卫生清洁。采用喷雾供湿的孵化机，要注意水质，水应经过滤或软化后使用，以免堵塞喷头。出雏时，要及时捞出水盘表面的绒毛。

（3）通风管理　定期检查进出气口的开启大小，经常检查风扇转动情况，特别注意检查电机和传动皮带，严防电机故障和皮带变松或断裂。

（4）翻蛋管理　一般每2h翻蛋一次，在每次翻蛋时，应对翻蛋电机、传动机构等进行观察，注意每次翻蛋时间和角度，发现不按时翻蛋和翻蛋角度过大或过小时，应及时处理解决。

自动翻蛋的孵化机，应先按动翻蛋开关的按钮，待转到一侧45°自动停止后，再将翻蛋开关扳至"自动"位置，以后便自动翻蛋。但遇切断电源时，要重复上述操作，这样自动翻蛋才能起作用。

3．照蛋

肉鸡孵化生产中多在7~8胚龄进行第一次照蛋，18d末时进行第二次照蛋。

4．移盘

（1）移盘时间　一般在孵化第19天时移盘比较合适，具体掌握在约5%鸡胚啄壳时进行移盘。

（2）移盘要求

①移盘时要注意平端平放出雏盘，且动作要轻、稳、快，以减少破损，缩短胚蛋在机外的时间。

②出雏盘内不得放得太多，单层平放占底面积90%左右为宜，以免影响出雏。

③出雏盘之间必须卡牢，最上层要加盖，以防雏鸡跌落。

④移盘后的雏车在推向出雏机时一定要由两人缓缓推行，切忌用力快推，以防出雏盘倒塌。

⑤移盘前启动出雏机。雏车进机前先关闭风扇，再开门推车，否则机内温度下降过快而延长回升时间。

⑥进机后将风门开到最大位置，并随手关掉机内照明灯，以免雏鸡骚动影响出雏。

5．出雏管理

（1）出雏期管理　出雏期间要加强对出雏机的管理，保证温度、湿度和通风的正常，严防高温和低湿，时刻注意通风。保证孵化室内安静，少开出雏机门。

（2）拣雏　现代孵化雏鸡一般都是一次性拣雏。视雏鸡出壳情况，一般在绝大多数雏鸡已出壳结束，并且90%左右雏鸡绒毛已干开始拣雏，拣雏动作要轻、快，装雏箱要事先准备好，铺好垫料，适当提高出雏室温度，一般拣雏1~2次。

初生雏鸡清点数量，强弱分级，装箱后存放于专用存雏室，存雏室内应空气新鲜，卫生，保持温度在25~27℃，湿度在65%~75%，光线较暗。

（3）清扫消毒及废弃物处理　出雏结束后，首先拣出死胎（"毛蛋"）和残、死雏并分别清点登记，然后对出雏室、出雏机、出雏盘等器具进行彻底清洗消毒，最后开机烘干，停机备用。

各种废弃物，尤其是变质胚蛋、死胚、病胚、解剖后所有遗留物，均应在高浓度消毒液中浸泡后，放入塑料袋中运到特定地点焚烧或深埋，焚烧是最彻底的方法。

（4）装雏箱及运输工具消毒　雏鸡的装雏箱和运输车辆事先必须严格清洗和消毒，否则禁止进入孵化厂。进蛋与出雏的运输路线应分开，以免雏鸡在孵化厂出口处受到污染。

6．停电时的措施

孵化厂应自备发电机，否则应与有关电业部门取得联系，以便停电时能事先做好准备。

事先知道停电，应提前升高室温至27~30℃。停电后，先拉开总电源开关，然后根据胚蛋的不同时期采取不同的管理措施：

鸡蛋的孵化期，按胚蛋自身代谢产热量的多少，大致可分为3个时期：前期1~12d，后期13~17d，出雏期18~21d。孵化初期的胚蛋，若停电时间较短，只要关闭机门和进出气孔即可，若停电时间较长，应注意经常手工转动风扇，每隔0.5～1h翻蛋一次，必要时可进行上下对角倒盘，以保证上下各部胚蛋温度的均匀，10d起每隔4h上下对角倒盘一次；孵化后期的胚蛋，应先打开机门，散出余热，再管好机门，每隔3h检查1次孵化机内温度，必要时每隔4h上下对角倒盘一次；出雏期的胚蛋，应尽量提高出雏室内温度，先打开机门散出余热，并每隔2h检查一次机内温度，若"烫眼"，应上下对角倒盘，若调到下层的胚蛋温度仍"烫眼"，应将整盘胚蛋凉蛋，必要时喷水降温，以避免由于机内胚蛋温度过高而造成胚胎死亡。

7. 孵化生产记录

为了及时掌握孵化生产情况和便于工作总结分析，孵化厂的工作人员应做好孵化生产记录，填好各种记录表格，以便于数据整理、分析。以利于总结孵化成绩或教训，改进工作。目前性能先进的孵化机使用计算机管理，能自动、及时、准确地记录生产中的各种数据。

四、孵化效果的检查与分析

（一）衡量孵化效果的指标

1. 种蛋合格率

正常情况下，种蛋合格率应大于98%。

$$种蛋合格率＝（入孵种蛋数/接到种蛋数）×100\%$$

2. 受精率

肉种鸡的种蛋受精率一般在90%以上，高水平可达95%以上。受精蛋包括死精蛋和活胚蛋。

$$受精率＝（受精蛋数/入孵蛋数）×100\%$$

3. 早期中死率

通常是指头照（肉鸡7～9胚龄）时的中死率，正常水平应低于2.5%。

$$早期中死率＝（头照时中死蛋/受精蛋数）×100\%$$

4. 受精蛋孵化率

统计雏鸡数应包括健康雏、弱雏、残次雏和死雏。一般鸡的受精蛋孵化率可达90%以上。此项是衡量孵化厂孵化效果的主要指标。

$$受精蛋孵化率＝（出雏总数/受精蛋总数）×100\%$$

5. 入孵蛋孵化率

一般入孵蛋孵化率应达到80%以上，高水平入孵蛋孵化率可达到87%以上。该项反映种鸡繁殖场及种鸡场和孵化厂的综合水平。

$$入孵蛋孵化率＝（出雏总数/入孵蛋总数）×100\%$$

6. 健雏率

孵化厂多以售出雏禽视为健雏。高水平健雏率应达98%以上。

$$健雏率＝（健雏数/出雏总数）×100\%$$

7. 死胎率

死胎蛋一般指出雏结束后扫盘时的未出壳的胚蛋，也称为"毛蛋"。正常情况下，死胎率应在5%~7%的范围内。

$$死胎率=（出雏死胎数/入孵种蛋数）×100\%$$

（二）孵化效果检查

在孵化过程中，检查胚胎发育情况，及时发现问题、查明原因，采取相应措施，以提高孵化率。

1. 照蛋

（1）照蛋的意义　照蛋是检查胚胎发育状况和调节孵化条件的重要依据。一般孵化厂每批胚蛋照蛋2次，但是大型孵化厂，通常只在移盘前照蛋1次。

（2）照蛋的时间及内容要求

①第一次照蛋（头照）　肉鸡种蛋多在孵化7d后照蛋。其目的是剔除无精蛋、中死蛋（死精蛋）、弱精蛋和破损蛋。

发育正常的胚蛋　整个蛋呈暗红色，血管呈放射状，扩散面覆盖整个蛋的"正面"。

无精蛋　照蛋时可见蛋色浅黄、发亮，看不到血管或胚胎，蛋黄暗影隐约可见。

中死蛋　照蛋可见蛋内有不规则的血线、血弧、血点或紧贴蛋内壳面的血圈，有时可见死胚的小黑点贴壳静止不动。

弱精蛋　发育缓慢，血管纤细且颜色浅淡，扩散面较小。

破损蛋　照蛋时可见裂纹（呈树枝状亮痕）或破损的孔洞。

②第二次照蛋（二照）　肉鸡通常在19日龄进行二照。其目的是检查胚胎发育情况，将中死蛋、发育缓慢胚蛋剔除，此次照蛋后进行移盘。

发育正常的胚蛋　可见蛋内全为黑色，气室边界弯曲明显，有时可见胚胎颤动。

发育缓慢的胚蛋　气室边界平整，血管纤细。

中死蛋　气室边界颜色较淡，无血管分布，摸之感觉发凉。

（3）照蛋的动作要求　照蛋之前，应先提高孵化室温度（气温较低的季节），防止照蛋时间长引起胚蛋受凉和孵化机内温度下降幅度大。手动照蛋要稳、轻、快，从蛋架车取下和放上蛋盘时动作要慢、轻，放上的蛋盘一定要卡牢。照蛋方法：将蛋架放平稳，抽取蛋盘摆放在照蛋台上，迅速而准确地用照蛋器按顺序进行照检，并将无精蛋、中死蛋、破损蛋拣出，照完一盘，用外侧胚蛋填满空隙，这样不易漏照。照蛋时发现锐端朝上的胚蛋应倒过来。抽、放蛋盘时，有意识地对角倒盘（即左上角与右下角孵化盘对调，右上角与左下角孵化盘对调）。放盘时，孵化盘要固定牢，照蛋完毕后再全部检查一遍，以免翻蛋时滑出。整批蛋照完后对被检出的蛋进行一次复照。

2. 蛋重和气室变化

孵化期间，由于蛋内水分的蒸发，蛋重逐渐减轻。就鸡而言，孵化19日龄最佳失重率为11.5%。如果蛋的失重超过此标准，则照蛋时气室较大，可能是湿度过低。如果低于此标准过远，则气室小，可能是湿度过大。

3. 出雏期间的观察

（1）出雏时间及持续时间　主要观察啄壳和出雏时间是否正常及其持续时间的长短。孵化正常时，出雏时间较一致，有明显的出雏高峰，一般21d全部出齐；孵化不正常时，无明显的出雏高峰，出雏持续时间长，到第22d仍有较多的胚蛋未破壳，这样，孵化效果较差，健雏率也较低。如果出雏时间提前，说明孵化温度偏高；出雏时间延迟，则说明孵化温度偏低。如果啄壳和出雏的持续时间长，则说明除孵化条件掌握的不好外，与种鸡营养也有一定的关系。

（2）初生雏鸡观察　　主要观察初生雏鸡的精神状态、健康程度、体重大小、绒毛的色泽、整齐程度和长短以及脐部吸收情况。

①健康雏　　雏鸡活泼好动、站立稳健而有力，反应敏捷、叫声洪亮、清脆，对光和声音反应灵敏。体形匀称，体重均匀一致，不干瘪或臃肿。绒毛颜色正常，鲜艳有光泽，长短适宜。蛋黄吸收良好，腹部平坦、柔软，脐部愈合良好、干燥，并被腹部绒毛覆盖。无眼瞎、弯喙、扭颈、腿病等生理缺陷。

②弱雏　　绒毛污乱，脐部潮湿带有血迹愈合不良，蛋黄吸收不良，腹部大，有的甚至拖地。雏鸡站立不稳，前后晃动，常两腿或一腿叉开，双眼时开时闭，缩颈，精神不振，显得疲乏，叫声无力，对光和声音反应迟钝。体形干瘪或臃肿，个体大小不一。

若体重大小不一，说明孵种蛋时蛋重不整齐，可能来源于不同周龄的种鸡；绒毛颜色异常与种鸡营养和孵化条件有关；绒羽过短可能是孵化温度过高、湿度过低所致；脐部吸收不良，不仅与孵化后期的温度、通风掌握的不好有关，还与种鸡的某些传染病等有关。

③残次雏　　弯喙或交叉喙。脐部开口并流血，蛋黄外露甚至拖地。脚和头部麻痹，瞎眼扭颈。雏体干瘪，绒毛稀短焦黄。若残次雏较多时，主要与种鸡疾病和某些营养缺乏有关。

4．死雏、死胚的检查

（1）外表观察　　首先观察蛋黄吸收情况、脐部愈合状况。死胚蛋首先应观察胚蛋的大小、形状、蛋壳光滑度、清洁度、是否有黑斑和裂纹等，其次要观察啄壳情况（是啄壳后死亡还是未啄壳、啄壳洞口有无黏液、啄壳部位等），然后打开胚蛋检查胚蛋内部。在检查胚蛋内部时，应注意观察：

①死胚的胚龄、胚重；

②对于啄壳前后死亡或不能出雏的活胚，还要观察胎位是否正常（正常胎位是头颈部埋在右翅下）；

③气室的大小、胚膜是否透明，是否有霉斑或坏死点；

④血管是否已消失或仍然新鲜可见；

⑤胚胎及其他内容物是否有异味、色泽是否正常、羊水和尿囊液是清澈还是浑浊；

⑥对于日龄较大的死胚，应检查蛋白是否已利用完，蛋黄是否已收入腹腔内，壳膜上的血管是否已萎缩，是否已啄壳及啄壳的位置、破壳部位是否充满黏胶样物等。

（2）病理剖检　　种蛋质量差或孵化条件不良时，死雏或死胚一般表现出病理变化。如维生素B_2缺乏时，出现脑膜水肿；维生素D_3缺乏时，出息皮肤浮肿；孵化温度短期强烈过热或孵化后半期长时间过热时，则出现充血、溢血等现象。因此，应定期抽查死雏和死胚，找出死亡的具体原因，以指导以后的孵化生产。

（3）微生物学检查　　定期抽查死雏、死胚及胎粪、绒毛等，作微生物学检查。尤其是当种鸡群中有疫情、种蛋来源比较混杂或孵化效果不理想时应抽样检查，一般确定疾病的性质及特点。

（4）霉菌检查　病料直接检查；分离培养，取纯培养物作形态学检查鉴定。

（三）胚胎死亡原因的分析

1. 整个孵化期胚胎死亡的分布规律

胚胎死亡在整个孵化期不是平均分布的。在正常情况下，孵化期间有2个死亡高峰。鸡胚第1个死亡高峰出现在孵化的第3～5d，第2个死亡高峰出现在孵化的第18～21d。一般来说，第1个死亡高峰的死胚率约占全部死亡的15%，第2个死亡高峰约占50%，2个死亡高峰死胚率共占全期死胚的65%。但是对于高孵化率鸡群来讲，鸡胚多死于第2个高峰，而低孵化率鸡群，第一、二高峰期的死亡率大致相似。

比较好的入孵蛋孵化率可达85%左右，无精蛋率占5%，头照中死率占1%～2%，二照中死率占2%～3%，移盘后的死胎率占5%～7%。可见，要想提高孵化率，关键是减少出雏期的死亡率。

2. 各时期胚胎死亡原因分析

（1）孵化早期死亡　鸡胚孵化早期，此时胚胎重新开始发育不久，即经历重大的形态和生理学变化，血液循环系统较快建立，胚胎从较低级的代谢活动转为通过血液循环进行气体交换和物质代谢，正是胚胎生长迅速、形态变化显著时期，各种胎膜相继形成而作用尚未完善，胚胎对外界环境的变化是很敏感的，只有健全的胚胎和适宜的孵化条件才能顺利地度过这一段剧烈变化的发育期，而活力不足或者有缺陷的胚胎则易死亡，因而鸡胚在孵化早期出现较多死亡，出现了第一个死亡高峰。

可见，内部因素对第一个死亡高峰影响较大。

（2）孵化中期死亡　孵化中期是指早、晚2个死亡高峰之间的时期，胚胎死亡率很低。认真执行合理的孵化技术规程一般不会出现大的问题。只有重大的技术失误，如温度过高或过低、通风不良、孵化机内存在迅速传播的疾病等，才会使胚胎死亡率增加，孵化早期遗留下来的患病胚蛋和发育缓慢的弱精蛋有的会在这一时期死亡。

应注意的是：若孵化早期和中期的后段胚胎死亡率都增加，提示这主要是种鸡、种蛋问题，若孵化早期死亡率不高，而孵化中期后段死亡率增高，则主要是疾病和孵化条件的问题。

（3）孵化晚期死亡　鸡胚孵化晚期，胚胎死亡较多的原因有：

①此期间鸡胚的呼吸形式由尿囊呼吸转变为肺呼吸，胚胎发育处于又一次剧烈变化期，残弱胚胎难以适应而死亡。

②此期间鸡胚代谢旺盛，积热较多，其自温迅速增加，如遇孵化机内温度偏高、通风不良、散热不畅、供氧不足，必然会使一部分本来就较弱的、发育缓慢的胚胎不能顺利破壳出雏。

③入孵以来各种不良内、外因素影响的积累，形成一批发育不健全的弱胚、病胚和畸形胚，这些不健全的胚胎多于此期死亡。

④胎位不正（异位）造成难产（出壳困难）。

可见，外部因素对第2个死亡高峰影响较大。

（四）影响孵化效果的因素

一般情况下，孵化效果不理想时，可从种鸡质量、种蛋管理和孵化技术3大因素查找原因（图5.3）。第一、二因素合并决定入孵前的种蛋质量，是提高孵化率的前提。只有入孵来自优良种鸡、喂给营养全面的饲料、精心管理的健康种鸡的种蛋，并且种蛋管理适当，孵化技术才有用武之地。

1. 种鸡质量

（1）种鸡年龄　母鸡刚开产时所产种蛋的孵化率低，孵出的雏鸡也弱小，母鸡在8～13月龄时所产种蛋的孵化率最好，而后母鸡随日龄的增长所产种蛋的孵化率而逐渐下降。

（2）种鸡健康状况　种鸡感染疾病影响种蛋孵化率，某些疾病还可由种蛋传染给下一代雏鸡。

（3）母鸡产蛋率　产蛋率与孵化率呈正相关，鸡群产蛋率高时，种蛋孵化率也高，影响产蛋率的因素也影响种蛋孵化率。

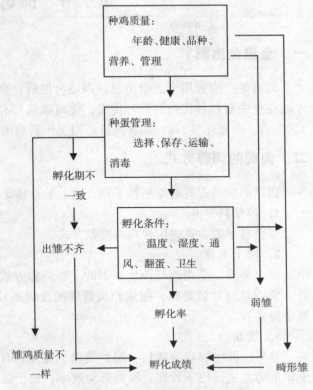

图5.3　影响孵化成绩的各种因素

（4）种鸡的营养　种鸡的营养不仅要满足自身的维持需要、生长发育和产蛋的需要，而且还要为胚胎的生长发育提供必要的营养物质。当种鸡缺乏某种营养时，其所产的种蛋用于孵化则会影响孵化效果。

（5）种鸡管理　种鸡舍的温度、通风、垫料的清洁程度都与种蛋孵化率有关。通风是减少鸡舍内病原微生物的有效措施。垫料污脏，种蛋被污染，会影响种蛋孵化率。

2. 种蛋管理

（1）种蛋的形态构造　蛋重、蛋形、蛋壳结构等均与孵化率有关。种蛋过大，孵化前期的感温和孵化后期的胚胎散热不良，孵化率低。蛋壳薄时不仅易碎，蛋内水分蒸发也过快，破坏正常的物质代谢，孵化率也低。

（2）种蛋保存条件、时间　夏季高温时，种蛋保存条件差，蛋白稀薄，孵化率低；种蛋孵化率随种蛋保存时间延长而逐渐下降，保存时间超过2周的种蛋，其孵化率明显下降。

3. 孵化技术

孵化技术是胚胎是否能正常生长发育的外在保障，只有提供适宜的孵化条件，进行科学的孵化管理，才能保证胚胎正常生长发育，取得理想的孵化成绩。

第三节 肉鸡生产

一、全进全出制

肉鸡生产应采用全进全出制。肉鸡出栏后，全部养鸡设施作彻底的消毒处理，这样才能完全中断各种疾病的循环传播，使每批鸡都有一个"清洁的开端"。一般每批鸡养7周左右，中间休整2周，饲养人员必须工作到鸡出售后才能够休息。

二、肉鸡的饲养方式

肉鸡的饲养方式有厚垫料平养、网上平养和笼养。

1．厚垫料平养

厚垫料平养，见肉用种鸡的饲养方式。

2．网上平养

网上平养，是肉鸡目前生产中的主要饲养方式，但网上平养不太适合肉鸡的后期饲养，特别是网片较硬时，腿病和胸囊肿的发病率较高，建议在网上平养到35d后，转为厚垫料平养。

3．笼养

笼养，即将雏鸡养在3～5层的笼内。笼养具有提高鸡舍利用率，增加饲养密度，减少球虫病发生，便于管理，提高劳动效率，便于公母分群饲养，由于鸡活动量小，具有可节省饲料的优点。但因鸡笼底网硬，笼养鸡活动受限，鸡胸囊肿和腿病较为严重，商品合格率低，此外笼养需要一次性投资大，对饲养管理技术要求高，对电源的依赖性较大，目前推广应用不多。

三、肉鸡饲养前的准备工作

（一）鸡舍、设备、器具的准备

1．鸡舍准备

鸡舍的基本要求是有利于防疫、卫生、便利。为了使鸡舍达到上述基本要求和满足肉鸡生产需要，首先，要完善鸡舍的硬件设施，对陈旧、效率不高的设备、设施，加强维护和改造，达到冬季能保温，夏季能隔热的要求；其次，加强鸡舍小环境的改善，鸡舍小环境的优劣直接影响机体抵御病原微生物的能力、鸡的采食量和增重。

为节省能源，可采用部分鸡舍育雏法，即用塑料布帘将鸡舍隔成两或三部分，一部分设置有育雏设施，3周龄前所有雏鸡均集中在这部分培育，每平方米可容纳30只鸡。3周龄后随雏鸡的发育，御寒能力增强，需要活动的面积增大，将间壁的塑料布帘撤掉，使肉鸡疏散，用这种方法比单用育雏舍然后转群能减少环境变化的应激，有利于雏鸡的发育、节省转群时间和劳动支出，也比通常一开始就分散在整个鸡舍的培育方法节省能源消耗。

2．供暖设施

肉鸡娇嫩，生长速度快，代谢旺盛，对环境温度要求严格，饲养全期基本都处于人工供暖条件下，所以必须注意供暖设施在进鸡前一周检修好，并开始供暖。供暖形式根据饲养方式而确定，大规模饲养时最好采取热水管或热风炉供暖；小规模饲养时为节省投资可采用煤炉供暖。

3．其他物品

（1）喂饮设备

根据肉鸡对采食和饮水位置的要求，按不同规格备足开食盘、料槽、料桶及饮水器，上料加水用的桶、盆等也应准备齐全，并逐个检查维修好，同时进行彻底清洗消毒。

（2）清粪设备

大规模饲养采用机械清粪时应对机械设备进行彻底检查维修，如果采用人工清粪应准备好推粪车、清粪耙和铁锹等。

（3）消毒设备

消毒设备包括环境消毒、器具消毒和带鸡消毒使用的设备，主要有高压冲洗机（用于地面、墙壁、屋顶等的冲洗）、火焰消毒器（用于地面、墙壁、屋顶等裂缝不便消毒之处）、药物喷雾器（用于舍内外药物消毒）和稀释药物用的容器、量具等。

（4）维修工具

维修工具包括机械设备维修；水、暖、电维修；网具及日常用具维修等工具的准备。

（二）鸡舍的清洗消毒

鸡舍的清洗消毒主要是指在鸡出栏之后，进下一批鸡之前，空舍阶段舍内外环境及其所有物品的清洗消毒。鸡舍的清洗消毒应该按一定程序进行，一次消毒时间一般应在2周左右。消毒方法主要有药物喷雾、药物浸泡、火焰喷射等。

①舍内消毒的程序：清空鸡舍→清扫→清洗→修整→检查→消毒

②清空鸡舍　将所有肉鸡全部清转，移出舍内所有可移动物品。

③清扫　在鸡舍内外将笼具清扫干净。清扫的顺序为由上到下、由里到外。

④清洗　对天花板、横梁、壁架、墙壁、地面用高压水枪进行冲洗，清洗的顺序同清扫。高压冲洗是化学消毒的前提，必须认真进行。

⑤整修　冲洗之后，对各种损坏的东西进行整修。

⑥检查　对经清扫、清洗、整修后的鸡舍进行检查，合格后方可进行消毒。

化学消毒　清洗干燥后才能进行化学消毒。鸡舍最好使用两种或三种不同的消毒剂进行2～3次的消毒，只用一种消毒剂消毒效果是不完全的，因为不同的病原体对不同的消毒剂的敏感性不同，一次消毒不能杀灭所有的病原体。一般化学消毒的顺序为：碱性消毒剂→酚类、卤素类，表面活性剂或氧化剂消毒→甲醛熏蒸消毒。舍内消毒程序和方法详见表5-4。

对于舍外的消毒主要是指鸡舍周围环境和道路等的消毒。首先应将杂草、污物清除干净，然后使用药物进行消毒，一般多采用3%～5%的氢氧化钠溶液喷雾消毒，冬季采用撒布生石灰的方法消毒，但都应该在进鸡之前进行，并在养鸡生产过程中定期进行消毒。

表5-4　舍内消毒程序和方法

（吴健，畜牧学概论，2006）

空舍天数	主要工作及消毒方法	消毒目的
1～2	移出舍内所有可移动物品另外消毒，清理粪便、清扫污物及灰尘。	为冲洗打基础
3～4	高压冲洗2～3遍，将所有污物、灰尘及粪便清净，特别对于网具、地面、墙壁和屋顶应彻底冲洗。	彻底清除污物
5～6	火焰喷射地面和墙壁等处的裂缝以及不怕火焰喷射的物品。干燥。	杀灭不易清除的病原
7～8	碱性药物喷雾消毒。使用3%～5%的氢氧化钠溶液。	杀灭不耐碱性药物的病原
9～10	第2次火焰喷射消毒，干燥。	干燥可使病原失去活性
11～12	酸性药物喷雾消毒。使用过氧乙酸溶液。	杀灭不耐酸性药物的病原
13～14	移入经另行消毒后的所有物品，密闭房舍进行高锰酸钾和甲醛溶液药物熏蒸消毒。	对舍内及所有物品进行最后消毒
15～16	打开门窗，放净残余甲醛气体，待用。	

（三）预热试温

预热是指鸡舍进雏前1～2d开始点火升温，提高舍内温度，为育雏做好准备，使雏鸡进舍后有一个温度适宜的环境。预热时要测定各点温度，要求雏鸡活动区域温度达到33～35℃，其他区域温度达到25℃即可，相对湿度60%～70%。

注意：加温时应将产生的烟、废气等排出舍外，以免危及鸡和人的健康。

四、饮水和饲喂

（一）饮水

雏鸡入舍后应先边饮水、边休息，然后再开食。

初次饮水，可在水中添加葡萄糖、电解质和维生素，配制方法为97.5L凉开水中加入2500g葡萄糖、15g速溶多维、15g维生素C，连续用3～4d，每天使用2次，每次2h，以增强雏鸡的体质，缓解运输途中引起的应激，促进体内胎粪的排泄，降低第1周雏鸡的死亡率。

第1周内饮温开水（即先将水煮沸，然后再凉至室温，大批量饲养时可饮经消毒的水），以后饮常温水，应确保饮用水清洁新鲜。自由饮水，确保饮水器不断水、不漏水。

推荐雏鸡第1周使用雏鸡真空饮水器，每1000只雏鸡需要16个雏鸡真空饮水器；第2周起使用乳头饮水器，每个乳头可供10～15只雏鸡使用。使用乳头式饮水器，使用前调解好水压，将整个供水系统清洗消毒干净，并逐个检查乳头，保证每个乳头有水珠出现，吸引雏鸡饮用。饲养期应经常检查饮水设备，对于漏水、堵塞或损坏的应及时维修、更换，确保使用效果。此外应适时调整饮水器高度，饮水器高度以略高于鸡背为宜。

雏鸡真空饮水器要求每次上水前应刷洗，每天消毒1次，消毒剂选用高效、无毒和腐蚀性低的消毒剂，如季铵盐类、氯制剂和碘制剂。

（二）饲喂

1. 雏鸡采食行为

雏鸡在出壳后的48h或更长的72h内可以依靠吸收卵黄获取所需的营养，但是雏鸡出壳后不久就有啄食行为。开始是啄食碎蛋壳或同伴的脚趾，当加入饲料以后就试着啄食饲料，经过反复几次试探性采食，雏鸡对饲料的颜色、形状、粒度、硬度等逐渐产生了条件反射，这样卵黄吸收完全之后，雏鸡就可以靠自己采食来满足营养需要。为了使雏鸡尽快建立起对周围环境主要是对饲料和水的条件反射，一般要求雏鸡在3日龄之前给予23~24h的光照，有足够多的料盘供雏鸡采食，3d之后光照逐渐减少。

鸡的味觉系统不发达，雏鸡的味觉更不发达。雏鸡开始啄食和采食是没有选择性的，只有当雏鸡建立起对饲料的颜色、形状等条件反射时才能进行选择性采食。

2．开食

雏鸡第一次喂料称为开食。

（1）开食时间　开食最佳的时间是雏鸡出壳后24~36h，应先饮水后喂料，饮水后半小时有60%~70%的雏鸡随意走动，有啄食行为时开食最为合适。

经长途运输，刚到达目的地不要急于饲喂，应遮光休息一会儿，以恢复体力，饮1~2h水后再开食；也不要在运输途中饲喂，因为开食后嗉囊变大，在运输途中容易因为挤压而造成损伤。

（2）开食方法　开食时使用的喂料器具是雏鸡开食盘，一般每100只雏鸡要配备1~2个开食盘（大盘1个，小盘2个），也可选用干净的牛皮纸。开食前将开食盘或牛皮纸铺在地面或网上，以便所有的雏鸡能同时采食。为了使雏鸡易于见到和接触到饲料，应将雏鸡颗粒料均匀地撒在开食盘或牛皮纸上面，并增加光亮度，引诱雏鸡前来啄食颗粒料。雏鸡有天生的好奇性和模仿性，只要有少数雏鸡啄食，其他的雏鸡就会跟着学会啄食。

开食时最好用雏鸡颗粒料，既保证营养全面，又便于啄食。喂料时应少添，掌握的原则是饮水自由，吃料只能达到七、八分饱即可，如果过食会造成雏鸡消化不良。育雏的第1天要多次检查雏鸡的嗉囊，以鉴定是否已经开食和开食后采食情况，雏鸡采食几小时就能将嗉囊装满，否则就要查清问题的所在，及时纠正。

3．加料

采用定时加料、自由采食的饲喂方式。掌握的原则是：次数由多至少，数量由少至多。一般是第1周每天8~10次，第2周每天6~7次，第3周起每天6次。应注意的是每次加料根据料筒内料位情况确定，尽量保持饲料新鲜，防止饲料发生霉变，并保证加料均匀。最初5~7日龄可将饲料撒在开食盘中让鸡采食，自4~5日龄起，逐渐加设料桶，7~8日龄后全改用料桶。一般每20~30只鸡需要1个料桶。适时调整料桶的高度，放置好后，其边缘应与肉鸡的背部等高。

4．均料

每次加料后，由于鸡只采食挑料会使料桶内饲料堆积不均，而造成饲料撒落浪费和采食不均，所以必须在两次喂料之间进行均料，一般每两次喂料之间均料2~3次。

5．清料

饲喂过程中，尽管实施正确加料和均料，有时也会造成料桶内饲料堆积，如果长时间不清料，堆积的饲料会损失很多营养，甚至出现发霉变质，如果鸡采食到这样的饲料，就可能出现营养缺乏症或霉菌中毒。所以必须定期进行清料，清料时必须一次彻底将料桶内堆积的饲料清净，一般情况下清出的饲料不应该再次喂鸡。

五、肉鸡的管理

（一）创造适宜的环境条件

1．温度

控制好环境温度是养好肉鸡的关键，因为温度直接影响肉鸡的生长发育和体质健壮，对饲料的消化吸收和营养物质的代谢有重要的作用。

肉鸡在生长发育过程中，不同周龄对环境温度要求不一样，总的要求是前高后低，逐渐下降，不同周龄的肉鸡对环境温度的要求详见表5-5。

表5-5　肉鸡不同周龄对环境温度的要求　　　　　　单位：℃

日　龄	1～3	4～7	8～14	15～21	22～28	29～35	35日龄以后
育雏器温度	33～35	31～33	29～31	26～29	23～26	21～23	20～21
育雏室温度	25～27	24～26	23～25	21～24	19～22	18～21	18～21

注：1. 育雏器温度是指雏鸡所处位置的温度。2. 育雏室温度是指远离门、窗、热源等处的育雏室内环境温度。

掌握温度时可以通过观察温度计，温度计必须经过校正，并放置在合适的位置，监测育雏器温度的温度计应放置在远离热源与雏鸡的高处；监测育雏室温度的温度计应放置在远离门、窗、热源处；如果饲养管理人员经验丰富也可以通过观察雏鸡的表现估测温度是否合适，当温度适宜时，雏鸡采食、饮水、活动、休息自如，活泼好动，分布均匀，夜间睡眠安静、睡姿伸展舒适；当温度过高时，雏鸡不爱采食、大量饮水、张口喘气、不爱活动并远离热源；当温度过低时，雏鸡采食量增加、饮水减少、行动迟缓、缩颈躬背、靠近热源、互相聚堆、睡眠不安并发出"唧唧"的叫声。

此外要求肉鸡舍内温度应尽量保持平稳，不可忽高忽低，舍内温度变化范围不超过3℃，夜间要有值班人员，防止夜间炉火熄灭引起雏鸡受凉感冒。

2．湿度

适宜的湿度可以保证肉鸡生长发育正常和体质健壮。

育雏第1周鸡舍内应保持65%～70%的稍高湿度。因此时雏鸡体内含水量大，舍内温度又高，湿度过低容易造成雏鸡脱水，影响雏鸡的健康和生长，所以育雏初期可采用向地面和墙壁喷温水的措施来增加湿度。第2周为65%，第3周以后保持在55%～60%为宜。2周以后体重增加，呼吸量增加，应保持舍内干燥，为防止舍内潮湿应严防饮水器漏水、经常清理粪便，过于潮湿时可适当增温加大通风，也可在地面撒布生石灰。

3．通风换气

良好的通风可以排出鸡舍内产生的氨气、二氧化碳等有害气体、空气中的尘埃和病原微生物以及多余的水分和热量，为肉鸡提供充足的新鲜空气和适宜的温湿环境。所以，必须注意通风，保持舍内空气清新。

采用自然通风时要注意风速，防止贼风，严禁风直接吹到鸡体。有条件的鸡场可采用机械纵向负压通风方式。当气温达30℃以上时，单纯采用纵向通风已不能控制热应激，须增设湿帘降温装置。一般情况下，以人进入鸡舍无特殊臭味和刺鼻辣眼睛的感觉为宜。

因为通风会影响到环境温度和湿度，在掌握通风量时应在保证温度和湿度的前提下尽量加大。规模化肉鸡场冬天多采用最低通气系统，因此一定要注意鸡舍的密闭性，把鸡舍墙壁和屋顶的缝隙堵严，同时把夏季用于自然通风的窗户改成较小的进风口，进风口的尺寸和数量应与排风扇相匹配，消除通风死角。

排气气流换气量的决定，一定要按必须换气量指标，附加温度来考虑。以外界温度为基础。每千克体重必须换气量见表5-6，再结合下面公式计算，以求得鸡舍的必须换气量。

鸡舍必须换气量=1kg体重换气量/分钟×平均体重×饲养数量

表5-6　外界气温与每分钟最低换气量（肉鸡）

（刘文奎等，实用五禽饲养新技术，1993）

外界气温	1kg体重每分钟最低换气量（m³）
4℃以下	0.03
4~15℃	0.05
10~20℃	0.07
15~25℃	0.09
20~25℃	0.11
25~30℃	0.13
30℃以上	0.15

实际生产中，许多饲养者在育雏初期往往只重视温度而忽视通风，造成肉鸡中后期腹水症增多。2~4周龄时如通风换气不良，有可能增加鸡群慢性呼吸道疾病和大肠杆菌病的发病率。中后期的肉鸡对氧气的需要量不断增加，同时排泄物增多，必须在维持适宜温度的基础上加大通风换气量。

4. 饲养密度

肉鸡是适合高密度饲养的，但适宜的饲养密度必须根据饲养方式、鸡舍条件、饲养管理水平等确定。

现代大规模饲养肉鸡一般都采取网上平养的方式，以出栏时每平方米25kg体重为标准计算，如出栏体重每只为2.5kg时，可达到10只/m²，如出栏体重每只为3kg时，只能达到8只/m²，即鸡的体重越大密度应该越小。不同体重的肉鸡适宜的饲养密度详见表5-7。

肉鸡饲养过程中，为了避免和减少应激，进鸡之前就应该根据饲养数量考虑好饲养面积，然后按肉鸡不同日龄的饲养密度标准做好隔栅，随着鸡龄加大不断移动隔栅，扩大饲养面积而不转群。

表5-7　不同体重的肉鸡饲养密度

（吴健，畜牧学概论，2006）

体重（kg）	开放式鸡舍		环境控制鸡舍	
	只/m²	kg/m²	只/m²	kg/m²
1.5	15	22.5	22	33.0
2.0	11	22.0	17	34.0
2.5	9	22.5	14	35.0
3.0	7	21.0	11	33.0
3.5	6	21.0	9	31.5

5. 光照管理

肉鸡的光照有两个特点，其一是光照时间较长，目的是为了延长采食时间，促进其生长；其二是光照强度较小，弱光可降低鸡的兴奋性，使鸡保持安静的状态，有利于提高饲料效率。

（1）光照时间 密闭式鸡舍采用间歇光照制度，即饲喂时开灯，喂完后关灯，可实行每天1~2h照明，2~4h黑暗的间歇光照制度。这种方法不仅节省电费，还可促进肉鸡采食，鸡生长快，有利于增重，也有利于饲料利用效率。

开放式鸡舍采用连续光照制度，即在进雏后的头2~3d，每天24h光照，2~3d后，每天实行23h光照，即在晚上停止照明1h。这1h黑暗只是让鸡习惯，一旦黑夜停电不致引起鸡群骚动，集堆压死。也可以从第二周开始实行晚上间歇光照制度，其方法同密闭式鸡舍晚上间歇光照制度。

（2）光照强度 肉鸡光照强度掌握的原则是由强到弱，0~3d用20lx，4~14d用10lx，15~35d从10lx减至5lx，35d以后为5lx。开放式鸡舍要考虑遮光，避免阳光直射和光线过强。较强的光照可促进雏鸡熟悉环境，接近开食盘和饮水器；而较弱的光照可使仔鸡较少活动、较少啄斗和能量消耗。

（二）实行公母分群饲养制

公、母雏生理基础不同，因而对生活环境、营养条件的要求和反应也不同。主要表现为：生长速度不同，随饲养日龄的增长，公鸡的体重逐渐明显大于母鸡；沉积脂肪的能力不同，母鸡比公鸡易沉积脂肪，反映出对饲料的要求不同；羽毛生长速度不同，公鸡长羽慢，母鸡长羽快，表现出胸囊肿的严重程度不同，所以应实行公母分群饲养。生产中公母分群后采取下列饲养管理措施：

1. 分期出售

母鸡在40日龄以后，体脂和腹脂蓄积程度较公鸡严重，饲料利用效率相应下降，经济效益降低。因此，出栏的时间不同，母鸡应尽可能提前上市。

2. 按公母调整日粮营养水平

公鸡能更有效地利用高蛋白质饲料，而母鸡则不能利用高蛋白质日粮，而且母鸡会将多余的蛋白质在体内转化为脂肪，很不经济，所以公鸡日粮蛋白质水平应高于母鸡1%~2%。

3. 按公母提供适宜的环境条件

公鸡羽毛生长速度慢，前期需要稍高的温度，后期公鸡比母鸡怕热，温度宜稍低；公鸡体重大，胸囊肿比较严重，应对公鸡胸囊肿发生情况给予更多的关注。

此外，在生产中也可根据鸡只的体质强弱、体重大小进行分群管理，有利于鸡只都能吃饱、喝足，生长整齐一致，提高经济效益。

（三）加强卫生管理，建立完善的防疫制度

肉鸡生产中应定期消毒，以保证安全生产。定期消毒包括带鸡消毒、鸡舍消毒和饮水消毒。带鸡消毒应选择高效低毒、刺激性小的消毒剂，如0.02%百毒杀、0.3%~0.5%过氧乙酸或0.2%~0.3%次氯酸钠等。消毒前提高舍内温度2~3℃，中午进行较好，防止水分蒸发引起鸡受凉。消毒药液的温度应高于舍内温度，40℃以下。喷雾量按每立方米空间15mL，雾滴要细。1~20日龄鸡群每3d消毒1次，21~40日龄隔天消毒1次，以后每天1次。注意喷雾喷头距离鸡头部要有60~80cm，避免吸入呼吸道，接种疫苗前后3d停止消毒，以免杀死疫苗；鸡舍消毒是指对鸡舍内带鸡消毒以外的区域和鸡舍周围的消毒，依疫病发生情况不定期进行消毒；饮水消毒，定期在饮水中加入适量的漂白粉或高锰酸钾等饮水消毒剂，以杀死饮水中的病原菌和胃肠道中的有害菌。

根据本场鸡病发生历史和目前鸡只的健康状况，定期在饲料中投放预防疾病的药物，以确保鸡群稳定健康。肉鸡在出栏前1周停止用药，以保证鸡肉无药物残留，确保肉品无公害。

根据本场鸡只的免疫状况和当地传染病的流行特点，结合各种疫苗的使用时间，编制本场的防疫制度表并严格执行。

为了更有效地加强卫生防疫管理，保证防疫效果，还要严格执行隔离制度，以保证鸡场免受污染。要求鸡场内除了饲养员外，其他人员不得随意进出鸡场；要谢绝外来人员参观；场内饲养员之间严禁互相串动；对病死鸡要及时有效地处理、深埋或焚烧。

六、出栏

肉鸡屠体等级下降有许多是因为碰伤造成的，而大多数的碰伤是发生在肉鸡运至屠宰场的过程中，即出栏前后发生的。因此，肉鸡出栏时应尽可能防止碰伤，这对保证肉鸡的商品合格率是非常重要的。

肉鸡在出栏前应适时停料，停料时间取决于鸡只装车运输时间和等候屠宰时间，一般在出栏前6~8h或宰前8~10h停料。肉鸡出栏时应注意以下问题：

（1）在停料时不应停水。

（2）装车的时间夏季最好在清晨或夜晚，冬季在中午。

（3）为减少外伤，抓鸡前要先移走料筒、饮水器等器具，减少对肉鸡的外力碰撞。

（4）抓鸡前应将鸡舍内光线变暗或变成蓝光或红光，使鸡不能迅速移动，以便于抓鸡。

（5）抓鸡前应该先用隔网将部分鸡只围起来，可有效减少鸡只因惊吓拥挤造成踩压死亡，一般要求所围的鸡群以几十只至一二百只为宜，应该力求所围的鸡在10min左右捕捉完毕，以免鸡只因踩踏而窒息死亡。

（6）抓鸡时，可以从鸡的后面握住双腿，倒提起轻轻放入鸡筐或周转笼中，严禁抓翅膀或提一条腿，以免出现骨折或淤血。抓鸡时要做到迅速、准确，动作轻柔。此外，每个鸡筐或周转笼装鸡不可过多，以每只鸡都能卧下为宜。

（7）装笼时应将笼具事先准备好，特别是笼门要完好无损，最好使用专用塑料运输笼。

（8）装笼、装车、卸车、运输、放鸡时都应轻巧稳妥，不能粗暴操作，以防碰伤，影响商品等级。操作过程中应有专人看护，以防鸡群积堆压死、压伤、闷死等现象发生。

七、生产记录与数据统计分析

为了提高饲养管理水平和生产成绩，以及不断稳定地发展生产，把饲养情况详细记录下来是非常重要的。生产记录应保存2年以上。

八、以人为本，落实岗位责任制

根据实际经验和科技进步，实行全面岗位培训，把生产指标落实到岗、到人。工作成绩和工资奖金挂钩。充分调动广大职工的积极性，确实实现多劳多得。通过减员增效的岗位责任制，调动了广大职工的积极性。

附录：×××集团商品肉鸡饲养管理规范

1 范围

本规范规定了金实集团商品肉鸡饲养管理的技术要求，适用于金实集团企业内部商品肉鸡生产场饲养管理。

2 规范性引用文件

下列文件中的条款通过本规范的引用而成为本规范的条款。凡是注日期的引用文件，其随后所有的修改单（不包括勘误的内容）或修订版均不适用于本标准，然而，鼓励根据本规范达成协议的各方研究是否可使用这些文件的最新版本。凡是不注日期的引用文件，其最新版本适用于本标准。

GB/T 19664—2005商品肉鸡生产技术规程

DB21/T 1300—2004商品肉鸡饲养管理技术规范

GB 16548—2006病害动物和病害动物产品生物案例处理规程

NY 467—2001畜禽屠宰卫生检疫规范

NY 5027—2008无公害食品 畜禽饮用水水质

NY 5030—2006无公害食品 畜禽饲养兽药使用准则

NY 5032—2006无公害食品 畜禽饲料和饲料添加剂使用准则

NY 5036—2001无公害食品 肉鸡饲养兽医防疫准则

NY/T 388畜牧场环境质量标准

中华人民共和国兽药典（2005年）

中华人民共和国兽药规范

兽用生物制品质量标准（2001年）

兽药质量标准（中华人民共和国农业部农牧发[1999]16号）

进口兽药质量标准（中华人民共和国农业部农牧发[1999]2号）

食品动物禁用的兽药及其他化合物清单（中华人民共和国农业部公告第193号）

Q/标准号待定 金实集团肉鸡养殖基地建设规范

3 术语和定义

本规范采用下列定义。

3.1 网上平养

在离地面1.2m搭设支架，在支架上放上塑料平网饲养肉鸡的方式。要求网架结实稳定，网面平整。

3.2　全进全出

同一栋鸡舍内只进同1日龄雏鸡，采用统一的饲料，统一的免疫程序和管理措施，并且在同一时间全部出栏的饲养制度。

3.3　场区

指鸡场围栏或院墙以内、舍区以外的区域。

3.4　试温

指雏鸡入舍前启用、调试升温设施，并使舍温达到育雏温度要求的操作过程。

4　饲养管理技术规范

4.1　进雏前准备工作

4.1.1　鸡舍、设备及器具

检查、维修鸡舍，并检查、安装、维修所有设备及器具。设备器具包括环境控制设备和饲养设备及器具。鸡舍应达到金实集团肉鸡养殖基地建设规范要求，确保鸡舍、设备及器具性能完好。

4.1.2　饲料、药品

使用金实集团饲料厂提供的肉鸡配合饲料，饲料应符合NY5032的要求。

药品包括消毒药、常用抗菌素及疫苗。根据养鸡数量准备各种疫苗和药品，疫苗和药品应选择通过GMP认证生产企业生产的产品，同时必须符合《中华人民共和国兽药典》、《中华人民共和国兽药规范》、《兽药质量标准》、《兽用生物制品质量标准》、《进口兽药质量标准》、NY5030准则和NY5036准则的相关规定。允许使用国家兽药管理部门批准的微生态制剂，禁止使用农业部公布的《食品动物禁用的兽药及其化合物清单》中规定的兽药及其他化合物。

4.1.3　鸡舍的清洗消毒

每批肉鸡出栏后应立即实施清洗、消毒、灭虫和灭鼠。彻底清扫、冲洗墙壁、地面、网具等设施及设备，然后用2%氢氧化钠（即火碱）溶液喷洒墙壁和地面，易受火碱腐蚀的器具用季铵盐类、碘制剂和过氧乙酸等消毒剂喷洒消毒。消毒后封闭门窗。育雏舍升温至25℃以上时，按每立方米鸡舍使用甲醛溶液（福尔马林）42mL、高锰酸钾21g，对鸡舍和器具熏蒸消毒。熏蒸消毒时先将高锰酸钾放入舍内消毒容器，再加入甲醛溶液（福尔马林），立即密闭；熏蒸24h后开启门、窗、通风孔或开动风机，将甲醛气体排净。待进鸡前再用季铵盐类、碘制剂和过氧乙酸等消毒剂实施全舍喷雾消毒，消毒药品按产品说明使用。

4.1.4　预热试温

进雏前1～2d鸡舍试温，要求温度达到33～35℃，相对湿度60%～70%。鸡舍加温可采用可采用木屑炉、热风炉等设备。

注意：加温时应将产生的烟、废气等排出舍外，以免危及鸡和人的健康。

4.2　雏鸡来源

雏鸡应来源于金实集团所属孵化场，并应在雏鸡出壳后24h内运抵鸡舍。

4.3　饲养方式与饲养制度

选用网上平养的饲养方式。采用全进全出饲养制度。

4.4 饮水和饲喂

雏鸡入舍后应先饮水。第1周内饮温开水（即先将水煮沸，然后再凉至室温），以后饮常温水。初次可饮用5%～8%的葡萄糖水。饮用水应符合NY5027规定。

自由饮水，确保饮水器不断水、不漏水。推荐雏鸡第1周使用雏鸡真空饮水器，第2周起使用乳头饮水器，随雏鸡日龄增长，适时调整饮水器高度。雏鸡真空饮水器要求每次上水前应刷洗，每天消毒1次，消毒剂选用符合《中华人民共和国兽药典》规定的高效、无毒和腐蚀性低的消毒剂，如季铵盐类、氯制剂和碘制剂。

雏鸡饮水后2～3h即可开食，全程用颗粒饲料，并保持适宜的采食、饮水位置，见表1。适时调整料筒的高度，料桶放置好后，其边缘应与肉鸡的背部等高。

采用定时加料、自由采食的饲喂方式。最初5～7日龄可将饲料撒在开食盘中让鸡采食，每100只雏鸡要配备1～2个开食盘（大盘1个，小盘2个）。自4～5日龄起，应逐渐加设料桶，7～8日龄后全改用料桶，每50只鸡配备1个料筒。每次加料根据料筒内料位情况确定，尽量保持饲料新鲜，防止饲料发生霉变。上市前7d，饲喂不含任何药物及药物添加剂的饲料，一定要严格执行停药期。

肉鸡采食饮水位置（cm/只）

周　龄	0～1	2～3	4～6	6周龄以上
采食位置	1～1.5	1.5～2.5	2.5～4	4～5
饮水位置	0.5	0.5～1.5	1.5～2.	2.～2.5

4.5 环境控制

4.5.1 温度

采取逐渐降低的温度管理制度，详见Q/（金实集团肉鸡养殖基地建设规范）。

4.5.2 湿度

第1周可用加湿器等补湿，1周后停止补湿，注意防潮，详见Q/（金实集团肉鸡养殖基地建设规范）。

4.5.3 光照

1～3d：24h光照，3～4W/m^2；4d～出栏：23h光照，1～1.5W/m^2。白天使用自然光，夜晚补充光照。

4.5.4 通风换气

保持空气新鲜，舍内不应有刺鼻、刺眼的感觉。氨气、硫化氢、二氧化碳、可吸入颗粒物、总悬浮颗粒物含量符合Q/（金实集团肉鸡养殖基地建设规范）要求。

4.5.5 密度

应根据饲养方式、鸡舍条件和饲养管理条件确定适宜的饲养密度。详见Q/（金实集团肉鸡养殖基地建设规范）。

4.6 上市

4.6.1 出栏

饲养7周出栏，肉鸡出栏前4～6h停喂饲料，不停水；抓鸡、入笼、搬运、装卸动作要轻。

4.6.2 检疫

由动物卫生监督部门专业人员按NY467进行屠宰前检疫，检疫不合格者按GB 16548规程处理。

4.7 生产记录

生产记录内容：进雏日期、进雏数量。每日记载日期、肉鸡日龄、死亡数及死亡原因、存栏数，温度、免疫记录、消毒记录、用药记录、喂料量、鸡群健康状况；出售日期，数量和购买单位。

生产记录应保存2年以上。

4.8 卫生管理

4.8.1 入场

鸡场所有入口处应加锁并设"谢绝参观"标志。鸡场门口设车辆消毒池和人员消毒更衣间，供进场车辆和人员消毒。进场人员应在消毒间经过紫外线消毒后入场，非生产人员不应随意出入生产区。消毒池选用2%～4%氢氧化钠溶液，消毒液定期更换（1~2d更换1次）。进场车辆建议用表面活性剂（如，百毒杀）消毒液进行车体喷雾。

4.8.2 厂区

场区内应整洁卫生，无杂草、无垃圾，并定期消毒（夏季每周1次，春秋季每2周1次，冬季每月1次）。消毒药物选用氢氧化钠、生石灰等。禁止饲养其他畜禽，严禁携带与饲养家禽有关的物品进入场区，尤其禁止携带家禽及家禽产品进入场内。

场区内净、污道分开。饲料车、人员走净道，粪便运输车和病死鸡处理走污道。

4.8.3 鸡舍

工作人员应身体健康，无人畜共患病。工作人员进鸡舍前要更换干净的工作服和工作鞋。饲养人员不得互相串舍。鸡舍内工具固定，不得互相串用，进入鸡舍的所有用具必须消毒后方可进舍。

鸡舍门口设消毒池（供脚踏消毒）、消毒盆（供手洗消毒）和紫外线灯（供衣物消毒）供进舍人员消毒，消毒剂每天更换1次。

鸡舍及工作间坚持每周带鸡喷雾消毒2～3次（免疫前后3d不可带鸡消毒）；鸡舍工作间随时清扫，保持清洁。每次消毒结束要监测消毒效果，鸡舍环境卫生条件应符合NY/T388要求。

4.8.4 粪污处理

粪污处理按Q/（金实集团肉鸡养殖基地建设规范）规定执行。

4.8.5 病死及淘汰鸡处理

及时检出死鸡、病鸡、残鸡、弱鸡。对病害鸡按GB16548规程进行无害化处理。

参考文献

豆卫. 2001. 禽类生产[M]. 北京: 中国农业出版社.

刘文奎，张湘昭. 1993. 实用五禽饲养新技术[M]. 北京: 中国林业出版社.

吴健. 2006. 畜牧学概论[M]. 北京: 中国农业出版社.

王晓霞. 1999. 家禽孵化手册[M]. 北京: 中国农业大学出版社.

辛朝安，王民桢. 2000. 禽类胚胎病[M]. 北京: 中国农业出版社.

薛剑，王立辛. 2010. 早期数量限饲对肉鸡生产性能、胴体品质的影响[J]. 中国饲料, (1): 13–16.

杨慧芳. 2006. 养禽与禽病防治[M]. 北京: 中国农业出版社.

杨宁. 2002. 家禽生产学[M]. 北京: 中国农业出版社.

第六章

肉鸡常见疾病实验室诊断技术

第一节　鸡场疾病诊断概述

　　鸡的疾病特别是传染病多呈群发性并迅速传播，因此预防、控制鸡疾病的前提就是要对疾病作出迅速、及时、正确的诊断。诊断时，要多方位、多角度进行考察，通过综合分析进行确诊。鸡场疾病诊断主要进行如下几方面的调查和检查。

一、养鸡场基本情况

　　诊断鸡病，首先要了解鸡场基本情况，包括地理位置、周围环境、饲养品种、饲养规模、鸡场内建筑布局、鸡舍种类、饲养方式、鸡舍内温度、通风、卫生状况，饲料营养水平及饲料原料质量、生产水平等。

二、疫苗接种、用药和发病情况调查

　　鸡群发病前后的疫苗种类、免疫程序及免疫方法；用药种类、方法及效果；发病鸡群的日龄、发病时间、发病数量及比例，病情发展与传播速度，病程长短；病鸡发病前后采食、饮水情况，疾病对生产性能的影响；引种地疾病流行情况、当地附近鸡场（户）疾病情况等。

三、临床检查

　　临床检查包括群体检查、个体检查、病理剖检3部分。

　　1. 群体检查

　　主要观察整个鸡群的精神状态、运动状态、采食、饮水、粪便、呼吸以及生产性能等。检查鸡群是否精神正常，有无跛行、劈叉、偏瘫等运动异常；认真检查鸡群粪便质地、稀稠程度，颜色是否发白、发绿或发黑，粪便中有无黏液、泡沫、鲜血、未消化的饲料、蛋清样分泌物等异物，有无线虫、白色结节或假膜；要通过视诊、听诊观察鸡群呼吸是否异常、有无甩血样黏条现象，有无甩鼻、咳嗽、怪叫等杂音。

2．个体检查

通过群体检查选出具有特征病变的个体进行个体检查，个体检查内容包括体温、头脸口鼻、胸腹部、泄殖腔、腿部、皮肤及羽毛等的检查。要检查病鸡的体温是否升高；冠髯是否苍白或发黑、萎缩或肿大、有无皮屑、出血、坏死或痘斑；眼睛结膜、角膜、瞳孔是否正常，有无出血和水肿，有无流泪或分泌物；脸部是否肿胀或发热；口腔中黏液的多少、色泽、黏稠度，口舌喉头等部位有无水肿、出血、坏死、溃疡等。

3．病理剖检

由于鸡的个体相对较小而且多为群养，有利于病理解剖学检验。为求准确，应病理剖检5～10只病死鸡，然后对病理变化进行统计、分析和比较。病理剖检内容包括：肌肉颜色、弹性是否异常，是否脱水、水肿、出血、溃烂或渗出，是否有肿瘤、脓肿或尿酸盐沉积；腹腔有无积水，腹部脂肪是否有出血点；肝脏大小、形状、颜色是否正常，有无肿大或出血，质地是否硬化或脆弱，有无坏死灶、肿瘤，被膜上有无尿酸盐、渗出物；肺部是否水肿、淤血、出血、渗出、肉变、结节、肿瘤或霉斑；喉头、气管、支气管内有无水肿、出血、黏液、渗出物、栓塞或痘斑；心脏有无出血、变性、坏死、结节或肿瘤，是否肥大、无力等。进行病理剖检时，还要充分考虑混合感染、继发感染可能带来的干扰，反复进行鉴别，使疾病初诊尽可能准确。

四、实验室诊断

经过现场调查、临床和病理剖检后，一般可作出初诊。如确诊，则需经过实验室诊断，包括病原学、血清学和分子微生物学诊断。

1．病原学诊断

是最准确和最重要的实验室诊断，指从病、死鸡中分离到与疾病有关的病原微生物来确诊病例。

2．血清学诊断

血清学诊断是利用特定抗体、抗原相互作用的原理，用已知的血清检验未知的病原，或用已知的病原检验未知的血清。常用方法包括血凝试验、血凝抑制试验、琼脂扩散试验、中和试验、补体结合反应、酶联免疫吸附试验、免疫荧光抗体技术及免疫放射技术等。

3．分子生物学诊断

分子生物学的诊断技术主要通过病鸡中是否含有特定病原微生物的核酸（DNA或RNA）分子，或测序分析其序列而确定，具有特异性强、敏感性高和快速等优点，可根据需要和条件选择合适的方法进行诊断。

第二节　鸡场疾病实验室诊断方法

在家禽疾病临床诊断中，一般通过病历调查、临床检查和病理解剖对大多数家禽疾病作出初步诊断。但有时疾病缺乏临床特征而又需要作出正确诊断时，必须借助实验室手段或取样品送到相关兽医站和疫病控制中心等，帮助诊断。实验室诊断包括病原学、血清学和分子生物学诊断3类，所涉及的检查项目很多。

为了准确的作出实验室诊断，首先必须正确地采集、运输和保管病料，只能从濒死亡或死亡几小时内的家禽中采取病料，以使病料新鲜；应按无菌操作的要求进行，用具应严格消毒。可根据对临床初步诊断所怀疑的若干种疾病，根据确诊或鉴别诊断时需要检查的项目来确定采集病料的部位，采集的样品数量要符合统计学要求并做好详尽记录。较易采取的病料是血液、肝、脾、肺、肾、脑、腹水、心包液、关节滑液等。样品保管和运输要符合标本和病原微生物的特点。

一、病原学诊断

（一）涂片染色镜检

少数的传染病，如曲霉菌病等，可通过采集病料直接涂片镜检而作出确诊。

1. 涂片的制备

固体培养物（平板、斜面）或脓汁、粪便等涂片是取生理盐水1滴，置于准备好的载玻片上，再用灭菌接种环取培养物少许混合于水滴中，混匀涂成薄膜，使其呈极轻微的乳浊状态，多余材料在火焰上灭菌。液体培养物或血液、尿液、渗出液、乳汁等涂片是直接用灭菌接种环取1环或数环待检材料，置于玻片上制成涂片。组织、脏器材料触片是取病料组织一小块，以其切面在玻片表面轻轻接触几次，注意不宜触重、过厚，任其自然干燥，即成组织触片。也可用其切面轻轻接触玻片表面并移动组织块制成涂片，自然干燥。

2. 干燥固定

涂片（触片）于室温自然干燥后，将涂抹面朝上，以其背面在酒精灯火焰上通过数次，略作加热进行固定。血液、组织、脏器等涂片（尤其作姬姆萨染色）常用甲醇固定，可将已干燥的涂片浸入含有甲醇的染色缸内，取出晾干，或在涂片上滴加数滴甲醇使其作用3～5min后，自然干燥。

3. 染色

固定好的涂片或抹片即可进行染色。常规染色法有革兰氏染色法，基本过程是：染色→媒染→脱色→复染→干燥。

4. 镜检

于标本片的欲检部位，滴加香柏油1滴，将标本片固定于载物台正中，用油镜检查。

（二）细菌培养和初步鉴定

可用人工培养的方法将病原从病料中分离出来，细菌、真菌、霉形体和病毒需要用不同的方法分离培养，例如使用普通培养基、特殊培养基、细胞、禽胚和敏感动物等。对已分离出来的病原，还需要作形态学、理化特性、毒力、免疫学和分子生物学等方面的鉴定，以确定致病病原物的种属和血清型等。

常见的细菌培养和初步鉴定步骤如下。

1. 划线分离

右手持接种环于酒精灯上烧灼灭菌，冷却后，无菌操作取病料，若为液体病料，可直接用灭菌的接种环取病料一环；若为固体病料，首先将烙刀在酒精灯上灭菌，并立即用其将病料表面烧烙灭菌，然后用灭菌接种环从烧烙部位伸到组织中取内部病料。

左手持平皿，用拇指、食指及中指将皿盖打开一侧，将已取被检材料的接种环伸入平皿，并涂于培养基一侧，然后自涂抹处在平板表面轻轻地分区划线，目的是把整个平板表面划满，逐渐稀释，这样在最后的1~2组划线上出现多量的单个菌落，以便进行单个克隆培养。划线完毕，用笔在平皿底部注明被检材料及日期，将平皿倒置于37℃温箱中，培养18~24h后观察结果。

2. 纯培养

挑取典型单个菌落进行染色、镜检，并将其同时接种在适宜的斜面培养基上，培养18~24h后鉴定、保存。

3. 生化实验

细菌都有各自的酶系统，因此，都有各自的分解与合成代谢产物，而这些产物就是鉴别细菌的依据。所谓细菌的生化试验，就是用生物化学的方法检查细菌的代谢产物。本试验的方法很多，常用的方法有如下几种。

（1）糖发酵试验。将纯培养菌接种于各种糖培养基中，置37℃培养1~7d，多数细菌在24h即可观察结果。

（2）甲基红（MR）试验。将纯培养菌接种于葡萄糖蛋白胨液中，培养4~5d后，加甲基红试剂1~5滴于培养物5.0mL中，呈红色者为甲基红试验阳性反应，黄色者为阴性反应。

（3）V-P试验。取2~4d的葡萄糖蛋白胨培养物，先加α-萘酚酒精液，再加40%氢氧化钾液，充分摇动试管，在数分钟内出现红色者为阳性反应，如为阴性，应在37℃温箱中放置4h再观察，若出现红色者为阳性反应，仍为无色者为阴性反应。

（4）吲哚试验。取待测细菌接种在蛋白胨水中，置37℃温箱培养1~2d，向培养物中慢慢加入靛基质试剂，使其形成明显两层，即试剂重叠于培养物之上，观察培养物与试剂交接面上的变化，呈红色者为吲哚试验阳性，无变化者为阴性反应。

（5）硫化氢试验。取细菌纯培养物穿刺接种于醋酸铅琼脂或三糖铁琼脂内，于37℃培养1~2d，如沿穿刺线有黑褐色者，即为硫化氢阳性反应。

（6）枸橼酸盐利用试验。将细菌做成盐水悬液，接种1环悬液于枸橼酸钠琼脂斜面上，置37℃培养4d，每天观察生长与否，阳性者有细菌生长，培养基从绿色转变为蓝色；阴性者不见有细菌生长，培养基仍为绿色。

4. 动物致病性实验

如一些有明显临床症状或病理变化的禽病，可将病料作适当处理后接种于敏感的同种动物或对可疑疾病最为敏感的动物。将接种后出现的症状，死亡率和病理变化与原来的疾病作比较，作为诊断的论据。

（三）病毒的分离和培养

病毒必须在活细胞内才能进行生命活动。病毒分离培养方法主要采用鸡胚接种、组织培养和动物接种。其中组织培养又包括器官培养、组织块培养、细胞培养。细胞培养又分为原代、次代细胞培养、二倍体细胞株和传代细胞系培养。

1. 病料的采集及处理

病毒标本的采取应尽早为好，由于大多数病毒对热不稳定，应该立即接种，如果不能及时接种或需保存，一般置50%甘油盐水4℃或-20℃以下保存。在进行病毒培养前，需要进行除菌处理。对于粪便样品，可加青链霉素使最终浓度为10000单位/毫升，置4℃过夜；对于鼻咽拭子一般加抗生素，最终浓度为2000单位/毫升，置4℃作用4h；对乙醚有抵抗性的病毒如鼻病毒、肠道病毒、呼肠孤病毒、腺病毒、痘病毒等，则可加入等量的乙醚4℃过夜除菌。对脑、脊髓等组织标本首先应经研磨器或乳钵中充分研磨后，加稀释液（pH7.6的肉汤或10%脱脂牛乳生理盐水或0.5%水解乳蛋白Hank's液）制成组织悬液，然后经2000r/min的转速离心20min。

2. 孵化鸡胚接种培养法

该方法操作简易，而且鸡胚本身不带微生物，因此得到广泛应用。方法是先将病毒接种于活的受精鸡卵，然后放在孵化器中培养。由于病毒种类的不同，孵化时期，接种部位，以及接种后到增殖时所需时间也各不一样。按接种部位的不同，有尿囊浆膜上接种、尿囊腔接种、羊膜腔接种、卵黄囊内接种和鸡胚接种等。

病毒可分别在尿囊浆膜的外胚层细胞（痘疮病毒）、内胚层细胞（流行性感冒病毒）、羊膜细胞（流行性感冒病毒、流行性腮腺炎病毒）、鸡胚肺（流行性感冒病毒）、鸡胚脑（脑炎病毒）、卵黄囊细胞（立克次氏体的宫川氏体属）中增殖。一般要求使用10~13d左右的孵化鸡卵，接种后2~5d左右增殖结束，但立克次氏体的卵黄囊接种时，则要求使用7d左右的孵化卵，接种后经过5~7d左右增殖结束。而流行性腮腺炎病毒进行羊膜腔接种时也使用7d孵化卵，病毒增殖期间为5~7d。

如果鸡胚培养阳性，需要进行下一步的病毒鉴定。如果鸡胚培养阴性，盲传2~3代后，如果鸡胚培养仍然阴性，说明病毒为阴性；如果鸡胚培养阳性，也需要进行下一步的病毒鉴定。

3. 细胞培养

细胞培养是目前病毒培养最常用的方法，已经成为病毒分离、滴定、鉴定和疫苗生产的主要手段。细胞种类包括原代细胞、二倍体细胞和传代细胞系。常用鸡胚细胞、人胚肾细胞（或猴肾细胞）、人胚二倍体细胞以及传代细胞（如HeLa细胞、Hep-2细胞、KB细胞等）。

原代和次代细胞培养的特点是：细胞对多种病毒敏感；生长能力有限，获取成本高；可携带潜伏病毒。二倍体细胞是体外分裂50~100代仍保持二倍染色体，可用于病毒分离和疫苗生产，其特点是对多种病毒敏感、不带异种蛋白、不带病毒、无致瘤潜能、可传50代左右。而传代细胞培养，其特点是对多种病毒敏感性高；繁殖能力高，传代时间长；但有致癌危险，不能用于疫苗生产。

大部分病毒在敏感细胞系均可出现细胞病变，细胞病变主要表现为细胞圆缩、细胞聚合、细胞融合形成合胞体和轻微病变等。

4. 动物接种

动物接种是最原始的病毒分离培养方法。常用的动物有小鼠、大鼠、豚鼠、家兔和猴等。常用接种途径有脑内、皮下、皮内、腹腔、鼻腔、静脉及小鼠经口接种，家兔角膜注射等。应该根据各自实验研究的目的和病毒种类不同，选择敏感的动物和适宜的接种途径。目前，由于动物不宜管理而且带菌率较高，现已少用，但是对狂犬病毒及乙型脑炎病毒的分离还需要用动物接种。

5. 病毒的检查和鉴定

经过病毒的分类培养后，需要对病毒进行鉴定，鉴定方法包括直接检查法和间接检查法。直接检查即查病毒的有无，包括检查病毒颗粒、病毒抗原、病毒核酸和病毒酶类（如逆转录酶）。而间接检查是判断是否有病毒的特异性抗体。具体主要涉及如下检查鉴定。

（1）病毒增殖鉴定。主要观察是否发生细胞病变效应，如细胞变圆、聚集、坏死、溶解或脱落等（多数病毒）；形成多核巨细胞或称融合细胞（麻疹病毒、巨细胞病毒、呼吸道合胞病毒等）；在培养细胞中形成包涵体（狂犬病病毒、麻疹病毒等）。

（2）病毒血清学鉴定。可以通过中和试验、血凝抑制试验（如正黏病毒型与亚型）、免疫标记、凝胶免疫扩散试验等免疫学方法鉴定病毒的种类、血清型和亚型。

（3）病毒分子生物学鉴定。通过对病毒核酸的确认和序列测定，确定病毒的存在和类型。主要通过核酸扩增、核酸杂交、基因测序和基因芯片等方法完成。

6. 病毒数量与感染性测定

主要进行血凝试验（测定病毒总量）、蚀斑形成试验、50%组织细胞感染量实验。

二、血清学诊断

血清学诊断基础是抗原与相应抗体会发生可见反应。有的抗原抗体反应不可见或难以检测，可以通过应用补体、溶血以及荧光素、酶和同位素标记等指示物质，使其反应成为可见或可测状态。血清学方法具有严格的特异性和较高的敏感性，在传染病的诊断、病原微生物的分类和鉴定以及抗原分析、免疫抗体监测等方面，均有较广泛的应用。血清学诊断就是用已知的抗体，可以对分离获得的病原微生物抗原进行鉴定。相反，通过已知的抗原，可以对康复家禽、隐性感染家禽以及接种疫苗后的家禽抗体进行定性和定量的监测。

血清学检验方法很多，常用的有凝集试验、琼脂扩散试验、血凝试验、间接血凝试验、血凝抑制试验、补体结合试验、红细胞吸附和吸附抑制试验、病毒中和试验、酶联免疫吸附试验（简称ELISA）以及免疫荧光试验等。

（一）凝集试验

1. 直接凝集试验

凝集反应即细菌、红细胞等颗粒性抗原与相应的抗体在电解质参与下，相互凝集形成团块，这种现象称为凝集反应。参与反应的抗体称为凝集素，抗原称凝集原。常有平板法、试管法、玻片法及微量凝集法等。

（1）平板法。取洁净玻板一块，用蜡笔按试验要求划成数个方格，并注明待检血样的号码；用生理盐水倍比稀释血清，加入抗原，用牙签自血清量最少（血清稀释度最高）的一格起，将血清与抗原混匀。混合完毕用酒精灯稍微加温，使其达30℃左右，5～8min内记录反应强度。该法为一种定量方法，常用于检测待检血清中的相应抗体及其效价。也定性作为禽病阳性判定，协助临床诊断及流行病学的调查。需要注意的是，每次试验须用标准阳性血清和阴性血清作对照。

（2）试管法。该法操作时，将待检血清用相应生理盐水作倍比稀释，加入等量的已知抗原，充分混匀，放入37℃温箱或水浴锅中4~10h，取出后放置室温数小时，观察并记录结果。判定方法与平板凝集法一致。

（3）玻片凝集法。又称快速凝集反应，为一种定性试验，常用于鸡白痢的诊断及流行病学的调查，也用于鸡传染性鼻炎、鸡慢性呼吸道疾病（霉形体病）等的诊断。如鸡白痢玻片凝集试验主要步骤如下：用滴管吸取标准诊断液（即鸡白痢凝集标准抗原）1滴滴在洁净的玻片或干净普通玻璃上。采鸡血1滴，使之与诊断液混匀。如在1~3min内细菌和红细胞从混合液滴的边缘开始逐渐凝集成较大的颗粒，呈片状、团块状，将红细胞凝集成许多小区，液体几乎完全透明，外观是花斑状，则判为阳性反应；如在2~3min之内不出现凝集现象，而且玻板上的混合液均保持原来的状态，或者中间部分较浓，四周较稀薄的混悬物，则可判为阴性反应。

类似的还可用血清进行快速凝集反应，其方法为选用洁净玻片或载玻片，下面衬以黑色展板，在玻片上滴1滴血清或相当凝集价的稀释血清，再滴1滴鸡白痢凝集标准抗原（诊断液）混合均匀，几分钟后观察凝集成块情况，判定阴阳反应。如阴性反应，则混和液保持一致混浊的红色。

（4）微量凝集法。该方法原理均同试管凝集法，只是操作在微量滴定板（反应板）上进行，抗原、抗体用量很少，故称微量凝集试验，即用数根稀释棒并排在U型或V型微量滴定板上揉搓，将待测血清作系列倍比稀释，随后滴加抗原振荡混合，置37℃温箱或温室内一定时间（12~24h），判定结果方法同平板法。

2．间接凝集试验

即将颗粒性抗原（或抗体）吸附于与免疫无关的小颗粒（载体）的表面，此吸附抗原（或抗体）的载体颗粒与相应的抗体（或抗原）结合，在有电解质存在的适宜条件下发生凝集现象。亦称被动凝集试验。常用的载体有动物的红细胞、聚苯乙稀乳胶活性炭等，吸附抗原后的颗粒称为致敏颗粒。

最常用的间接血凝试验是以红细胞为载体，将抗体（或抗原）吸附在红细胞表面，用来检测微量的抗原（或抗体）。吸附有抗体（或抗原）的红细胞也称致敏红细胞。间接血凝试验目前多采用微量法，可选用U型或V型微量反应板，将待检血清在血凝板试验用的反应板上用稀释棒或定量移液管作倍比稀释，再加等量致敏红细胞悬液，振荡混匀后，置于一定温度数小时或于25~30℃放置过夜，观察凝集程度，以出现50%凝集的血清最大稀释度为该血清的血凝价。试验时应设如下对照组：致敏红细胞加稀释液的空白对照；已知阳性血清；已知阴性血清和未致敏红细胞加阳性血清。

（二）血凝和血凝抑制试验

有许多病毒能够凝集某些动物和人的红血球，故可以此来推测待测材料中有无该病毒的存在。而有的能凝集血球的病毒，其凝集性可为相应的抗体所抑制，这种抑制具有特异性，故病毒的血球凝集抑制试验，可应用标准病毒悬液来检查被检血清中的相应抗体或应用特异性抗体鉴定新分离的病毒。由于只是一些病毒有血凝性，故血凝或血凝抑制试验只能用于那些有血凝性质的病毒，如鸡新城疫病毒，现以该病毒为例介绍血凝和血凝抑制试验的基本方法。

1. 血凝试验

该法主要用于检测抗原的效价。可采用96孔V型微量反应板或试管，将待测抗原从1:10开始作倍比稀释，每孔加入生理盐水，吸取0.5%的鸡红血球，依次加入每孔；混匀血球，室温静置15～60min，每隔5min观察一次结果。根据血球凝集图形判定结果，凝集孔的血球会均匀分布凝于孔底周围，可见呈颗粒的伞状；不凝集孔的红血球全部集中于微量反应孔的最低点，呈一圆点。最后以能表现凝集病毒的最大稀释度为该待测抗原的血凝滴度，即凝集价。

2. 血凝抑制试验

该方法通常用来检查被检血清和鉴定未知病毒。首先将抗原依次加入各孔，倍比稀释血清后加入各孔，混合充分，置室温下作用20min，再滴加0.5%红血球悬浮于各孔中，充分振荡混合后静置30min，与血凝试验一样观察实验结果。

（三）沉淀试验

可溶性抗原与相应抗体结合，在有电解质存在时可形成肉眼可见的白色沉淀线（或物），该过程称为沉淀反应。参与沉淀反应的抗原称为沉淀原，抗体为沉淀素。沉淀反应可分为固相和液相，液相沉淀反应中以环状沉淀反应为多见；固相沉淀反应中主要有琼脂扩散试验和对流免疫电泳试验。

在禽病中最常用的是琼脂扩散试验方法。即将抗原和抗体在含有电解质的琼脂凝胶中扩散相遇，引起抗原抗体结合形成肉眼可见的沉淀线的现象。琼脂能允许各种抗原或抗体在琼脂凝胶中自由扩散，当按一定比例加入的抗原和抗体相遇时，就会形成一条明显的沉淀线，而且一对抗原和抗体只能形成一条沉淀线，故该法常用来鉴定抗原、抗体及其效价。如用于传染性法氏囊病、减蛋综合征（EDS-76）、禽脑脊髓炎、鸡白痢的检查等。

（四）红细胞吸附和红细胞吸附抑制试验

某些病毒如鸡痘病毒、正、副黏病毒等，在培养的细胞内增殖后，可使培养的细胞吸附某些动物的红细胞，而且只有感染细胞的表面吸附红细胞，不感染的细胞不吸附红细胞，因此可以作为这种病毒增殖的衡量指数。红细胞吸附现象也可被特异抗血清所抑制，故可用作病毒的鉴定，尤其对一些不产生细胞病理变化的病毒，不失为一种快速有效的鉴定方法。

红细胞吸附实验操作步骤：细胞经培养长成单层后，常规接种病毒，经一定时间培养，加已洗涤的红细胞悬液，置室温作用一刻钟（某些病毒置4℃或37℃）；加少量生理盐水，轻轻洗涤，除去未吸附的红细胞，放在低倍显微镜下观察。如红细胞黏附于单层细胞中的感染细胞表面，病毒大量增殖时，可见整个单层细胞粘满红细胞，则均判为阳性。进行抑制试验时，用Hank's液将经病毒接种培养后的培养液洗涤2次，然后加入1:10稀释的抗血清，室温或37℃放置30min后，弃血清，加入红细胞悬液，如上进行红细胞吸附试验，镜检红细胞吸附强度，与对照相比，完全抑制为阳性。

（五）补体结合试验

可溶性抗原，如蛋白质、多糖、类脂类、病毒等，与相应抗体结合后，其抗原抗体复合物可结合补体，但这一反应肉眼无法观察到，而通过加入溶血系统作指示系统，包括绵羊红细胞、溶血素和补体，通过观察是否出现溶血，来判断反应系统是否存在相应的抗原抗体，该过程称补体结合试验。参与补体结合的抗体称补体结合抗体。注意在预备试验及正式试验中，均需已知的强阳性血清、弱阳性血清和阴性血清供滴定补体、滴定抗原或作对照用。

（六）病毒中和试验

病毒中和试验的原理是病毒（抗原）与相应的抗体中和以后，病毒丧失感染力。该反应具有高度的种、型特异性，而且一定量的病毒必须有相应量的中和抗体才能被中和。中和试验在家禽病毒病的诊断工作中，常用于用已知病毒来检查未知血清，也可用已知血清来鉴定未知病毒，还可用于中和抗体的效价测定。

（七）免疫标记技术

免疫标记技术是将已知抗体或抗原标记上易显示的物质，通过检测标记物来反应抗原抗体反应的情况，从而间接地测出被检抗原或抗体的存在与否或量的多少。常用的标记物有荧光素、酶、放射性核素及胶体金等。免疫标记技术具有快速、定性或定量甚至定位的特点，是目前应用最广泛的免疫学检测技术，该技术常用的有：免疫酶标技术（包括ELISA）、免疫荧光技术、同位素标记技术（即放免沉淀）等。

1. 酶联免疫吸附试验

免疫酶技术是利用Ag-Ab反应的特异性和敏感性，以及酶促反应的高效催化性和敏感性；将酶分子与Ab或Ag分子连接形成稳定的结合物（酶标抗体或酶标抗原），但不影响Ab或Ag的免疫活性以及酶的活性。当酶标Ab或酶标Ag与存在于组织细胞中或固相载体上的相应Ag或Ab结合后，即可在底物溶液的参与下，产生肉眼可见的颜色反应。借助显微镜可对组织细胞中的Ag作出定位分析；因为颜色反应的深浅与Ag或Ab的量成比例关系，通过仪器测定其吸收值，从而可作出定量分析。免疫酶技术包括：免疫酶组化法和免疫酶测定法。在鸡病的诊断中，最常用的是酶联免疫吸附试验（ELISA）。

ELISA的原理是抗原或抗体的固相化及抗原或抗体的酶标记。加入酶反应的底物后，底物被酶催化成为有色产物，产物的量与标本中受检物质的量直接相关，由此进行定性或定量分析。常用的间接法检测特异性抗体的ELISA其原理是利用酶标记的第二抗体（如羊抗鼠免疫球蛋白抗体）以检测与固相抗原结合的受检抗体，操作步骤如下：将特异性抗原包被固相载体；洗涤除去未结合的抗原及杂质。固相载体封闭后加入稀释的受检血清，保温反应；血清中的特异抗体与固相上的抗原结合，形成抗原抗体复合物。经洗涤后，固相载体上只留下与抗原结合的特异性抗体，血清中的其他成分在洗涤过程中被洗去。加适当稀释的酶标第二抗体；固相上免疫复合物中的抗体与酶标第二抗体结合，从而间接地标记上酶。洗涤后，固相载体上的酶量与标本中受检抗体的量正相关。最后加上酶作用底物进行反应显色。

2. 荧光抗体技术

荧光抗体技术是标记免疫技术中发展最早的一种，是以荧光物质标记Ab而进行Ag定位的技术。用于标记的抗体，要求高特异性和高亲和力；不应含有针对标本中正常组织的抗体；一般需经纯化提取后再作标记。

荧光抗体技术常用于免疫荧光显微技术，即荧光抗体与标本切片中组织或细胞表面的抗原进行反应；洗涤除去游离的荧光抗体；用荧光显微镜观察，在黑暗背景上可见明亮的特异荧光。

三、分子生物学诊断技术

随着分子生物学技术的发展，分子生物学诊断已经在也必将在禽病的快速、准确诊断中扮演重要角色。21世纪，一方面由于科学技术的不断进步和广大禽病工作者的持续努力，一些老的禽病逐渐得到控制；另一方面新的疾病出现或者由于抗原的漂移或漂变产生了新的抗原型又不断困扰着养禽业。常规的实验室检测方法虽然具有许多优点，但费时、敏感性低、繁琐、漏诊、误诊的缺点也同样明显。对于集约化养禽业，在疾病诊断上要求"快"和"准"。通过快速、准确地对疾病作出诊断，才可为防治疾病提供信息，做到对症下药，避免损失扩大。

用于禽病诊断的分子生物学方法主要有聚合酶链式反应（Polymerase Chain Reaction，PCR）、核酸探针技术（Nucleic Probe）、限制性内切酶片段长度多态性分析（Restriction Fragment Length Polymorphism RFLP）、序列分析（Sequencing）等。

（一）PCR技术在禽病诊断中的应用

PCR体外基因扩增方法是根据体内DNA复制的基本原理而建立的，首先针对待扩增的目的基因区的两侧序列，设计并经化学合成一对引物，长度为16~30个碱基，在引物的5′端可以添加与模板序列不相互补的序列，如限制性内切酶识别位点或启动子序列，以便PCR产物进一步克隆或表达之用。对于RNA病毒来说，需要先将RNA反转录成cDNA，然后进行PCR反应，即RT-PCR。

自从PCR发明以来，已经在生命科学领域得到了广泛应用，在人类医学上，基因诊断已经十分普遍，在禽病学上目前也先后报道了许多病毒和细菌的PCR检测方法。具体有：沙门氏菌、大肠杆菌、AIV、NDV、IBV、ILTV、IBDV、MDV、鸡CAA、鸡MG和EDS-76病毒等。

由于PCR技术不仅具有简便、快速、敏感和特异的优点，而且结果分析简单，对样品要求不高，无论新鲜组织或陈旧组织、细胞或体液、粗提或纯化RAN和DNA均可，因而PCR非常适合于感染性疾病的监测和诊断。近年来PCR又和其他方法组合成了许多新的方法，例如用于ILT诊断的着色PCR（Coluric-PCR），抗原捕获PCR（AC-PCR）等，进一步提高了PCR的简便性、敏感性和特异性，随着愈来愈多的目的基因序列的明了，PCR应用范围必将更加广泛。相信不久的将来，用于家禽疾病诊断的PCR试剂盒将在禽病诊断实验室得到广泛应用。

（二）核酸探针技术在禽病诊断中的应用

核酸探针已被广泛应用于筛选重组克隆，检测感染性疾病的致病因子和诊断遗传疾病，其基本原理即为核酸分子杂交，双链核酸分子在溶液中若经高温或高pH处理时，即变性解开为2条互补的单链。当逐步使溶液的温度或pH恢复正常时，2条碱基互补的单链便会变性形成双链，所以核酸探针是按核酸碱基互补的原则建立起来的。因此，核酸杂交的方式可在DNA与DNA之间，DNA与RNA之间以及RNA与RNA之间发生。当我们标记一条链时，便可通过核酸分子杂交方法检测待查样品中有无与标记的核酸分子同源或部分同源的碱基序列，或"钩出"同源核酸序列。这种被标记的核酸分子称之为探针。

自从探针这个方法建立以来，已经对许多禽类病毒和细菌进行了检测，目前已报道了包括NDV、MDV、IBV、ILTV、EDS-76、CAA、IBDV、GPV、DPV、DHV、*E.coli*、Sal等多个病毒和细菌的探针检测方法。由于探针与常规检测方法相比，具有高度的敏感性、特异性及可重复性，因而容易在禽病诊断室推广。从总体上看，放射性同位素标记探针将逐渐为非放射性标记探针所取代是一种发展趋势，随着时间的推移，探针必将为推动禽病诊断水平再上新台阶而发挥重大作用。

（三）RFLP技术在禽病诊断中的应用

借助于PCR技术，对目的基因进行扩增，然后用酶切的方法对病毒的PCR产物进行分析。如果该病毒有不同血清型，则酶切产物电泳图谱会呈现差异；反之，根据酶切图谱的差异，也可以判定病毒的血清型，从而对该病作出诊断。

由于IBDV血清型众多及变异株的出现，使得常规疫苗不能产生交叉保护，对IBV血清型的快速鉴定是有效防治IB的关键。但常规的诊断方法如中和试验等难以满足临床诊断的需要，RFLP只需1～2d就可对其毒株的基因进行分型，因而在指导IBV的流行病学调查和疾病防治上比常规方法更有优势。RFLP对于IBDV、MDV不同血清型的鉴别也有同样的参考价值，因而也是值得推广的一种基因诊断方法。

（四）序列分析在禽病诊断中的应用

对禽病诊断实验室分离的野毒，进行随机克隆，然后用Sanger的双脱氧法对其进行序列测定，接着将序列分析结果输入电脑，与Genebank中已经发现的禽病基因序列进行比较，从而判断其病毒种类、类型和特点。

随着现代分子生物技术的发展，用序列分析对禽病作出诊断已经不是一件太遥远的事情。由于商业化的克隆及测序试剂盒很多，在发达国家中，如果一旦分离到了病毒，则在一天之内就能完成病毒基因组的克隆及测序工作。而且由于这些方法都可以自动进行，因而给工作人员带来了许多自由。序列分析可以说是最准确的方法，但目前由于实验条件和经费等问题，在普通禽病诊断室开展这一研究尚不够条件，但是在不久的将来，相信将逐渐得到普及。

第三节　肉鸡常见疾病的实验室诊断标准

肉鸡疾病分为传染病、寄生虫病、肿瘤性疾病、普通病、遗传病、应激反应、外科病等类型。根据动物疫病对养殖业和人体健康的危害程度，《动物防疫法》规定管理的动物疫病分为三类。一类疫病，是指对人畜危害严重，需要采取紧急、严厉的强制预防、控制、扑灭措施的。一类家禽疫病包括：高致病性禽流感、鸡新城疫；二类疫病，是指可造成重大经济损失，需要采取严格控制，扑灭措施，防止扩散的。二类家禽疫病包括：鸡传染性喉气管炎、鸡传染性支气管炎、鸡传染性法氏囊病、鸡马立克氏病、鸡产蛋下降综合征、禽白血病、禽痘、禽霍乱、鸡白痢、禽支原体病、鸡球虫病；三类疫病，是指常见多发，可能造成重大经济损失，需要控制和净化的。三类家禽疫病包括：鸡病毒性关节炎、禽脑脊髓炎、鸡传染性鼻炎、禽结核病、禽伤寒。

在上述禽类疾病中，有些疾病的实验室诊断颁布了国家标准、行业标准，有些则是地方标准和企业标准。现将部分肉鸡常见疫病实验室诊断方法及相应的国家/行业标准列于表6-1中，以供生产实践中参考。

表6-1　肉鸡常见疫病诊断方法与国家/行业标准

类别	编号	疾病种类	诊断方法		检测标准	实施日期
			序号	名称		
病毒引起的传染病	1	高致病性禽流感	1	病毒分离与鉴定		
			2	血凝（HA）和血凝抑制（HI）试验	GB/T18936-2003	2003-05-01
			3	琼脂凝胶免疫扩散（AGID）试验		
			4	酶联免疫吸附试验（间接ELISA）		
			5	禽流感病毒通用荧光RT-PCR检测	GB/T19438.1-2004	2004-02-15
			6	NASBA快速检测禽流感病毒	GB/T 19440-2004	
	2	新城疫	1	病毒分离与鉴定		
			2	血凝试验	GB/T 16550-2008	2009-05-01
			3	血凝抑制试验		
			4	反转录聚合酶链反应（RT-PCR）		
	3	鸡传染性喉气管炎	1	鸡传染性喉气管炎病毒分离	NY/T 556-2002	2002-12-01
			2	琼脂凝胶免疫扩散试验		
			3	琼脂免疫扩散试验	SN/T 1555-2005	2005-07-01
	4	鸡传染性支气管炎	1	琼脂免疫扩散试验检测抗体	SN/T 1221-2003	2003-12-01
			2	支气管炎病毒分离		
			3	反转录聚合酶链反应（RT-PCR）	GB/T 23197-2008	2009-05-01
			4	微量血凝抑制试验		
			5	气管环组织培养血清中和试验		
	5	鸡传染性法氏囊病	1	酶联免疫吸附试验	SN/T 1554-2005	2005-07-01
			2	病毒RT-PCR快速鉴别诊断	DB45/T 467-2007	2008-01-28
	6	鸡马立克氏病	1	鸡马立克氏病诊断技术	GB/T 18643-2002	2002-05-01
			2	病毒琼扩抗原和MDV琼扩抗体同时检测鸡MDV强毒感染	NY/T 905-2004	2005-02-01
			3	病毒（MDV）的分离鉴定方法	SN/T 1454-2004	2004-12-01
	7	鸡病毒性关节炎	1	检测抗体的琼脂凝胶免疫扩散	NY/T 540-2002	2002-12-01
			2	酶联免疫吸附试验（ELISA）	SN/T 1173-2003	2003-09-01
细菌性疾病	8	鸡白痢	1	病原分离和鉴定	NY/T 536-2002	2002-12-01
			2	全血平板凝集试验		
			3	全血平板凝集试验检测鸡白痢抗体	SN/T 1222-2003	2003-12-01
			4	对SPF鸡进行鸡白痢沙门氏菌的分离和鉴定	GB/T 17999.8-2008	2009-05-01
其他	9	动物球虫病	1	病原检查和综合诊断	GB/T 18647-2002	2002-05-01
	10	鸡支原体病	1	鸡败血支原体（MG）感染快速血清凝集试验	SN/T 1224-2003	2003-12-01
	11	禽曲霉菌病	1	病理学和病原学检查	NY/T 559-2002	2002-12-01

参考文献

傅先强，崔文才. 2004. 养鸡场鸡病防治技术[M]. 第2版. 北京：金盾出版社.

甘孟侯. 2003. 中国禽病学[M]. 北京: 中国农业出版社.

刘泽文. 2006. 实用禽病诊疗新技术[M]. 北京: 中国农业出版社.

马兴树. 2006. 禽传染病实验诊断技术[M]. 北京: 化学工业出版社.

辛朝安. 2003. 禽病学 [M]. 第2版. 北京: 中国农业出版社.

赵玉军. 2005. 国家法定禽病诊断与防制[M]. 北京: 中国轻工业出版社.

第七章

肉鸡及其产品的可追溯

第一节　肉鸡及其产品的可追溯

一、可追溯的概念

畜产品的可追溯可以看作是从农场到餐桌的全程质量监控，ISO标准中将其定义为"通过登记的识别码，对商品或行为的历史和使用或位置予以追踪的能力"。而可追溯系统则是"为能够维护关于产品及其成分在整个或部分生产与使用链上所期望获取信息的全部数据和作业"。

二、肉鸡及其产品实现可追溯的意义

（一）规范生产行为，最大限度保护消费者和生产者利益

实现畜产品可追溯后，消费者可获取到生产者及生产过程中对畜产品质量产生任何影响的信息。由于直接定位到生产者，迫于这种压力，客观上就约束生产者在生产过程中的各种行为符合国家法律法规，符合食品安全的要求，从而保证规范生产，会使消费者获得最大的食品安全效益。

实现产品可追溯后，依法生产、规范生产的生产者与随意生产的生产者之间在产品标识上有着非常严格的界限，实现可追溯的产品在产品的销售价格、市场份额上都占有绝对优势，即可以最大限度地保护守法生产者的经济利益，逐步引导所有企业走向正规化生产。

（二）维护社会稳定

近一些年以来，食品安全问题引起全社会关注，成为热点和焦点问题。引起畜产品食品安全受损的主要原因是重大疫病（如禽流感）和畜产品含有的有害成分（如瘦肉精、三聚氰胺等），这些问题都会随着畜产品的可追溯而消灭，并且对可能出现的其他问题起到积极的防范作用，进而提高社会对畜产品安全的信任度，有利于维护社会的安全和稳定。

第二节　产品追溯技术的应用

一、家禽的标识及养殖档案

（一）家禽的标识及其规定

1．家禽的标识及其规定

按农业部《畜禽标识和养殖档案管理办法》规定，畜禽标识是指经农业部批准使用的耳标、电子标签、脚环以及其他承载畜禽信息的标识物。

新出生畜禽，在出生后30d内加施畜禽标识；30d内离开饲养地的畜禽，在离开饲养地前加施畜禽标识；从国外引进畜禽，在畜禽到达目的地10d内加施畜禽标识。

2．家禽的标识码

畜禽标识编码由畜禽种类代码、县级行政区域代码、标识顺序号共15位数字及专用条码组成。猪、牛、羊的畜禽种类代码分别为1、2、3，尚未指定鸡的标识码。家畜的编码形式为：

×（种类代码）-××××××（县级行政区域代码）-××××××××（标识顺序号）

畜禽养殖场、养殖小区应当依法向所在地县级人民政府畜牧兽医行政主管部门备案，取得畜禽养殖代码。畜禽养殖代码由县级人民政府畜牧兽医行政主管部门按照备案顺序统一编号，每个畜禽养殖场、养殖小区只有一个畜禽养殖代码。省级动物疫病预防控制机构统一采购畜禽标识，逐级供应。

（二）养殖档案

养殖场建立的养殖档案应记载的内容包括：

①畜禽的品种、数量、繁殖记录、标识情况、来源和进出场日期；

②饲料、饲料添加剂等投入品和兽药的来源、名称、使用对象、时间和用量等有关情况；

③检疫、免疫、监测、消毒情况；

④畜禽发病、诊疗、死亡和无害化处理情况；

⑤畜禽养殖代码；

⑥农业部规定的其他内容。

二、畜禽分割产品追溯信息及其加载介质

（一）畜禽分割产品追溯信息的一般组成

畜禽分割品追溯信息一般由产品信息、养殖信息2部分组成。产品信息包括：产品的ID、分割的部位、等级、净含量、加工日期及其他相关信息。养殖信息为农业部规定的养殖信息。

（二）产品追溯信息的加载介质

分割产品追溯信息的载体有条码（一维或二维条码，图7.1）、印刷标签或RFID（射频电子标签）标签等。一维条码广泛应用于商品的零售；二维条码广泛应用于产品的标识，并具有一定的防伪功能；射频电子标签可应用于家畜个体标识和商品的标识。

1. 二维条码

二维条码（2-dimensional bar code）是用某种特定的几何图形按一定规律在平面分布的黑白相间的图形来记录数据符号信息，通过图象输入设备或光电扫描设备自动识读以实现信息自动处理。它具有条码技术的共性，还具有对不同行的信息自动识别功能、及处理图形旋转变化等特点。信息容量大（可容纳1850个大写字母或2710个数字或1 108个字节，或500多个汉字，比普通条码信息容量约高几十倍）、编码范围广、容错能力强（二维条码因穿孔、污损等引起局部损坏时，照样可以正确得到识读，损毁面积达50%仍可恢复信息）、译码可靠性高（比普通条码译码错误率百万分之二要低得多，误码率不超过千万分之一）、保密性、防伪性好、成本低，易制作，持久耐用、条码符号形状、尺寸大小比例可变。其优点突出，广泛应用于各个领域。

图7.1　一维条码与二维条码

a：一二维条码　　b：一维条码

2. RFID标签

射频电子标签（Radio Frequency Identification，RFID）的应用。RFID射频识别是一种非接触式的自动识别技术，它通过射频信号自动识别目标对象并获取相关数据，识别工作无须人工干预，可工作于各种恶劣环境。RFID技术可识别高速运动物体并可同时识别多个标签，操作快捷方便，可作肉鸡及其产品运输过程中的信息载体。

（三）畜禽标识的信息加载介质

最常见且成本最低的信息载体为耳标、脚环、颈环等，最先进的猪、牛等的养殖信息标识产品为RFID耳标。由于鸡的个体小，数量大，很难实现个体标识，以批次作统一标识较为合理。

三、可追溯系统及其运行

（一）系统组成

因系统设计技术、系统资金投入不同，畜产品追溯系统的组成和运行方式有一定差别，一般由数据采集、数据传输、数据存储和管理、客户查询终端4部分组成。

1. 数据采集系统

数据采集系统由养殖场、检疫、屠宰场、运输等各个数据采集点组成。实现数据采集的形式多样，包括网站/软件的手工数据录入、扫描器的自动采集和录入等。数据经网络传输到网络存储器进行整合并存储。

2. 数据的传输

屠宰加工企业可通过无线/有线局域网实现数据的传输，系统采用宽带网络实现数据的传输。鲜活畜禽/粗加工品通过产品附带的二维标签、RFID标签等实现数据的传输。

3. 数据的存储和管理

各个数据采集点所获得的数据汇集存储于网络服务器数据库，经管理机构/部门审核通过后，形成可发布数据。

4. 客户查询终端

客户根据产品的ID号，通过网站、超市的查询平台等查询相关数据，具体依系统的设计及资金投入、销售网络的普及等有关。

（二）设计案例

1. 生猪可追溯系统

辽宁医学院畜牧兽医学院设计完成了基于RFID的生猪可追溯系统（图7.2），获得了2项软件著作权［基于射频标签的生猪可追溯系统PC端软件（简称TSPCS）V1.0（登记号：2011SR001524）和基于射频标签的生猪可追溯系统射频标签扫描器端软件[简称TSPDC]V1.0（登记证编号：2011SR001527）］。养殖生产数据采用多点录入、统一认证模式（图7.3）。由动物卫生监督机构统一发放RFID标签。大中型养猪生产企业或有计算机使用能力的养猪生产专业户按照RFID标签编码录入每头生长肥育猪养殖过程信息。动物卫生监督机构在监管养猪生产全过程基础上，核实所录入信息的真实性，并上报；同时在生猪上市前为每头猪RFID标签加上报序列号掩码。无掩码或掩码与RFID标签号不符的RFID标签作废。不具备上网条件的养猪专业户，采用纸质版信息表录入，由动物卫生监督机构核实并录入。生猪在上市前进行的产地检疫，由相关检疫部门在检疫完成时对每头检疫合格生猪RFID标签加相应的序列号及掩码，并统一上报至数据库。检疫不合格、无掩码或掩码与RFID标签号不符的RFID标签作废。本系统的信息采集与认证体系，是根据我国养猪生产现状及养殖业水平，充分发挥我国畜牧兽医行政机构在畜牧业生产中的监管作用，提高养猪生产信息公信力而设计的。因此在使用过程中，不会出现文化水平歧视、生产规模歧视，最大限度保护农民养猪积极性，保证和稳定生猪市场供应。

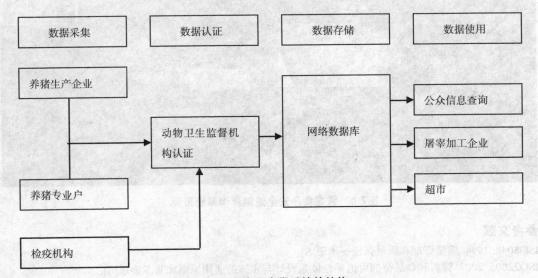

图7.2 生猪可追溯系统的结构

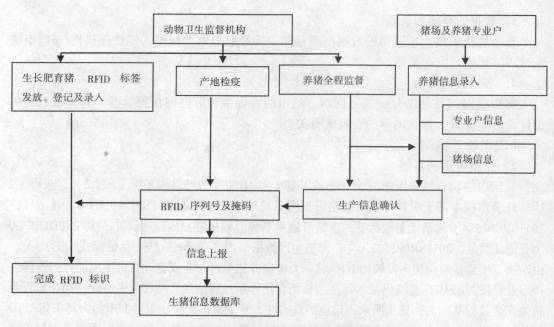

图7.3　生猪生产信息数据采集

2. 雪龙牛肉食品安全追溯查询系统

雪龙科技发展（大连）有限公司对其产品"雪龙黑牛食品"实现了追溯查询（参考网址：http://218.24.191.72:8090/zs/）（图7.4）。

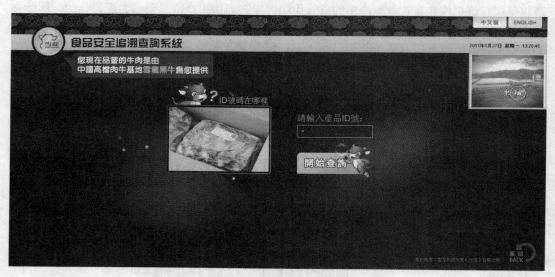

图7.4　雪龙食品安全追溯查询系统页面

参考文献

ISO8042. 1994. 质量管理和质量保证—术语[S].
ISO22005. 2007. 饲料和食品链的可追溯性体系设计与实施的通用原则和基本要求[S].

第八章

肉鸡养殖企业经济核算与经济效果评价

第一节　肉鸡养殖企业经济核算概述

一、企业经济核算的含义

经济核算是以获得最佳经济效益为目标，以一定经济理论为基础，运用会计核算、统计核算和业务核算等手段，对企业生产经营过程中物化劳动和活劳动的消耗以及生产经营成果，进行记录、计算、对比和分析，发掘增产节约的潜力、探寻提高经济效益的途径及改进经营管理方法等工作的总称。简言之，经济核算就是记账、算账、分析、考核等活动的总称。

经济核算的实质是对企业生产、经营活动进行的定量分析，谋求在生产经营过程中，用较少的或一定的劳动消耗，生产出尽可能多的优质产品，获得更大的经济效益。

二、企业经济核算的作用

经济核算有以下几方面意义：有利于企业员工树立增收节约的观念，减少浪费，降低生产成本，提高经济效益；有利于反映和监督企业生产经营活动的状况，发现企业经营管理的薄弱环节，提高管理水平；有利于企业采用先进的技术、设备，提高劳动生产率，达到高产、高效、优质、低耗的目的；有利于反映和监督企业各项财产物资的管理及使用情况，减少闲置，防止流失。

三、企业经济核算的内容

1．资产核算

主要是指对固定资产、流动资产、长期投资、无形资产、递延资产和其他资产的核算。

2．成本核算

主要是指对生产经营中所消耗的物化劳动和活劳动进行的核算。

3．盈利核算

主要是指对产品销售利润、营业利润、利润总额、净利润等经营状况的核算。

经济核算以资产核算和负债核算为基础，以成本核算为中心，以盈利核算为最终成果，共同构成一个有机整体，相辅相成、缺一不可。

四、企业经济核算的方法

目前常用的经济核算方法主要有业务核算、统计核算和会计核算，每种核算方法各有其特点和适用范围，并在核算中相互补充构成一个统一的经济核算体系。

第二节　肉鸡养殖企业资产核算

一、资产的特征及分类

（一）资产的特征

资产是指企业拥有或控制的能以货币计量的经济资源，包括各种财产、债权和其他权利。资产具有以下特征：

1. 资产应为企业拥有或者控制的资源

资产作为一项资源，应当由企业拥有或者控制，具体是指企业享有某项资源的所有权，或者虽然不享有某项资源的所有权，但该资源能被企业所控制。

2. 资产预期会给企业带来经济利益

资产预期会给企业带来经济利益，是指资产直接或者间接导致现金和现金等价物流入企业的潜力。这种潜力可以来自企业日常的生产经营活动，也可以是非日常活动；带来经济利益的形式可以是现金或者现金等价物形式，也可以是能转化为现金或者现金等价物的形式，或者是可以减少现金或者现金等价物流出的形式。

3. 资产是由企业过去的交易或者事项形成的

资产应当由企业过去的交易或者事项所形成，过去的交易或者事项包括购买、生产、建造行为或者其他交易或事项。换句话说，只有过去的交易或者事项才能产生资产，企业预期在未来发生的交易或者事项不形成资产。

（二）资产的分类

企业资产的分类见表8-1。

表8-1　企业资产的分类

类　别	项　目
流动资产	现金及各种存款、短期投资、应收账款及预付款、存货等
固定资产	房屋、建筑物、机械设备、运输工具等
长期投资	长期股票投资、长期债券投资、其他长期投资等
无形资产	专利权、商标权、土地使用权等
递延资产	开办费、租入固定资产改良支出等
其他资产	特准储备物资、银行冻结存款、冻结物资等

二、企业流动资产的核算

（一）流动资产的概念及特点

1．流动资产的概念

流动资产是指可以在一年或者超过一年的一个营业周期内变现或者运用的资产。流动资产一般在企业全部资产中占有较大比重。因此，企业对流动资产管理水平的高低直接关系企业资产的效率与经营效益。

2．流动资产的特点

流动资产具有以下3个特点：①流动资产的占用形态同时并存又相继转化。企业的流动资产必须同时分别占用在生产储备资金、在产品资金、产成品资金、货币资金与结算资金等各种形态上，并且不断的由货币资金转变为生产储备资金，由生产储备资金转变为在产品资金，由在产品资金转变为产成品资金，由产成品资金转变为货币资金。②流动资产占用数量具有波动性。根据企业不同时期的生产经营与销售状况，对流动资金的占用数量也有多有少，起伏不定。③流动资产循环与营业周期具有一致性。流动资产完成一个生产经营周期，也实现一次循环，其价值也通过出售产品而得到补偿。流动资产周转情况（图8.1）。

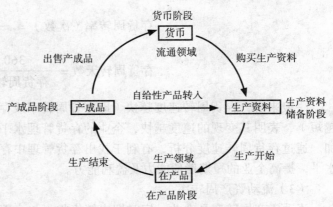

图8.1　流动资产周转情况
（靳胜福，畜牧业经济管理，2008）

（二）流动资产核算内容

流动资产核算是指对企业流动资产进行记录、计算、对比、分析、检查等工作的总称。按照流动资产的构成，包括货币资金、短期投资、应收及预付款项、存货等。

（三）流动资产核算指标

1．流动资产周转率

反映流动资产周转情况的指标主要有应收账款周转率，存货周转率和流动资产周转率。

（1）应收账款周转率

应收账款周转率是反映应收账款周转速度的指标。它是一定时期内销售收入与应收账款平均余额的比率。应收账款周转率有两种表示方法。一种是应收账款在一定时期内（通常为一年）的周转次数，另一种是应收账款的周转天数。其计算公式为：

$$应收账款周转率（次数）＝\frac{销售收入}{平均应收账款}$$

$$应收账款周转天数 = \frac{360}{应收账款周转率}$$

应收账款周转次数是一个正指标，周转次数越多，说明应收账款的变现能力越强，企业应收账款的管理水平越高；反之，则相反。

应收账款周转天数是一个反指标，周转天数越少，周转次数越多，说明应收账款的变现能力越强，企业应收账款的管理水平越高；反之，则相反。

（2）存货周转率

存货周转率是指一定时期内企业销售成本与存货平均资金占用额的比率。它是反映企业销售能力和流动资产流动性的一个指标，也是衡量企业生产经营各个环节中存货运营效率的一个综合性指标。存货周转率有两种表示方法：一种是存货在一定时期内（通常为一年）的周转次数；另一种是存货的周转天数。其计算公式为：

$$存货周转率（次数） = \frac{销售成本}{平均存货}$$

$$存货周转天数 = \frac{360}{存货周转率}$$

一般来讲，存货周转速度越快（即存货周转率或存货周转次数越大、存货周转天数越短），表明其变现的速度越快，企业的存货管理水平越高，企业实现的利润会相应增加。通过存货周转速度分析，有利于找出存货管理中存在的问题，尽可能降低资金占用水平，提高企业的短期偿债能力及盈利能力。

（3）流动资产周转率

流动资产周转率是企业一定时期内销售收入与全部流动资产平均余额的比率，是反映企业流动资产周转速度的指标。可以用流动资产周转率与周转周期表示，其计算公式分别是：

$$流动资产周转率 = \frac{销售收入}{平均流动资产}$$

$$流动资产周转周期（天数） = \frac{360}{流动资产周转率}$$

在一定时期内，流动资产周转次数越多，表明流动资产利用的效果越好；反之，则相反。流动资产的周转周期越短，表明流动资产的周转速度越快；反之，则相反。

2. 流动资产产值率

流动资产产值率是指企业全年总产值与全年平均流动资产之比率。

通常用百元流动资产所提供的产值表示。其计算公式为：

$$流动资产产值率 = \frac{总产值}{平均流动资产} \times 100\%$$

流动资产产值率表示了资产占用同生产成果的关系。在平均流动资产占用额不变的情况下，流动资产提供的产值越多，其利用效果越好。

3．流动资产利润率

流动资产利润率是指全年利润总额同全年平均流动资产占用额的比率。其计算公式为：

$$流动资产利润率 = \frac{利润额}{平均流动资产} \times 100\%$$

流动资产利润率是反映流动资产使用经济效益的综合性指标。当利润额一定的情况下，流动资产周转越快，占用量越少，利润率就越高。

（四）提高流动资产周转速度的途径

流动资产是企业资产的重要组成部分，是一种变现能力较强的资产，因此，做好流动资产的管理工作尤为重要，具体有以下几个方面的措施：

1．在采购阶段

根据企业生产实际需要，运用经济批量模型，合理采购，防止积压，避免浪费。

2．在生产阶段

做到生产与科学技术紧密结合，依靠科技改良肉鸡品种，改善其生产条件，缩短其生长周期，减少资金使用量。

3．在销售阶段

根据市场需求，组织生产活动，运用营销组合策略，促进产品销售，缩短产品销售时间。

4．在结算阶段

坚持"钱货两清"的原则，把应收、暂付款迅速收回，加快资金的回收速度。对于尚未收回的账款，采用合理的信用政策，加快资金的回收。

三、企业固定资产的核算

（一）固定资产的概念和特点

1．固定资产的概念

是指使用期限超过一年，单位价值在规定标准以上，并在使用过程中保持原有实物形态的资产。包括房屋及建筑物、机械设备、运输工具、工具器具等。

2．固定资产的特点

①固定资产属于有形资产；

②使用期限在一年以上且保持原有的物质形态不变；

③使用寿命是有限的（土地除外）；

④用于生产商品、提供劳务、出租或经营管理而持有的，不是为了出售。

按现行的会计制度规定，判定固定资产的具体标准主要有两个方面，一是时间标准，二是价值标准。具体如下：①使用寿命超过一个会计年度；②单位价值在规定的标准（1000元、1500元、2000元）以上。不同时具备这两个条件的一般应列为低值易耗品管理和核算。但有时不属于生产经营主要设备的物品，单位价值在2000元以上，使用期限超过2年的，也应当作固定资产。

（二）固定资产的分类

按照固定资产的经济用途、使用情况及产权关系等因素可将固定资产分为如下7类：

生产用固定资产，指直接参与或直接服务于企业生产经营过程的在用固定资产。包括房屋、建筑物、机器、设备、器具、工具等。

非生产用固定资产，指除生产经营活动以外的各种在用固定资产。包括职工宿舍、食堂等部门所使用的房屋、建筑物、设备、器具等。

租出固定资产，指按规定出租给外单位使用的固定资产。

未使用固定资产，购置后尚未交付使用的新增固定资产，正在进行改建、扩建暂停使用的固定资产，长期停止使用的固定资产。

不需用固定资产，指本单位当前及今后都不需用，等待处理的固定资产。

融资租入固定资产，指企业以融资租赁方式租入的生产设备、运输工具等固定资产。

土地，指过去已经估价单独入账的土地。

（三）固定资产的计价

固定资产的计价不仅影响企业对固定资产的核算与管理，而且关系企业财务状况和经营业绩的真实与否，因此，必须采取正确的计价方法。企业常用的计价方法主要有以下3种：

1. 按历史成本计价

历史成本也称原始购置成本或原始价值，是指企业建造或购置某项固定资产达到可使用前所发生的全部实际支出。包括购置费、运输费、安装费。它是固定资产的主要计价方式，是确定计提折旧的依据。

2. 重置完全价值

重置完全价值也称重置价值。是指在当前生产技术和市场条件下，重新购置某项固定资产所需要的全部支出。在企业发生固定资产盘盈或接受捐赠或无法查明原价及按国家规定对固定资产重新估价时，应按重置价值计价。

3. 按净值计价

固定资产净值也称为折余价值。是指固定资产的原始价值或重置完全价值减去已提折旧后的余额，反映固定资产的现行账面价值。

（四）固定资产的折旧

固定资产的折旧是指在固定资产的使用寿命内，按照确定的方法对应计折旧额进行的系统分摊。固定资产在使用过程中会发生损耗。引起固定资产损耗的原因有两种：一是由于固定资产因使用、自然力作用等因素的影响，而引起的使用价值和价值的损失，称为有形损耗，又称物质损耗；二是由于科学技术的进步或劳动生产率的提高等因素的影响，引起原有固定资产提前淘汰而造成的损失，称之为无形损耗，又称精神磨损。

按现行企业财务制度的规定，固定资产折旧方法包括年限平均法、工作量法、双倍余额递减法和年数总和法等。

1. 年限平均法

年限平均法又称直线法，它是按固定资产预计使用年限均衡分摊应计提折旧额的方法。按此方法计算的折旧额每期均相等。其计算公式为：

$$固定资产年折旧率=\frac{1-预计净残值率}{折旧年限}×100\%$$

$$固定资产月折旧率=\frac{固定资产年折旧率}{12}$$

$$固定资产月折旧额=固定资产原值×月折旧率$$

$$预计净残值率=\frac{预计净残值}{预计使用年限}×100\%$$

$$预计净残值=预计残值-预计清理费用$$

固定资产的净残值率按照固定资产原值的3%~5%确定。

【示例】某肉鸡养殖场企业兴建一栋现代化鸡舍，所花费的各项费用合计为300000元，确定净残值率为4%，预计使用15年，试计算其年折旧率、年折旧额、月折旧率和月折旧额。

解：
$$年折旧率=\frac{1-预计净残值率}{预计使用年限}×100\%=\frac{1-0.04}{15}×100\%=6.4\%$$

$$年折旧额=原值×年折旧率=300000×6.4\%=19200元$$

$$月折旧率=年折旧率÷12=6.4\%÷12=0.53\%$$

$$月折旧额=原值×月折旧率=300000×0.53\%=1590$$

2. 工作量法

工作量法是按固定资产的预计全部工作量来计算折旧额的方法。这种方法弥补了年限平均法只考虑使用时间，不考虑使用强度的缺点。其计算公式为：

①按行驶里程计算折旧。

$$单位里程折旧额=\frac{固定资产原值×(1-预计净残值率)}{规定总行驶里程}$$

$$月折旧额=单位里程折旧额×本月实际行驶的里程数$$

此方法适用于运输工具计提折旧。

②按工作时间计算折旧。

$$单位工作小时折旧额=\frac{固定资产原值×(1-预计净残值率)}{规定的总工作小时}$$

$$月折旧额=单位工作小时折旧额×本月实际工作小时$$

此方法一般适用于某些价值较大、又不经常使用的大型专用设备计提折旧。

③按产量计算折旧。

$$单位产量折旧额=\frac{固定资产原值×(1-预计净残值率)}{预计总产量}$$

$$月折旧额=单位产量折旧额×本月实际产量$$

【示例】某肉鸡养殖企业自筹资金购置一套配合饲料加工机械，该机械原值30000元，预计净残值率4%，预计工作32000h报废，该机械本月实际工作120h，试计算每小时应提折旧额和本月应计提的折旧额。

解：

$$每小时折旧额 = \frac{原值 \times (1 - 预计净残值率)}{总工作小时}$$

$$= \frac{30000 \times (1 - 0.04)}{32000} = 0.9(元)$$

月折旧额=单位工作小时折旧额×本月实际工作小时=0.9×120=108（元）

3. 双倍余额递减法

双倍余额递减法这是一种加速折旧法，它是在不考虑固定资产净残值的情况下，用双倍直线折旧率乘固定资产期初账面净值来计算各期固定资产折旧额的方法。其计算公式为：

$$双倍直线年折旧率 = 2 \times \frac{1}{折旧年限} \times 100\%$$

年折旧额=年初固定资产账面净值×双倍直线年折旧率

月折旧率=年折旧率÷12

月折旧额=年初固定资产账面净值×月折旧率

为简便起见，现行会计制度规定，固定资产计提折旧采用双倍余额递减法时，应当在其固定资产折旧年限到期前两年，将固定资产账面净值扣除预计净残值后的净额平均摊销。

【示例】某肉鸡养殖公司购置一套自动化电子设备原值50000元，预计净残值2000元，预计使用5年报废更新，试用双倍余额递减法计算各年折旧额。

解：

具体计算见表8-2。

表8-2　折旧计算

年次	期初账面价值（元）	双倍折旧率（%）	年折旧额（元）	累计折旧额（元）	期末账面价值（元）
1	50000	40%	50000×40%=20000	20000	30000
2	30000	40%	30000×40%=12000	32000	18000
3	18000	40%	18000×40%=7200	39200	10800
4	10800	—	（10800-2000）÷2=4400	204600	6400
5	6400	—	（10800-2000）÷2=4400	48000	2000

4. 年数总和法

年数总和法也是一种加速折旧的方法。它是根据固定资产的原值减去净残值（残值—清理费用）以后的余额（应计提折旧额）乘以一个逐期递减的折旧率来计算固定资产折旧的方法。其折旧率是根据固定资产使用年限计算出来的一个递减分数，分数的分子表示固定资产尚可使用的年数，分母表示使用年数的逐年数字的总和。分母是固定的，而分子则每年变动，折旧率也随之变动。其计算公式为：

$$年折旧率 = \frac{预计使用的年限 - 已使用年限}{预计使用年限 \times (预计使用年限 + 1) \div 2} \times 100\%$$

年折旧额=（固定资产原值 - 预计净残值）× 年折旧率

月折旧率=年折旧率 ÷ 12

月折旧额=（固定资产原值 - 预计净残值）× 月折旧率

【示例】某肉鸡养殖企业购买了一套饲料加工机械，设备原值50000元，预计净残值2000元，预计使用5年报废更新，请用年数总和法计算各年折旧额。

解：

具体计算见表8-3。

表8-3　各年折旧率、折旧额表

年份	原值-净残值（元）	尚可使用年限	年折旧率	年折旧额（元）	累计折旧额（元）
1	48000	5	33.33%	16000	16000
2	48000	4	26.67%	12800	28800
3	48000	3	20.00%	9600	38400
4	48000	2	13.33%	6400	44800
5	48000	1	6.67%	3200	48000

其中：折旧率的分母为5×（5+1）÷2=15或者是5+4+3+2+1=15；分子第1年为5，第2年为4，第3年为3，第4年为2，第5年为1。

随着科学的发展和技术的进步，缩短了固定资产的使用周期，加快了产品的更新换代。采用年数总和法和双倍余额递减法计提折旧，可以在固定资产投入使用后的头几年迅速收回大部分投资，这样可以避免企业由于技术进步带来的无形磨损，加快固定资产的周转。

按现行的会计制度规定，企业已经确定并对外报送，或备置于企业所在地的有关固定资产预计净残值、预计使用年限、折旧方法等，一经确定不得随意变更，如需变更，需经有关部门批准，并在会计报表附注中予以说明。

（五）固定资产核算分析指标

1. 固定资产周转率

固定资产周转率是固定资产销售收入与平均固定资产净值的比率。其计算公式为：

$$固定折旧率 = \frac{销售收入}{平均固定资产净值}$$

固定资产周转率主要用于分析企业现有厂房、建筑物、机器设备的利用效果。一般而言，固定资产周转率比率越高，表明利用率越高，利用效果越好，管理水平也越好。

2. 固定资产产值率

固定资产产值率是指企业在一定时期内实现的总产值与平均固定资产之间的比率，也可用百元固定资产提供的产值来表示。其计算公式为：

$$固定资产产值率 = \frac{总产值}{固定资产平均总值} \times 100\%$$

固定资产产值率越大，表明固定资产的利用效果越好；反之则差。

3．固定资产利润率

固定资产利润率是指企业一定时期（一般为1年）内所获得的利润总额与占用的固定资产总额的比率，也可用百元固定资产提供的利润来表示。其计算公式为：

$$固定资产利润率 = \frac{利润总额}{固定资产平均总值} \times 100\%$$

固定资产利润率越大，反映一定时期内固定资产提供的利润越多，说明固定资产利用效果越好。

（六）提高固定资产利用效果的途径

固定资产是企业资产的重要组成部分，其价值多少也是衡量一个企业综合实力的重要指标。因此，做好固定资产的核算管理工作是企业经营管理的重中之重，提高固定资产利用效果是一项综合性的管理工作，归纳起来，主要包括以下几个方面：根据轻重缓急合理配置固定资产，把资金用在经济效益最佳，生产又迫切需要的项目上；做好固定资产的日常维修保养工作，使其性能发挥最优；科学使用、综合利用；定期盘查，对不需要使用的固定资产及时处理，尽量减少占用；根据当前科技水平和生产的实际需要，做好固定资产更新工作，以提高产品产出率，降低生产成本。

四、企业长期投资的核算

长期投资，是指除短期投资以外的投资，包括持有时间准备超过1年（不含1年）的各种股权性质的投资、不能变现或不准备随时变现的债券、长期债权投资和其他长期投资。

五、企业无形资产、递延资产和其他资产的核算

（一）无形资产

无形资产，是指企业为生产商品或者提供劳务、出租给他人、或为管理目的而持有的、没有实物形态的非货币性长期资产。无形资产分为可辨认无形资产和不可辨认无形资产。可辨认无形资产包括专利权、非专利技术、商标权、著作权、土地使用权等；不可辨认无形资产是指商誉。

（二）递延资产

递延资产是指不能全部计入当期损益，应当在以后年度内较长时期摊销的除固定资产和无形资产以外的其他费用支出。包括开办费、租入固定资产的改良支出，以及摊销期在一年以上的长期待摊费用等。

（三）其他资产

其他资产是指不能参加企业生产经营活动的长期资产。它包括特准储备物资、银行冻结存款、冻结物资、国外冻结财产、待处理财产、临时设施和涉及诉讼中的财产等。

第三节　肉鸡养殖企业成本核算

一、企业成本核算的相关概念

1．生产费用

生产费用是指企业在一定时间内发生于生产中的各项耗费和支出的总和。按其经济用途可分为计入产品成本的生产费用和直接计入当期损益的期间费用两类。

2．产品成本

产品成本是指企业为生产一定种类和数量的产品所发生的成本总额。包括直接材料、直接人工、其他直接费用、制造费用。

3．期间费用

是指企业本期发生的、不能直接或间接归属于某个特定产品成本的费用，而是直接计入当期损益的各项费用。包括营业费用、管理费用和财务费用等。

营业费用，是指企业在销售商品过程中发生的费用，包括企业销售商品过程中发生的运输费、装卸费、包装费、保险费、展览费和广告费，以及为销售本企业商品而专设的销售机构（含销售网点，售后服务网点等）的职工工资及福利费、类似工资性质的费用、业务费等经营费用。

管理费用：是指企业行政管理部门为组织和管理生产经营活动而发生的各项费用。包括工会经费、职工教育经费、业务招待费、税金、技术转让费、无形资产摊销、咨询费、诉讼费、开办费摊销、公司经费、上缴上级管理费、劳动保险费、待业保险费、董事会会费以及其他管理费用。

财务费用：指企业在生产经营过程中为筹集资金而发生的各项费用。包括企业生产经营期间发生的利息支出（减利息收入）、汇兑净损失、金融机构手续费，以及筹资发生的其他财务费用。

4．产品成本核算

按照一定的产品或劳务为对象，对所发生的生产费用进行归集和分配，以确定产品实际总成本和单位成本的程序和方法。

产品成本核算是成本管理的基础。正确地组织产品成本核算对提供真实的成本信息，为产品定价、存货计价、计算盈亏、加强成本管理、提高经济效益具有重要意义。搞好肉鸡产品成本的经济核算，是加强企业经济核算的中心环节。

二、企业成本核算的项目

据现行财务制度的规定，肉鸡养殖企业采用制造成本法计算产品成本。在制造成本法下，成本核算的项目包括：

直接材料：直接用于生产经营过程，构成产品实体的原材料、辅助材料、外购半成品、燃料、动力、包装物以及其他直接材料。包括饲料成本、疫病防疫费、孵化费、外购和自制的各种燃料和动力费用等。

直接人工：直接从事肉鸡生产的工人工资以及福利费。

其他直接费用：个人培训费等。

制造费用：是指肉鸡饲养过程中发生的各项间接费用。企业应当根据制造费用的性质，合理地选择制造费用分配方法。包括：管理人员、辅助工人、勤杂人员的工资及按一定比例提取的职工福利费、折旧费、修理费、办公费、水电费、取暖费、租赁费、差旅费、机物料消耗、保险费、低值易耗品摊销、劳动保护费、季节性修理期间的停工损失、运输费、试验检验费等。

现行的财务制度规定，下列各项支出不得计入产品成本：资本性支出，即购置和建造固定资产和其他资产的支出；对外投资的支出；无形资产受让开发支出；违法经营罚款和被没收财产损失；税收滞纳金、罚金、罚款；灾害事故损失赔偿费；各种捐赠支出；各种赞助支出；分配给投资者的利润；国家规定不得列入成本的其他支出。

在实际计算产品成本时，直接材料费和直接人工费直接计入产品成本，制造费用采用一定的标准分配计入产品成本。制造费用的分配可采用的标准：生产工时、定额工时、机器工时、直接人工费、实际产量等。

三、成本核算的方法

肉鸡养殖企业的成本计算，主要是核算每只肉鸡的单位活重成本、增重成本、每只雏鸡成本和饲养日成本，具体计算公式如下：

1．基本鸡群的成本计算

肉鸡的主产品是增重，副产品是羽毛和鸡粪。其计算公式为：

$$每千克活重成本 = \frac{基本鸡群饲养费用-副产品价值}{基本鸡群活重}$$

【示例】某肉鸡养殖小区，期初基本鸡群的全部饲养费用是16500元，销售副产品得到收入是325元，全部鸡群活重是5000kg，问，每千克肉鸡活重成本是多少元？

解：

$$每千克活重成本 = \frac{16500-325}{5000} = 3.235（元）$$

2．幼鸡和育肥鸡的成本计算

幼鸡和育肥鸡的主产品是增重，副产品是育肥鸡所产的羽毛及禽粪。从幼鸡和育肥鸡的全部饲养费用中减去副产品价值后，再除以增重，即为增重单位成本。由于幼鸡和育肥鸡数量大，增重称量比较麻烦。为了简化手续，一般只计算每只幼鸡和育肥鸡的成本。其计算公式为：

$$每只幼鸡或育肥鸡成本 = \frac{该禽群期初全部价值+购入和传入价值+本期饲养费用-副产品价值}{期末存栏只数+期内离群只数（不包括死禽）}$$

【示例】某肉鸡养殖小区，购买了5000只鸡雏，每只鸡雏2元钱，饲养了45d，消耗的饲料费用总计72500元，疫病防疫费总计3500元，支付给饲养人员工资总计2840元，房舍折旧总计2625元，耗费的燃料动力费总计2135元，其他直接费用合计128元，制造费用总计168元，饲养过程中有200只鸡损失，副产品价值总计170元，问，每只幼鸡或育肥鸡成本？

解：

鸡雏价值=5000×2=10000（元）

本期饲养费用=72500+3500+2840+2625+2135+128+168=83896（元）

$$每只幼鸡或育肥鸡成本 = \frac{该禽群期初全部价值+购入和传入价值+本期饲养费用-副产品价值}{期末存栏只数+期内离群只数（不包括死禽）}$$

$$= \frac{100000+83896-170}{5000-200} = 19.53（元）$$

3．人工孵化成本计算

人工孵化生产过程是从种蛋入孵至雏鸡孵出一昼夜为止。其主产品是孵出一昼夜成活的雏鸡，副产品是废蛋。从全部孵化的费用中减去副产品价值后，再除以成活一昼夜的雏鸡只数，即为每只雏鸡的成本。其计算公式为：

$$每只雏鸡成本 = \frac{全部孵化费用-副产品价值}{成活一昼夜的雏鸡只数}$$

【示例】某肉鸡养殖小区，购买种蛋19200枚，每只种蛋0.8元钱，孵化21d，成活一昼夜的雏禽只数是15360只，支付给工人工资1200元，燃料动力费总计1502元，提取设备折旧费260元，其他费用1320元，销售毛蛋收入300元，问每只雏鸡成本是多少元？

解：

全部孵化费用=19200×0.8+1200+1502+260+1320=19642（元）

$$每只雏鸡成本 = \frac{全部孵化费用-副产品价值}{成活一昼夜的雏鸡只数} = \frac{19642-300}{15360} = 1.26（元）$$

4．饲养日成本计算

为了考核鸡群饲养费用水平，可以计算饲养日成本，即平均每只鸡饲养一天的成本。其计算公式为：$某鸡群饲养日成本 = \dfrac{该鸡群饲养费用}{该鸡群饲养只日数}$

饲养只日数是指累计的日饲养只数，一只鸡饲养一天为一个只日数。

【示例】某肉鸡养殖小区，一共饲养了5000只鸡，该鸡群的全部饲养费用是103500元，一共饲养了45d，问该鸡群的饲养日成本是多少？

解：

$$饲养日成本 = \frac{103500}{5000×45} = 0.46（元）$$

四、降低肉鸡养殖成本的途径

影响肉鸡养殖成本的因素是多方面的，有企业内部因素，也有外部因素。就企业内部而言，主要是肉鸡出栏量和各项费用支出。在出栏量一定的情况下，单位产品成本降低，总费用也随之降低，反之，则高。因此，降低肉鸡饲养成本的目标，一方面是保证质量的前提下，提高商品率；另一方面是开源节流、减少浪费，做到低投入高产出。从节约费用的角度看，降低肉鸡饲养成本的主要途径：充分调动饲养管理人员的积极性，要科学运用"激励理论"，贯彻物质利益激励和精神激励相结合的原则，采取多种激励措施，提高劳动生产率；科学管理，合理使用各种生产资料，提高生产资料利用率；充分利用各种机械设备，提高固定资产利用率；严格控制期间费用，节约非生产性支出，减少不必要的管理人员，改进和提高经营管理水平。

第四节　肉鸡养殖企业利润核算

一、企业利润形成的核算

利润，是指企业在一定会计期间的经营成果，包括营业利润、利润总额和净利润。

1. 营业利润

营业利润是指主营业务收入减去主营业务成本和主营业务税金及附加，加上其他业务利润，减去营业费用、管理费用和财务费用后的金额。其计算公式为：

营业利润=主营业务利润+其他业务利润－营业费用－管理费用－财务费用

其中：

主营业务利润=主营业务收入－主营业务成本－主营业务税金及附加

其他业务利润=其他业务收入－其他业务支出－其他业务税金及附加

2. 利润总额

是指营业利润加上投资收益、补贴收入、营业外收入，减去营业外支出后的金额。

利润总额=营业利润+投资收益+补贴收入+营业外收入－营业外支出

3. 投资收益

是指企业对外投资所取得的收益，减去发生的投资损失和计提的投资减值准备后的净额。

其计算公式为：

投资净收益=投资收益－投资损失

4. 补贴收入

是指企业按规定实际收到退还的增值税，或按销量或工作量等依据国家规定的补助定额计算并按期给予的定额补贴，以及属于国家财政扶持的领域而给予的其他形式的补贴。

5. 营业外收入和营业外支出

营业外收入和营业外支出是指企业发生的与其生产经营活动无直接关系的各项收入和各项支出。营业外收入包括固定资产盘盈、处置固定资产净收益、处置无形资产净收益、罚款净收入等。营业外支出包括固定资产盘亏、处置固定资产净损失、处置无形资产净损失、债务重组损失、计提的无形资产减值准备、计提的固定资产减值准备、计提的在建工程减值准备、罚款支出、捐赠支出、非常损失等。

6. 所得税

所得税是指企业应计入当期损益的所得税费用。

7. 净利润

净利润是指利润总额减去所得税后的金额。

净利润=利润总额－所得税

现举例说明利润形成的核算过程。

【示例】某肉鸡养殖小区，购买了50000只鸡雏，每只2元钱，饲养了45d，每只鸡消耗饲料10斤，每斤饲料1.45元，每只鸡花费的疫病防疫费0.7元，支付给饲养人员工资总计22800元，房舍折旧总计25150元，耗费的燃料动力费总计24350元，其他直接费用合计7280元，制造费用总计1680元，每只鸡平均体重2.5kg，市场价格9.8元/kg，另外销售其他产品收入6408元，其他产品成本1980元。据有关账户记载本月发生营业费用3280元，产品销售税金及附加12940元，管理费用10680元，财务费用1260元，营业外收入1360元，营业外支出590元，得到政府补贴款1282元。试计算该企业本月实现的营业利润、利润总额以及税后利润（企业所得税税率为15%）。具体计算过程见表8-4。

表8-4 利润核算表 单位：元

项 目	计算过程	数 额
一、主营业务收入	2.5×9.8×50000	1225000
减：主营业务成本	50000×2+10×1.45×50000+50000×0.7+22800+25150+24350+7280+1680	941260
主营业务税金及附加	12940	12940
二、主营业务利润	1225000-941260-12940	270800
加：其他业务利润	6408-1980	4428
减：营业费用	3280	3280
管理费用	10680	10680
财务费用	1260	1260
三、营业利润	270800+4428-3280-10680-1260	260008
加：投资收益	—	—
补贴收入	1282	1282
营业外收入	1360	1360
减：营业外支出	590	590
四、利润总额	260008+1282+1360-590	262060
减：所得税	262060×15%	39309
五、净利润		222751

二、衡量肉鸡养殖企业利润效果的经济指标

在经济核算分析中，如果只将利润的绝对金额相互比较，往往缺乏可比性，而且不能得出正确结论。利润率和利润额不同，它是相对指标，不仅有较大的适应性，而且有较大的综合性，能够从多方面反映企业盈利状况和盈利能力。因此，企业有必要计算和

分析利润率指标，以便进一步了解企业利润水平的高低。

1. 销售利润率

销售利润率是一定时期内获得的净利润，与同一时期所取得的销售收入的比率。其计算公式为：

$$销售利润率 = \frac{净利润总额}{销售收入} \times 100\%$$

销售利润率是用来反映企业销售收入的收益水平，即每一元销售收入所赚取的净利润数额，是衡量企业获利能力的重要指标，这项指标越高，说明企业销售收入获取利润的能力越强。

2. 销售成本利润率

销售成本利润率又称成本费用利润率，是指一定时期内实现的利润额与耗费的销售成本总额之间的比率。其计算公式为：

$$销售成本利润率 = \frac{利润总额}{产品销售成本} \times 100\%$$

销售成本利润率反映了每消耗一元成本，可以获得多少利润。产品成本愈低，销售成本利润率就愈高，经济效果就愈大。

3. 产值利润率

产值利润率是指一定时期内利润总额与同一时期内所实现的总产值的比率。其计算公式为：

$$产值利润率 = \frac{利润总额}{总产值} \times 100\%$$

这一指标用来反映产值与利润的关系。如果产值利润率较高，则表明单位产值获得的利润较大，从而反映了企业的综合效率较高。

4. 资金利润率

资金利润率指一定时期内利润总额与同一时期内资金平均占用额之比。有全部资金利润率、固定资产利润率、流动资产利润率。其计算公式为：

$$总资金利润率 = \frac{利润总额}{固定资产原值平均总额 + 流动资产平均占用额} \times 100\%$$

$$固定资产利润率 = \frac{利润总额}{固定资产原值平均总额} \times 100\%$$

$$流动资产利润率 = \frac{利润总额}{流动资产平均占用额} \times 100\%$$

资金利润率把利润与占用的资金联系起来，反映了资金占用的利用效果，即反映了占有百元资金可提供多少元利润，也可用来计算企业投资的回收年限，具有最大的综合性。

5. 人均利润率

人均利润率指一定时期内企业的利润总额与平均职工人数的比率。其计算公式为：

$$人均利润率 = \frac{利润总额}{平均职工人数} \times 100\%$$

它表示在一定时期内平均每人实现的利润额。是一项侧重从劳动力利用的角度来评价企业经济效益的综合性指标。人均利润率越高，说明每个职工创利越多，贡献越大。

第五节　肉鸡养殖企业技术经济效果评价

一、技术经济效果的基本概念

（一）经济效果

经济效果就是人们在物质资料生产过程中所取得的劳动成果与劳动消耗或劳动占用的比值。也是产出与投入的比值，或者是所得与所费的比值。其计算公式为：

$$经济效果 = \frac{劳动成果}{劳动消耗} = \frac{产出}{投入} = \frac{所得}{所费}$$

（二）经济效益

经济效益就是人们进行某项经济活动所取得的有效生产成果与资金占用、成本支出之间的比较。用公式表示为：

$$经济效益 = 劳动成果 - 劳动消耗 = 产出 - 投入 = 所得 - 所费$$

经济效果与经济效益的关系是：经济效果和经济效益二者在本质上是一致的，二者都反映所得与所费的关系。因此，提高经济效果和提高经济效益，都要讲求增加劳动成果，减少劳动消耗、劳动占用，但二者的含义和表示方法又有不同，具体表现在：

其一：经济效果是用劳动成果与劳动消耗相比的相对数表示；经济效益是用劳动成果减去劳动消耗后的绝对数表示。

其二：经济效果只是从生产经营的投入产出来衡量经济活动的效率；经济效益不仅与生产经营活动有关，还要考虑许多经济以外的其他因素。

其三：获得较好经济效益的前提是取得较高的经济效果。只有取得较高的经济效果，才能获得较好的经济效益。

（三）技术效果

技术效果是指某项技术措施应用于生产领域所取得的成就。它表现为对生产要求的满足程度和最终产生的有用成果。

经济效果与技术效果的关系是：技术效果是经济效果实现的前提，经济效果是技术效果的最终表现，二者的关系有时表现为一致性，有时又表现为矛盾性。大多数情况下表现为一致性，例如，采用先进适用的技术，生产效率提高了，增产又增收，这样技术效果好，经济效果也显著，它们的关系表现为一致性。二者之间的矛盾性，则主要表现在以下3个方面：技术上先进性与经济合理性之间的矛盾；技术上可行性与经济效益之间的矛盾；经济上的需要与技术上的可能之间的矛盾。

由于技术效果和经济效果存在着矛盾性，所以，从技术角度制订的最佳方案，在经济上往往不一定可取，而不得不退而求其次。因此，从技术方案的可行性要求，必须求得技术效果和经济效果的统一。

（四）肉鸡养殖企业技术经济效果

肉鸡养殖企业技术经济效果就是对肉鸡养殖企业技术措施、技术方案或技术政策应用于肉鸡饲养过程或生产领域中时，由此所取得的劳动成果与劳动消耗之间的比较。

肉鸡养殖企业技术经济效果由于考察的内容和判断标准不同，又分为相对技术经济效果和绝对技术经济效果。前者是在两种或多种方案之间，或新方案与对照方案之间经济效果的比较，主要用来选择最优方案；后者是指某一技术方案或某项技术措施投入与产出的比值，主要通过经济效益临界值的分析，来确定方案或措施本身经济效果的大小。

（五）肉鸡养殖企业技术经济效果界限

肉鸡养殖企业采用某一项技术能够获得经济效益的界限称为肉鸡养殖企业技术经济效果界限，即在此界限上肉鸡养殖企业投资的经济效益为零；低于这个界限，经济效益为负值；高于这个界限，才有经济效益，故又称此界限为盈亏界限或转折界限。分为两种类型：

1. 相对经济效果界限

相对经济效果界限是一项养殖技术代替另一项养殖技术的起码经济界限。低于这个界限，就应继续采用原技术。

$$相对经济效果界限 = \frac{新技术经济效益}{原技术经济效益} > 1(或新技术经济效益 - 原技术经济效益 > 0)$$

因此，所谓最佳新技术就是当几种新技术的相对经济效果均高于临界限时，相对经济效果最大的新技术。即：

$$最佳新技术 = \frac{新技术经济效益}{原技术经济效益} = 最大值$$

2. 绝对经济效果界限

绝对经济效果的界限是某一项养殖技术本身能给人们带来经济效果的起码界限。低于这个界限，表明没有新增社会财富，除非特殊情况，一般没有使用价值。

$$绝对经济效果界限 = \frac{劳动成果}{劳动消耗} = \frac{所得}{所费} > 1(或所得 - 所费 > 0)$$

二、技术经济效果的评价指标

（一）肉鸡养殖企业技术经济效果评价的内容

1. 技术效果评价

技术效果评价的主要内容是方案能否实现对技术的要求及其实现的程度，是否具备试验、研究或推广应用该项目的技术条件，也就是进行技术可行性研究。技术效果评价的目的在于选择技术上先进、适用、经济上有潜力，技术风险和经济风险相对较小的技术措施。

2. 经济效益评价

经济效益评价是以经济效益为核心，依据科学的判别标准和经济目标要求，设置适合的评价指标，规定出各指标的主次以及相互矛盾时的取舍原则，所进行的计算和分析。通过具体评价指标考察技术方案在经济上是否合理，以及实施方案所需要具备的社会经济条件。也就是说，经济效益评价实质是对技术方案进行经济可行性研究。

3. 社会效益评价

社会效益评价就是广义的技术可行性、经济可行性和环境的可持续发展的研究。主要方面是宏观经济效益和生态效益的考察，以便从整体和长期目标上估价方案的实施给经济、社会环境带来的效益或影响。

4. 综合效果评价

根据以上方面的评价，结合目标要求和具体条件，权衡利弊，就是综合评价，这一步骤为同类型方案的比较选优奠定基础。

（二）肉鸡养殖企业技术经济效果评价的指标

肉鸡养殖企业技术经济效果评价的指标就是用来度量、分析企业技术经济效果大小或优劣的尺度和重要工具。

肉鸡生产技术是一个复杂的体系，它的技术经济效果不可能用一两个指标完全反映出来，需要设置相互联系、相互补充、全面评价经济效果的一整套指标体系。一般来说，肉鸡养殖企业技术经济效果指标体系包括三类指标：

经济效益指标，是反映劳动成果与劳动消耗之间数量关系的一类指标。

社会效益指标，是从整体和长远目标上评价养殖技术措施的实施给社会带来的宏观经济效益或影响，衡量生产活动对社会贡献大小的一系列指标。

生态效益指标，是从维持生态平衡的角度评价养殖技术措施的实施给生态环境带来的影响，衡量资源合理利用与可持续发展的一系列指标。

常用肉鸡养殖企业技术经济效果指标体系构成如表8-5所示。

三、技术经济效果的评价方法

（一）综合评分法

综合评分法是对不同技术措施、技术方案的多项指标，根据评分标准赋予一定的分值，依据各项目因素的影响程度大小给予不同的权重，然后计算综合得分，进行评价和选优的一种数量化分析方法。

1. 综合评分法的步骤

（1）正确选定评价指标。一般选择对整个方案影响程度较大的指标参加评分。

（2）确定各评价指标的权重。根据每个指标的重要性和当地具体条件，合理确定各项指标的权重。

（3）确定各项指标的评分标准。一般按五级评分，即5分为最优，1分为最差。各项指标的定级，可根据以往数据资料或典型实验资料和具体条件进行分级。

表8-5　肉鸡养殖企业技术经济效果指标体系构成

种　类	指　标
经济效益指标	产肉率
	出栏率
	饲料转化率
	市场占有率
	总产值
	资金利润率
	销售利润率
	资源利用率
	产值利润率
	总资产周转率
	人均利润率
社会效益指标	发展速度、增长速度
	产品商品率
	人均饲养量
	人均消费量
	产品质量指标
生态效益指标	良种覆盖率
	禽粪便处理综合利用率
	孵化废弃物处理
	污水处理
	死禽处理

（4）编制综合评分决策表（如表8-6所示），计算各方案的总分，比较各方案的优劣。

表8-6　综合评分决策表

方案　　权重　　项目	项目1 W_1	项目2 W_2	项目3 W_3	项目4 W_4	项目5 W_5	评分 $\sum W_j P_{ij}$
第一方案	P_{11}	P_{12}	P_{13}	P_{14}	P_{15}	K_1
第二方案	P_{21}	P_{22}	P_{23}	P_{24}	P_{25}	K_2
第三方案	P_{31}	P_{32}	P_{33}	P_{34}	P_{35}	K_3

$$某一技术方案的总分 K_i = W_1 P_{11} + W_2 P_{12} + \cdots\cdots + W_n P_{mn}$$
$$= \sum W_j P_{ij}$$

其中：

K_i——某一技术方案的评价总分；

W_i——某一评价指标权重；

P_{ij}——某方案的某个评价指标的评分（$i=1, 2\cdots, m$；$j=1, 2, \cdots, n$）。

2. 综合评分法应用举例

【示例】某养殖场拟定采用高效无公害饲料，与原有使用的普通饲料比较情况见表8-7。

表8-7　饲料方案综合评分决策表

项目	权重方案	普通配合饲料		高效无公害配合饲料	
		评分	加权分数	评分	加权分数
市场竞争能力	0.20	3	0.6	5	1
技术先进程度	0.05	2	0.1	5	0.25
投资经济效果	0.30	5	1.5	4	1.2
保护生态环境	0.05	2	0.1	5	0.25
产品供求状况	0.10	3	0.3	5	0.5
地方资源优势	0.10	5	0.5	5	0.5
提高产品质量	0.15	2	0.3	5	0.75
市场前景	0.05	3	0.15	5	0.25
$\sum W_j P_{ij}$			3.55		4.7

从上述2个方案综合评分的结果来看，应该选择高效无公害饲料。

（二）比较分析法

这是一种评价肉鸡养殖企业技术经济效果的基础方法，它可以在不同地区、不同时期、不同单位、不同方案或生产项目之间进行比较，权衡利弊，选择最优方案的一种分析方法。这种方法简便易行，应用广泛，既可以将各种指标直接对比，判断其优劣，也可以利用指标间的内在联系，作比较深入的分析。

1. 比较分析法的可比性原则

运用比较分析法所比较的项目一定要满足可比条件，符合可比性原则。一般应具备以下要求：

（1）经济目标的可比性。相比较的措施或方案在目标上相一致，能够满足同一需要。

（2）统计口径和计算方法的可比性。不同的对比方案，无论是计算劳动所得还是劳动消耗时必须采用同一原则和方法。如果在计算甲方案时采用一种方法，而在计算乙方案时又采用另一种方法，则这两个方案就不具有可比性。

（3）价格上的可比性。对不同的方案用价值形式比较时，必须按照统一的价格计算。例如，都采用同一时期的价格或都采用统一的不变价格。

（4）时空条件的可比性。肉鸡养殖企业技术方案的经济效果，往往由于不同时期、不同地区的差异而缺乏可比性。因此，在比较不同技术方案的经济效果时，必须把时间因素和空间因素都考虑在内，才能得出正确的结论。

2. 比较分析法的适用范围

（1）本期实际完成指标和计划完成指标相比较。

（2）本期实际完成指标和上期或历史上某一时期实际完成指标的比较。

（3）本单位与先进单位同类指标的比较。

（4）部分和总体比较。

（5）不同技术措施和技术组合之间的经济效果的比较。

3. 比较分析法的具体应用

（1）平行比较法。即将多种肉鸡养殖企业技术措施或技术方案在相同条件下的有关经济指标，列成平行表进行比较；或者是同一项肉鸡养殖企业技术措施或技术方案在不同条件下的有关经济指标，列成平行表进行比较。

【示例】某肉鸡养殖企业，不同品种的肉鸡在出栏率、单位成本及收入之间的比较。如表8-8所示。

表8-8 某鸡场不同品种肉鸡经济效益比较

品种	出栏率（%）	单只体重（kg）	单位价格（元/kg）	单只成本（元）	销售收入（元）
品种1	95	2.65	10.8	20.41	28.62
品种2	94	2.72	10.8	20.34	29.376
差额	+1	−0.07	—	+0.07	−0.756

从上表各项指标明显看出：除了在出栏率方面，"品种2"比"品种1"略低一些外，在单只体重和单只成本方面"品种2"均比"品种1"有优势，因此"品种2"的经济效果好。

（2）分组比较法。在资料种类繁多，来源范围广泛，不便于直接按调查项目对比时，把需要的资料加工整理，按数量标志或质量标志分组，然后按各组的平均数作比较，就是分组比较。

【示例】按数量标志分组如表8-9所示。

表8-9 某地肉鸡养殖场不同规模经济效果比较

饲养规模（只）	出栏率（%）	单只成本（元）	纯收入（元）
2000	93	22.0	13.27
4000	94	21.5	14.58
6000	95	21.3	15.19
8000	94.5	21.5	14.72
10000	94	22.1	14.28

从上表可以看出，随着饲养规模的扩大，各项指标都先呈递增后呈递减的趋势变化，其中以饲养规模为6000只鸡的经济效益为最好。

（3）动态比较法。平行比较和分组比较都是使用同一时期的数据资料进行比较，属于静态比较。有些肉鸡养殖企业技术经济问题存在时间上的变化，需要作时间数列比较，这种比较就是动态比较。

【示例】如表8-10所示。

表8-10　某养鸡场不同时期不同饲养规模生产效益比较表

项目	成鸡数（只）	出栏率（%）	产肉率（%）	料重比
1995年	20000	90	91.8	2.21:1
2000年	60000	91	93.5	2.15:1
2005年	50000	93	92.4	2.05:1
2010年	80000	94	94.2	1.95:1

从表8-10可看出，饲养者随着饲养规模的扩大，饲料报酬率递增，经济效益上升。

（三）试算分析法

试算分析法也称预算分析法，是比较分析法的特殊方法。由于试算分析法往往将新技术、新方案与基础方案或标准方案对比，所以也称该方法为标准方案比较法或方案设计法。

1. 试算分析法的适用范围

（1）用于新旧技术间经济效果的预测和比较。

（2）用于两项以上新技术经济效果的试算比较。

（3）用于一项资源不同投入水平的试算比较。

（4）用于一种资源投入不同生产过程前的试算分析，或多种资源同时投入同一生产过程前的试算分析。

（5）用于不同规划、不同结构经济效果的试算比较。

2. 试算分析法的一般步骤

（1）明确试算目的、范围以及试算项目和指标。

（2）要确定一个标准方案或基础方案，作为试算比较的基础。

（3）搜集整理有关技术、经济数据、资料。包括历史资料、现状资料及其他资料，并对搜集到的资料进行分类整理。

（4）对投入、产出参数进行验证，做到准确、可靠。

（5）对试算指标进行试算，并同标准方案进行比较分析，得出评价结论。

3. 试算分析法的应用举例

【示例】现在要更换一种新饲料配方，要求试算一下是否有利？

现已收集好了有关数据，并作表8-11所示的试算。

表8-11　两种饲料配方经济效益试算比较表

单位：千克、元

配方 试算项目	原饲料配方	新饲料配方
死淘率（%）	3.2	2.8
合格率（%）	93.5	94.0
销售收入	28.08	30.24
其中：毛鸡价格（¥/kg）	10.8	10.8
上市体重（kg）	2.6	2.8
饲料成本	16.26	17.74
其中：料重比	2.05:1	1.92:1
饲料价格（¥/kg）	3.05	3.30
效益	11.82	12.5

　　试算表明：新饲料配方虽然成本略高，但由于肉鸡料重比、上市体重等各项指标均优于原饲料配方，通过测算，新饲料配方肉鸡效益高于原饲料配方。所以，改用新饲料配方是合算的。

参考文献

曹庆华. 2008. 成本会计学[M]. 山东: 山东人民出版社.

韩俊文. 2003. 畜牧业经济管理[M]. 北京: 中国农业出版社.

靳胜福. 2008. 畜牧经济与管理[M]. 北京: 中国农业出版社.

罗伯特·N·安东尼著，陈国欣译. 2003. 会计学精要[M]. 北京: 电子工业出版社.

刘峰. 2000. 会计学基础[M]. 北京: 高等教育出版社.

陆正飞. 2006. 财务管理[M]. 大连: 东北财经大学出版社.

李儒训. 1997. 中外财务管理百科全书[M]. 北京: 企业管理出版社.

乔娟. 2010. 畜牧业经济管理[M]. 北京: 中国农业出版社.

尤建新. 2006. 企业管理概论[M]. 北京: 高等教育出版社.

周凤. 2009. 财务报表分析[M]. 北京: 机械工业出版社.

张京和. 2002. 畜牧业经营管理[M]. 北京: 中国农业出版社.

张新民. 2008. 财务报表分析[M]. 北京: 中国人民大学出版社.